"十四五"职业教育国家规划教材

土木工程力学

（第二版）

主　编　金舜卿　李蔚英

副主编　魏国安　吕世尊　王利艳

　　　　申　昊　陈　凯　贺　萍

　　　　嵇　莉

主　审　吴承霞

U0360158

南京大学出版社

内容提要

本书是依据教育部《高等职业学校土木建筑大类专业教学标准》，根据高等职业教育培养高技术应用型人才的要求，结合高等职业教育的特点，参照国家现行有关规范编写而成。全书主要内容有：绪论、项目一物体的受力分析、项目二平面力系的计算、项目三杆件内部效应研究的基础、项目四轴向拉压杆、项目五压杆的稳定性、项目六平面弯曲梁、项目七平面杆件结构简介、附录材料力学实验等，形成了以"四力二变"（外力、内力、应力、承载能力、变形、应变）为核心的一条龙流水线教学内容。

本书内容丰富、知识面宽、综合性强，重点是介绍力学基础知识、基本理论、基本技能，不涉及高深的数学知识，具有一定文化程度的读者都可读懂。本书配有知识拓展、课后思考与练习等，帮助读者扩大知识面、巩固所学知识并掌握其在工程实际中的相关应用。

本书既可作为高职院校土建类专业的教材，也可作为成人教育相关专业的力学教材，还可以供相关行业的工程技术人员参考使用。

图书在版编目（CIP）数据

土木工程力学 / 金舜卿，李蔚英主编. — 2 版. —
南京：南京大学出版社，2021.6（2024.8 重印）
ISBN 978 - 7 - 305 - 24477 - 3

Ⅰ. ①土… Ⅱ. ①金… ②李… Ⅲ. ①土木工程－工
程力学－高等职业教育－教材 Ⅳ. ①TU311

中国版本图书馆 CIP 数据核字（2021）第 090617 号

出版发行　南京大学出版社
社　　址　南京市汉口路 22 号　　　　邮　编　210093
书　　名　土木工程力学
　　　　　TUMU GONGCHENG LIXUE
主　　编　金舜卿　李蔚英
责任编辑　朱彦霖　　　　　　编辑热线　025 - 83597482
照　　排　南京南琳图文制作有限公司
印　　刷　南京鸿图印务有限公司
开　　本　787 mm×1092 mm　1/16　印张 16　字数 410 千
版　　次　2021 年 6 月第 2 版　2024 年 8 月第 6 次印刷
ISBN 978 - 7 - 305 - 24477 - 3
定　　价　49.80 元

网址：http://www.njupco.com
官方微博：http://weibo.com/njupco
官方微信号：njutumu
销售咨询热线：（025）83594756

第 2 版前言

本书是"十四五"职业教育国家规划教材、"十三五"职业教育国家规划教材。

本书依据教育部《高等职业学校土木建筑大类专业教学标准》、根据高等职业教育培养高技术应用型人才的要求，结合高等职业教育的特点，参照国家现行有关规范编写而成。《土木工程力学》是高等职业院校为工程类相关专业的学生开设的一门理论性、实践性较强的技术基础课程，旨在培养学生应用《土木工程力学》的基本原理，分析和研究工程结构或构件在各种条件下的平衡以及强度、刚度、稳定性等方面问题的能力。本课程主要为建筑工程技术专业及其他相关专业的学生进行结构设计和施工提供基本的力学知识，是进一步学习后续专业课混凝土结构、土力学与地基基础、钢结构等课程的基础。

作为未来的建筑行业从业人员，我们要坚持人民至上、生命至上，贯彻党的二十大精神，强化安全意识，坚定不移守好安全底线，不断完善工程质量保障体系，提升建筑工程品质。为了避免安全事故的发生，把安全隐患消灭在萌芽状态，我们必须要把《土木工程力学》这门课程学习好。

本书根据职业教育改革和发展的需要，结合高职教育的教学特色，注重教材的实用性，突出工程应用能力的培养；内容安排以学生就业所需的专业知识和技能为着眼点，突出实用性和可操作性，本着"以必须、够用为度"的原则，精选了《理论力学》的静力学、《材料力学》《结构力学》中的重要内容，并对之进行了有机整合，理论知识以培养创新型应用人才的知识为主，尽量做到循序渐进、由浅入深，以最通俗易懂、简明扼要的语言将相关理论知识讲解清楚，做到利于教学、便于自学。在编写时本着"以定性分析为主、定量计算为辅"的原则，删去了结构力学中大量的定量计算，着重介绍工程实际中常用结构的特性。本书内容丰富、知识面宽、综合性强，重点是介绍力学基础知识、基本理论、基本技能，不涉及高深的数学知识。全书内容包括绪论、物体的受力分析、平面力系的计算、杆件内部效应研究的基础、轴向拉压杆、压杆的稳定性、平面弯曲梁、平面杆件结构简介、材料力学实验等，形成了以"四力二变＋实验"（外力、内力、应力、承载能力、变形、应变、力学实验）为核心的一条龙流水线教学内容。本书配有知识拓展、课后思考与讨论、项目考核等，帮助读者扩大知识面、巩固所学知识并掌握其在工程实际中的相关应用。

本次再版,是在第 1 版的基础上进行的,保持了第 1 版的特色,打破了理论力学、材料力学、结构力学之间的界限,对上版内容进行了修订,在附录中添加了"连接件的强度计算"等内容,并增加了教学视频等数字化教学资源。

本书由河南建筑职业技术学院金舜卿、郑州大学李蔚英担任主编。其中绪论由金舜卿编写,项目一由河南建筑职业技术学院贺萍、嵇莉共同编写,项目二由河南建筑职业技术学院吕世尊编写,项目三、项目五由河南建筑职业技术学院魏国安编写,项目四由李蔚英、咸宁职业技术学院陈凯共同编写,项目六由陈凯、河南建筑职业技术学院王利艳共同编写,项目七由湖南交通职业技术学院申昊编写,附录Ⅰ由金舜卿、王利艳共同编写,附录Ⅱ由金舜卿、魏国安、申昊共同编写,附录Ⅲ由金舜卿编写。全书由河南建筑职业技术学院吴承霞副院长担任主审,由金舜卿统稿并定稿。

本书既可作为高职院校土建类专业的教材,也可作为成人教育相关专业的力学教材,还可供相关行业的工程技术人员参考使用。讲授本书全部内容需要 80 学时左右,使用者可根据学校的教学计划以及专业需要酌情调整教学内容。

本书在编写过程中参阅了大量的教材及其他文献等资料,编者在此对这些资料的作者表示衷心的感谢!

由于编者水平有限,书中不足之处在所难免,欢迎广大读者批评指正,以便今后再版时修订、完善,作者邮箱:765033268@qq.com。

本套配有多媒体课件、电子教案和习题答案等教学参考资料,选用本教材的老师可通过拨打出版社编辑热线电话 025－83597482 或微信公众号留言、发电子邮件到 215931637@qq.com 等方式联系有关赠阅事宜。

金舜卿

2023 年 6 月

目　录

扫码查看

参考答案

立体化资源目录

绪 论

▶ 1 力学的起源及力学学科简介 ◀

▶ 1.1 力学的起源及经典力学发展简史

1. 力学的起源

力学知识最早起源于人们对自然现象的观察和在生产劳动中的经验,人类早期的生产实践活动就是力学最初的起源。

人们在建筑、灌溉等劳动中使用杠杆、斜面、汲水器具等,逐渐积累起对物体在力作用下运动、平衡情况的认识;人们从对日、月运行的观察和弓箭、车轮等的使用过程中了解了一些简单的运动规律,从而扩展了人们对力、运动的认知,但是人们对力和运动之间的关系的了解,是在欧洲文艺复兴时期之后才逐渐有了正确的认识。

在 16 世纪到 17 世纪年间,力学开始逐步发展成为一门独立的、系统的学科。

2. 经典力学发展简史

古希腊的阿基米德对杠杆平衡、物体重心位置、物体在水中受到的浮力等做了系统的研究,认知了它们的基本规律,初步奠定了静力学的理论基础即平衡理论的基础。

伽利略通过对抛体和落体的研究,在实验研究和理论分析的基础上,最早阐明自由落体运动的规律,提出加速度的概念,提出惯性定律,并用以解释地面上的物体和天体的运动。17 世纪末牛顿继承和发展了前人的研究成果(特别是开普勒的行星运动三定律),提出了物体运动三定律,从而使经典力学形成系统的理论。根据牛顿三定律和万有引力定律成功地解释了地球上的落体运动规律和行星的运动轨道,伽利略、牛顿等科学家的研究成果奠定了力学的基础,牛顿运动三定律的建立标志着力学开始成为一门科学。

1687 年牛顿发表了《自然哲学的数学原理》,1900 年普朗克的量子力学与随后 1905 年爱因斯坦的狭义相对论的提出,引起了整个自然科学的两次革命。对力学的发展来说,这两件事是具有里程碑意义的两个重要历史事件。整个力学的发展历史以这两个重要历史事件为分界线大致分为三个阶段。

第一阶段:在 1687 年之前,力学的发展以积累资料为主要特征,而且最主要的资料是天文观测资料,另外还有静力学知识的积累与完善。这个阶段对力学做出突出贡献的是阿基米德。

第二阶段：在 1687 年之后到 1900 年之前，力学的发展是经典力学从基本要领、基本定律到建成理论体系的阶段。这个阶段有包括伽利略、牛顿等一大批科学家为经典力学的确立打下了坚实的基础。

第三阶段：在 1900 年之后，也就是牛顿之后，经典力学又有了新的发展，这一阶段主要是后人对经典力学的表述形式和应用对象进行了拓展和完善。在这一阶段为力学学科发展做出突出贡献的科学家很多，主要有达朗贝尔、拉格朗日、欧拉等等。

> **知识窗**
>
> 牛顿（1643～1727）：牛顿是一位英国物理学家、数学家、天文学家、自然哲学家和炼金术士，牛顿是一位了不起的百科全书式的"全才"，著有《自然哲学的数学原理》《光学》《二项式定理》和《微积分》等。他在 1687 年发表的论文《自然哲学的数学原理》里，对万有引力和三大运动定律进行了描述。这些描述奠定了此后三个世纪里物理世界的科学观点，并成为现代工程学的基础。他通过论证开普勒行星运动定律与他的引力理论间的一致性，展示了地面物体与天体的运动都遵循着相同的自然定律；为太阳中心说提供了强有力的理论支持，并推动了科学革命。在力学上，牛顿阐明了动量和角动量守恒的原理，提出牛顿运动定律。在光学上，他发明了反射望远镜，并基于对三棱镜将白光发散成可见光谱的观察，发展出了颜色理论。他还系统地表述了冷却定律，对音速也有了一定的研究。在数学上，牛顿与戈特弗里德·威廉·莱布尼茨分享了发展出微积分学的荣誉。他也证明了广义二项式定理，提出了"牛顿法"以趋近函数的零点，并为幂级数的研究做出了贡献。在经济学上，牛顿提出金本位制度。

▌▶ 1.2 力学学科简介

1. 力学简介

力学是研究物质机械运动规律的科学。力学是一门独立的基础学科，是有关力、运动和介质（固体、液体、气体和等离子体）以及宏、细、微观力学性质的学科，研究以机械运动为主，及其同物理、化学、生物运动耦合的现象。力学既是一门基础学科，同时又是一门技术学科。它研究能量和力以及它们与固体、液体及气体的平衡、变形或运动的关系。

自然界物质有多种层次，从宇观的宇宙体系、宏观的天体和常规物体，到细观的颗粒、纤维、晶体，再到微观的分子、原子、基本粒子。通常理解的力学以研究天然的或人工的宏观对象为主。但由于学科的互相渗透，有时也涉及宇观或细观甚至微观各层次中的对象，以及有关的规律。力学又称经典力学，是研究通常尺寸的物体在受力下的形变以及速度远低于光速的运动过程的一门自然科学。机械运动是物质运动的最基本的形式，机械运动亦即力学运动。力学运动，是物质在时间、空间中的位置变化，包括移动、转动、流动、变形、振动、波动、扩散等；而平衡（静止或匀速直线运动）则是其中的特殊情况。物质运动的其他形式还有热运动、电磁运动、原子及其内部的运动和化学运动等。力是物质间的一种相互作用，机械运动状态的变化是由这种相互作用引起的。静止和运动状态不变，则意味着各作用力在某种意义上的平衡，因此，力学可以说是力和（机械）运动的科学。通常理解的力学，是指一切研究对象的受力和受力效应的规律及其应用的学科的总称。

2. 力学的学科基础

理论力学是力学的学科基础,理论力学是研究物体的机械运动规律及其应用的科学,它分为静力学、运动学和动力学三部分,其中静力学主要研究力的平衡或物体的静止问题,即研究物体在平衡状态下的受力规律;运动学则研究物体机械运动的描述,如速度、切向加速度、法向加速度等等,但不涉及物体的受力,也就是说运动学只考虑物体怎样运动,不讨论它与所受力的关系;动力学研究的是质点或质点系受力和运动状态的变化之间的关系,也就是说动力学讨论物体运动和所受力之间的关系。

3. 力学学科的分支情况

力学通常按照所研究的研究对象的不同进行区分,可以分为固体力学、流体力学和一般力学三个分支。根据研究对象具体的形态、研究方法、研究目的的不同,固体力学可以分为理论力学、材料力学、结构力学、弹性力学、板壳力学、塑性力学、断裂力学、机械振动、声学、计算力学、有限元分析等等;流体力学包含流体静力学、流体动力学等等。

根据针对对象所建立的模型不同,力学也可以分为质点力学、刚体力学和连续介质力学。连续介质通常分为固体和流体,固体包括弹性体和塑性体,而流体则包括液体和气体。固体力学和流体力学在力学中各自自成一体后,余下的部分组成一般力学。一般力学通常是指以质点、质点系、刚体、刚体系为研究对象的力学,有时还把抽象的动力学系统作为研究对象。

力学也可以按照研究时所采用的主要手段区分为三个方面:理论分析、实验研究和数值计算。对于一个具体的力学课题或研究项目,往往需要理论、实验和计算这三方面的相互配合。

4. 力学的成就及其发展前景

力学是物理学、天文学和许多工程学的基础,机械、建筑、航天器和船舰等的合理设计都必须以经典力学为基本依据。在力学理论的指导或支持下取得的工程技术成就不胜枚举,最突出的有:以人类登月、建立空间站、航天飞机等为代表的航天技术;以速度超过 5 倍声速的军用飞机、起飞重量超过 300 吨、尺寸达大半个足球场的民航机为代表的航空技术;以单机功率达百万千瓦的汽轮机组为代表的机械工业,可以在大风浪下安全作业的单台价值超过 10 亿美元的海上采油平台;以排水量达 $5×10^5$ 吨的超大型运输船和航速可达 30 多节、深潜达几百米的潜艇为代表的船舶工业;可以安全运行的原子能反应堆;在地震多发区建造高层建筑;正在陆上运输中起着越来越重要作用的高速列车等等,甚至如两弹引爆的核心技术,也都是典型的力学问题。力学发展到今天已经构建成了宏伟的大厦,能够解决我们生存空间内的许多问题,但也有暂时还解释和解决不了的问题,需要继续探索,为其添砖加瓦,使其更完善。总之还有许多的问题有待未来的力学工作者去研究并加以解决。

20 世纪以来,力学学科有了很大的发展,创立了一系列重要的新概念、新理论和新方法。力学与其他学科的交叉和融合日显突出,形成了许多力学交叉学科:力学与物理学的交叉形成了物理力学,与生命科学的交叉形成了生物力学,与环境科学和地学的交叉形成了环境力学,以及爆炸力学、等离子体力学等,都形成了力学新的学科生长点,不断地丰富着力学的研究内容和方法,并使力学学科始终保持着旺盛的生命力。同时,人类社会和经济发展的更高需求将不断促进力学与其他学科的交叉,促进力学交叉学科发展到一个崭新的阶段。

5. 中国的力学研究及其成功运用的案例

力学知识起源于古代人对自然现象的观察和生产劳动中的实践经验,并逐步发展为生产技术和初步的自然哲理,这在东西方古代都是如此。

我国是世界文明发达最早的国家之一,勤劳智慧的中国人民很早就会利用各种材料制造各种器械和建筑物。在我国古代,手工工艺技术成果远比经验性的理论总结突出得多,这是中国古代对力学研究的主要特点,从时间来看大体可分为春秋战国、两汉、宋明三个高潮。

（1）春秋战国时期（公元前 770～前 221 年）

公元前 316 年,蜀守李冰修建都江堰,"正面取水,侧面排沙",其飞沙堰工程巧妙地利用了弯道环流,说明当时测河水流量、了解泥沙规律等水力学知识及水利工程已有相当的水平,成都平原二千多年来始终受益。

传为齐人著的《考工记》,是记录我国古代农具、兵器、乐器、炊具、酒具、水利、建筑等古代手工工艺规范的专著,现存版本中如《裘氏》《筐氏》《雕氏》等篇内容已散佚。其中惯性现象的记述:马力既竭,辀（zhōu,指车辕）犹能一取焉;车轮大小与拉力的关系:轮太低,马总是像上坡一样费劲;箭羽影响箭飞行速度的关系:后弱则翔,中强则扬,羽丰则迟;检验木料强度的经验方法:置而摇之,以视其蜎;横两墙间,以视其桡之均;横而摇之,以视其劲;以及堤坝设计的经验尺寸等,这些都反映了我国当时的生产技术水平和经验知识水平。

与《考工记》几乎同时的《墨经》,则进一步得出一些初步的力学哲理（如"奋、衡、本、标、重、权"等）,给力下了比较科学的定义:"力,刑（形）之所以奋也。"可惜这一形成科学的抽象思维进程在后世没有顺利继续下去。

这一时期是以记录与积累生产经验为主,也形成了初步哲理。

（2）两汉到五代时期（前 206～960 年）

简单机械逐渐发展为精巧的或大型的联合机械,如张衡的水运浑天仪、候风地动仪,西汉未巧工丁缓的"被中香炉"是世界上已知最早的常平支架,祖冲之的水磨等等。

隋代造船业已很发达,如隋炀帝的龙舟已高 40 尺、宽 50 尺、长 200 尺。李春主持建造的河北洨河赵县安济桥,是中国隋代敞肩式单孔并列券石拱桥,在河北省赵县城南 2.5 公里处,凌跨洨河之上,跨度最大（37.02 米）,弧度最浅（拱矢高 7.23 米）,至今 1300 多年,下沉水平差只有 5 厘米,如图 1 所示。赵县古称赵州,故又名赵州桥,俗称大石桥,是现存最古老的单跨石拱桥,在中外桥梁史上占有重要地位,采取这样巨型跨度,在当时是一个空前的创举,更为高超绝伦的是,在大石拱的两肩上各砌两个小石拱,从而改变了过去大拱圈上用沙石料填充的传统建筑型式,创造出世界上第一个"敞肩拱"的新式桥型。这是一个了不起的科学发明。像赵州桥这样古老的大型敞肩石拱桥,在世界上相当长的时间里是独一无二的。在欧洲,公元 14 世纪时,法国泰克河上才出现类似的敞肩形的赛雷桥,比赵州桥晚了 700 多年,而且早在 1809 年这座桥就毁坏了。浮力的利用甚多,如唐李吉甫建造的浮桥:以船为脚,竹篾亘之;东晋僧人惠远在庐山造莲花漏作为计时工具:取铜叶制器,状如莲花,置盆水之上,孔底漏水,半之则沉（即莲花漏由孔底进水到一半时就逐渐下沉）,每一昼夜十二沉,非常巧妙;还有著名的曹冲称象故事,在陈寿著《三国志》卷二十及《江表传》中均有记载。

图1　赵州桥

这一时期带有直觉经验型的物理哲理性著作是王充的《论衡》,在他的著作中对于运动的疾舒、力与运动、物体与运动、内力与外力的关系等作了叙述;其次是运动的相对性概念。晋天文学家束皙说过:乘船以涉水,水去而船不徒矣(《隋书·天文志》);晋葛洪在其著作《抱朴子·内篇·塞难》中说:游云西行,而谓月之东驰。《晋书卷十一天文志》更将这一相对运动的思想用于解释天体运行:天旁转如推磨而左行,日月右行,随天左转,故日月实东行,而天牵之以西没。譬之蚁行磨石之上,磨左旋而蚁右去,磨疾而蚁迟,故不得不随磨以左回焉。有极大价值的是至少成书于东汉时代的《尚书纬·考灵曜》(著者不详,收入明代孙毂编纂的《古微书》卷一《尚书纬》),该书在提出"地有四游,冬至地上行北而西三万里,夏至地下行南而东三万里,春秋二分是其中矣"的同时,提出了著名论断:地恒动而人不知,譬如闭舟而行,不觉舟之运也。这种对运动相对性的观点,《考灵曜》比伽利略的《对话》至少早约 1500 年。

这一时期在机械、水力等技术发展基础上力学思想活跃,但是对力学现象很少做定量叙述。

（3）宋元明时期(960～1644 年)

我国古代技术成就极为丰富,但往往著述不详或流散失传,只知其名而不知其详,因而许多"巧器"历代都有人重新"创制"。如由仰韶文化时期尖底陶罐发展而成的敧器,"虚则敧,中则正,满则覆"(《荀子·宥坐》),是因为重心由高变低而又变高导致的,晋人杜预、南北朝祖冲之、魏、隋、唐、宋都有多人试制;指南车也有东汉张衡、三国马钧、祖冲之、宋燕肃、吴德仁等多人多次制成或未成。而燕肃造这种凭靠齿轮传动使木人手指方向不变的指南车遇困难时,出门"见车驰门动而得其法"(宋陈师道《后山丛谈卷一》),这也是从机械原理中悟出的。可惜的是往往因古代人悟而未述或述而失传。记里鼓车也是利用传动,使车轮走满一里时有一齿轮转满圈并拨动小人打鼓一次。这说明我国手工制造中齿轮构造等工艺相当娴熟,但直到宋代才记载较详。

苏颂和韩公廉在 1092 年建成了我国古代最大型的先进天文钟楼"水运仪象台",其结构详细载于苏颂《新仪象法要》中,它涉及天文、力学、机械制造,其中有相当于钟表擒纵器的"天衡",是保证等时性的杠杆装置。元代郭守敬在天文仪器制造的种类(简仪、仰仪、定时仪、日月食仪等十几种)、结构和精度方面达到很高水平。

宋代曾公亮在《武经总要》这一军事著作中除记载兵工机械、枪炮、军用油泵("猛火油柜")等外,还在《寻水泉法》中详载了虹吸管("渴乌"),它在《后汉书·张让传》及唐代《通典》中都有记载,包括"取大竹去节","油灰黄蜡固封","竹首插入水中五尺",烧火使"火气潜通"入水,"则水自中逆上"等。

河北石家庄隆兴寺的转轮藏建于北宋,人在台上绕轴走动时轮藏会缓慢地反向转动,这实际上是动量矩原理的应用。

宋应星的《天工开物》是明代农业和手工业生产技术的百科全书,在卷十五《佳兵篇》中记述了测试弓弦弹力大小的方法:"凡试弓力,以足踏弦就地,秤钩搭挂弓腰,弦满之时,推移秤锤所压,则知多少",方法十分巧妙。该书在我国失传300年,于1926年才由日本找回翻印本。

总的来说,我国古代力学知识与古代精湛的工艺技术往往密不可分,但各时期对技术知识的整理汇集、研究提高、保存流传都未受到重视,致使技术特别是科技理论不能代替人力形成明显的生产力,科举八股把教育与知识分子的注意力引到文字游戏或仕途官场上。一方面是大量生产知识与技术积累而又散失,缺乏系统整理,一方面是经验性的定性的力学概念始终带有思辨色彩(如"气""道""理"),缺乏数学的定量引用和系统实验的基础,因此经典力学的重要理论、公式大都是以西方人的名字来命名的。

知识窗

张衡,字平子,南阳西鄂(今河南南阳市石桥镇)人,我国东汉时期伟大的天文学家、数学家、发明家、地理学家、制图学家、文学家、学者。主要成就开创了我国天文、地理研究之先河,代表作品有《灵宪》、地动仪、《四愁诗》等。于公元139年逝世。为了纪念张衡的功绩,人们将月球背面的一个环形山命名为"张衡环形山",将小行星1802命名为"张衡星",后世称张衡为"科圣"。

张衡,章帝建初三年(公元78年)诞生于南阳郡西鄂县石桥镇一个破落的官僚家庭(今河南省南阳市城北五十里石桥镇)。祖父张堪是地方官吏,曾任蜀郡太守和渔阳太守。张衡幼年时候,家境已经衰落,有时还要靠亲友的接济。

正是这种贫困的生活使他能够接触到社会下层的劳动群众和一些生产、生活实际,从而给他后来的科学创造事业带来了积极的影响。在数学、地理、绘画和文学等方面,张衡表现出了非凡的才能和广博的学识。

张衡是东汉中期浑天说的代表人物之一,他指出月球本身并不发光,月光其实是日光的反射;他还正确地解释了月食的成因,并且认识到宇宙的无限性和行星运动的快慢与距离地球远近的关系。

张衡观测记录了两千五百颗恒星,创制了世界上第一架能比较准确地表演天象的漏水转浑天仪,第一架测试地震的仪器——候风地动仪,还制造出了指南车、自动记里鼓车、飞行数里的木鸟等等。

20世纪中国著名文学家、历史学家郭沫若对张衡的评价是:"如此全面发展之人物,在世界史中亦所罕见,万祀千龄,令人景仰。"

《灵宪》是张衡有关天文学的一篇代表作,全面体现了张衡在天文学上的成就和发展。原文被《后汉书·天文志》刘昭注所征引而传世。

2　土木工程力学课程简介

土木工程力学又名建筑力学,它是土木建筑类专业学生必修的专业基础课。本课程的学习目标是:通过学习本课程,使学生具有对一般结构进行受力分析的能力;具有对建筑工程中常用的简单结构进行内力分析计算并绘制内力图的能力;具有简单力学实验的操作能力;具有对构件进行承载能力的初步设计计算能力。

2.1　土木工程力学的研究对象

土木工程力学的研究对象是各种各样的建筑物,多层房屋建筑物的组成情况如图 2所示。

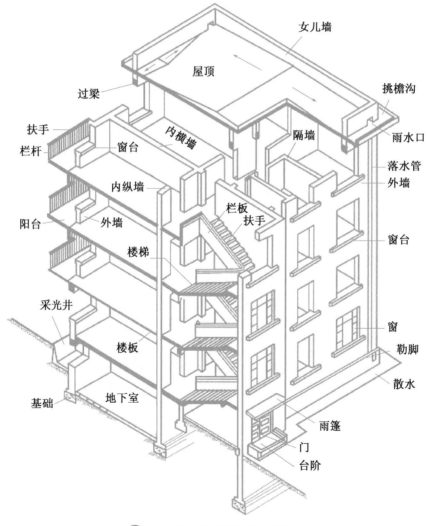

图2　多层房屋建筑物的组成情况

在建筑物中用于承受荷载、传递荷载并起骨架作用的物体或物体系统称为建筑结构,简称结构。组成结构的单个物体称为构件,根据构件的几何尺寸特征通常将结构分为杆系结构、薄壁结构和实体结构三种类型。一个方向的几何尺寸远大于另外两个方向的尺寸的构件称为杆件,由杆件组成的结构称为杆系结构,如梁、柱、屋架等都属于杆系结构;一个方向的几何尺寸远小于另外两个方向的尺寸的构件称为薄壁(又称为板或壳),由薄壁组成的结构称为薄壁结构,如屋面、墙面等都属于薄壁结构;三个方向的几何尺寸为同一个量级的构件称为块,由块组成的结构称为实体结构,如块式基础、挡土墙、堤坝等都属于实体结构。

土木工程力学的主要研究对象就是建筑物中的杆件及杆件结构。

▶ 2.2 土木工程力学的主要内容及研究任务

1. 土木工程力学的主要内容

土木工程力学又叫建筑力学,它是一门按行业命名的力学学科,它是土木工程行业所用力学基础知识的汇总,内容主要涉及理论力学的静力学、材料力学、结构力学。其中静力学主要研究单个物体及物体系统的平衡规律;材料力学主要研究单个杆件的内力计算及构件的承载能力计算;结构力学主要研究平面杆系结构的内力和位移计算。

2. 土木工程力学的研究任务

从远古时代起,人类就开始有房屋、桥梁的建筑。例如,早在 3500 年以前,我国就已经采用柱、梁、檩、椽的木结构,建造不承重的房屋。再如由隋朝工匠李春主持建造的赵州桥,跨长 37m,是由石块砌成的拱结构,拱半径 25m,主拱的左、右两侧各有两个小拱,既利用了石料耐压的特性,又减轻了重量,还能增大泄洪能力。如今,新型建筑物更是随处可见,这些建筑物都是人类工作、学习、居住、休闲娱乐等生活所必需的场所。总之,凡是有人类活动的地方就有建筑物存在。

任何建筑物在施工过程中和建成后的使用过程中,都要受到各种各样的力的作用。例如,梁在施工中除了承受自身的重力外,还要承受施工人员以及施工机具的重力;墙在使用过程中不仅要承受楼板传来的压力,还要承受风荷载的作用。在外力的作用下,构件的几何形状和尺寸都会发生变化,并在外力增大到某一数值时发生破坏,构件的过大变形和破坏都会影响到建筑物的正常工作,乃至人们的生命财产安全。我们要建造一个建筑物最关心的问题无外乎是两个方面的要求,一个方面是安全要求:结构或构件在荷载作用下,不能破坏,也不能发生过大的变形。结构或构件达到这种要求的能力称为结构或构件的承载能力;具有承载能力的结构及构件才能使用。另一个方面是从经济方面提出的要求:结构或构件应该材料用量最小,价格低廉,并以最合理的办法制造出来。

显然,结构和杆件的安全性和经济性是矛盾的,前者要求用好的材料、大的截面尺寸,后者要求用低廉材料、最经济的截面尺寸。如何才能使两者两全其美的统一起来呢? 这就需要依靠科学理论及实验来提供材料的受力性能、确定构件受力的计算方法,并掌握材料性质和截面尺寸对受力的影响,使设计出的结构和构件既安全可靠又经济合理。

研究上述问题的理论基础便是土木工程力学，所以土木工程力学的研究任务是对各种建筑物中的建筑结构或构件进行受力分析，计算其内力和位移，探讨其强度、刚度、稳定性问题，为保证结构或构件的安全可靠及经济合理提供力学计算理论和方法，合理解决安全与经济这一矛盾。

▋▶ 2.3　力学的研究方法及研究模型

1. 力学的研究方法

力学研究的工作方式是多种多样的：有些只是纯数学的推理，甚至着眼于理论体系在逻辑上的完善化；有些着重于数值方法和近似计算；有些着重于实验技术等等。而更大量的则是着重在运用现有力学知识，解决工程技术中或探索自然界奥秘中提出的具体问题。应用研究更需要对应用对象的工艺过程、材料性质、技术关键等有清楚的了解。在力学研究中既有细致的、独立的分工，又有综合的、全面的协作。

力学的研究方法遵循认识论的基本法则：实践——理论——实践。理论是对自然界、人类社会的系统化的见解和主张。理论来源于实践，实践出真知，实践是真知的唯一源泉，没有"实践"这个源泉，就没有创造的基础和动力。在平时的生活、工作等实践活动中我们一定要善于观察、勤于思考，坚持走"从实践到理论，再用理论指导实践"这个正确的科学研究之路。

2. 力学的研究模型

自然界与各种工程实际中涉及的物体(构件或结构)有时是很复杂的，如果完全按照物体的实际情况来进行分析和计算，一方面使所研究的问题变得非常复杂，同时也不可能真正做到；另一方面从工程上的精度要求来看，也不必要。力学家们根据对自然现象的观察，特别是定量观测的结果，根据生产过程中积累的经验和数据，或者根据为特定目的而设计的科学实验的结果，提炼出量与量之间的定性的或定量的关系。为了使这种关系反映事物的本质，力学家要善于抓住起主要作用的因素，撇弃或暂时撇弃一些次要因素。力学中把这种过程称为建立模型。

在力学研究中建立的力学模型有很多，主要分为四大类：第一是关于力的模型，第二是关于研究对象的模型，第三是关于约束的模型，第四是关于结构计算的模型。

（1）关于力的力学模型

力是物体与物体之间相互的机械作用，力是看不见摸不着的，为了便于进行力学研究，力学家就建立了力的模型。

力的模型是对力的合理抽象与简化。力的作用位置指的是物体上承受力的部位，作用位置一般是一块面积或体积，称为分布力。有些分布力分布的范围很小，可以近似看作是一个点时，这样的力称为集中力。

在我们研究平面力系问题时，我们建立的力学模型有三种，分别是集中力、线分布力、力偶，它们的力学模型如图 3 所示。

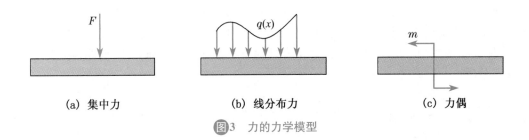

(a) 集中力　　　　　　　(b) 线分布力　　　　　　(c) 力偶

图3　力的力学模型

（2）关于研究对象的力学模型

在力学中一般将所研究的物体抽象为两种计算模型：刚体模型和理想变形固体模型。

所谓刚体，就是指在任何外力作用下，大小和形状始终保持不变的物体，即物体内任意两点的距离都不会改变的物体。事实上，刚体在自然界中并不存在，它只是力学研究中的一个理想化的力学模型。实际物体在力的作用下，都会产生程度不同的变形。工程中所用的固体材料，如钢、铸铁、木材、混凝土等，它们在外力作用下会或多或少地产生变形，有些变形可直接观察到，有些变形可通过仪器测出。在外力作用下，会产生变形的固体材料称为变形固体。

由于变形固体多种多样，其组成和性质很复杂，因此对于用变形固体材料做成的构件进行强度、刚度和稳定性计算时，为了使问题得到简化，常略去一些次要的性质，而保留其主要的性质，把研究对象抽象化地看作为理想的变形固体模型。关于理想的变形固体模型，力学中是通过对变形固体的基本假设来实现的。

如果只研究物体的外效应，只着重研究物体的平衡问题时，那么物体的变形可以不用考虑或者暂时不用考虑，此时的物体就可以看作是刚体。而研究力对物体的内效应，则是关注物体的内力和变形，并由此进一步研究结构的强度、刚度、稳定性等问题，此时就不能再把物体看作是刚体，而应该把物体看成为变形固体。

（3）关于约束的力学模型

在空间的位移不受任何限制的物体称为自由体，在空间的位移受到周围物体限制而不能做任意运动、只能做特定运动的物体称为非自由体，对非自由体的某些位移或运动起限制作用的周围物体称为约束，实际上约束就是物体之间的接触或连接。

日常生活和工程实际中的约束是多种多样、千变万化的，为了便于进行力学研究，力学工作者对约束的构造、约束的性质及功能进行研究，从而将物体之间的接触与连接方式抽象简化为标准的约束模型。本书的项目一中给出了平面问题中常用的几种约束的力学模型。

（4）关于结构计算的力学模型

实际结构的组成、受力和变形情况往往很复杂，影响力学分析计算的因素也很多，在进行结构的设计计算时，若完全按照结构的实际情况进行分析计算，会使问题变得极其复杂，甚至是不可能的，也是不必要的。因此，在对实际工程结构进行力学计算之前，必须先对实际结构及其受力情况进行分析，按照保留主要因素，略去次要因素，使其既能反映实际结构主要的受力和变形特征，又便于计算的原则，对其加以简化。用这个经过简化得到的结构模型来代替实际结构，力学中把这个结构模型称为结构的力学计算简图。

结构的计算简图是对结构进行力学分析和计算的依据。

▶ 3 学习土木工程力学的意义 ◀

土木工程力学是土木工程类各专业中一门重要的技术基础课程,它在整个专业的课程学习过程中起着承上启下的桥梁作用,只有学好土木工程力学才能为真正学习好相关的专业知识奠定坚实的基础。

建筑施工人员的主要任务就是把设计人员设计的建筑物由图纸变成实物。从事土木工程施工的一线工作人员,只有掌握了土木工程力学的基本知识,才能正确理解设计人员的设计意图、确保工程质量,才能很好地了解建筑物中每个构件的功能以及构件承受荷载、传递荷载的情况,根据施工现场的具体情况做出正确的判断和决策,把安全隐患消灭在萌芽状态,避免事故的发生。

学习土木工程力学对形成辩证唯物主义世界观是非常有利的,对提高读者的运算能力也是极为有益的。因此,土木工程建筑行业的每个从业人员都应该学习土木工程力学,特别是从事建筑工程结构设计和施工的工程技术人员更应该学好土木工程力学。

▶ 4 土木工程力学课程学习指南 ◀

怎样才能学习好土木工程力学呢?

1. 重视观察和实验

土木工程力学知识来源于实践、服务于实践,所以,要想掌握好土木工程力学知识,就必须重视观察和实验,认真观察日常生活和工程实践中的力学现象,深入分析力学现象产生的条件和原因,学会做力学实验,掌握用实验研究问题、解决问题的基本方法,从而有意识地提高自己的观察能力和实验操作能力。

2. 勤于思考、重在理解

土木工程力学知识是在分析力学现象的基础上经过大量的实验研究和理论分析、概括总结或推理想象出来的,具有严密的逻辑性,各个知识点之间联系十分紧密,所以,学习土木工程力学时要注意理解它的基本概念、基本原理,掌握它的分析方法,切忌死记硬背,要勤于思考、善于分析、重在理解,有意识地提高自己的科学思维及逻辑推理能力。

3. 把握学习的五个环节

对于一个全日制在校学生而言,把握好学习的五个环节,是掌握好各门课程知识的保障和捷径。

(1)课前预习。课前自学、阅读教材能够大概了解课程的知识点,也可以发现问题。

(2)课堂听讲。通过课前预习,学生带着问题去听课,对自己预习时不懂的地方要认真听教师讲解,做到劳逸结合。听课可以达到三个目的:一是完成对预习中所学内容的再认识,加深理解、强化记忆;二是完成对预习中存在疑惑知识的解惑工作;三是完成所学知识的消化吸收,从而做到融会贯通。

(3)课后整理课堂笔记。请注意,我这里说的是课后整理课堂笔记而不是课堂记笔记,因为课堂上记笔记操作不当会影响听课。我提倡的是课后根据课堂上记的要点、提纲,结合教材认真整理课堂笔记。

(4)课后练习。教师讲完课之后,一般情况下都会布置一些课后练习题,课后练习是检验学生听课效果的重要形式之一,希望学生要按照任课教师的要求认真做好课后练习。

(5)反思与综合复习。反思是对学习过程中出现的问题(当然包括做作业过程中出现的问题)进行思考和研究,找到原因和解决办法;综合复习是把这一次课所学的知识与以前学过的知识联系起来,综合在一起形成知识链。

相信每一个全日制在校学生,只要严格按照上述五个环节学习,就一定能够学习好学校安排的各门课程,请各位在校学生一定要尽可能地按照这五个环节完成各门课程的学习,特别是对力学课程的学习更应该这么做。

4. 多练习重在运用

做习题是学习好土木工程力学的一个重要环节,不通过做一定数量的习题是很难真正掌握土木工程力学的概念、原理和方法的,当然了,盲目做习题(只求数量不求质量)或生搬硬套公式是不可能达到预期的学习效果的。对于学习过的知识,如果不注意知识的运用,你得到的知识仍然是死水一潭。只有重视理论联系实际,善于把所学力学知识运用到日常生活和工程实践中去,解释力学现象、设计力学实验、讨论并解决力学问题,才能使你学到的知识逐渐丰满起来,发挥其应有的作用。

|项目一|
物体的受力分析

◆ 本项目知识点

- 力的分类和表示方法
- 力矩的计算方法
- 力偶的相关知识
- 静力学公理
- 常见的平面约束类型
- 受力分析绘制受力图

◆ 本项目学习目标

- ★ 了解力的定义及力的三要素
- ★ 了解结构的力学计算简图的简化过程
- ★ 熟悉工程中常用的平面约束类型
- ★ 掌握单个物体的受力分析
- ★ 掌握物体系统的受力分析
- ★ 了解平面杆件结构的分类情况

◆ 本项目能力目标

- ▲ 领会并能阐述力、力偶、刚体、平衡等力学重要概念
- ▲ 能熟练地运用静力学公理解决实际问题
- ▲ 能熟练掌握常见平面约束类型的简图和约束反力画法
- ▲ 能正确地分析物体的受力情况并正确地画出单个物体的受力图
- ▲ 能正确地对物体系统进行受力分析并正确地画出物体系统的受力图

○○○ ▶▶ 项目导语

在土木工程的施工和使用过程中,其结构和构件都承受着各种力的作用,有的力会使它们产生运动和变形,有的力则限制它们的运动和变形。在建筑工程中力无处不在,如楼板除承受自重外,还承受着人、设备或家具等自重的作用,工程技术人员要分析和解决工程中的力学问题,首先必须熟悉力的基本性质,并熟练掌握分析物体受力情况的基本方法。

任务1　认知静力学基本概念

◉◉◉ ▶ 案例引入

日常生活中，我们经常看到这样的现象：用手推动购物车，车由静止开始运动，如图 1-1(a)所示；用手按压弹簧，弹簧会发生变形，如图 1-1(b)所示，这是为什么呢？

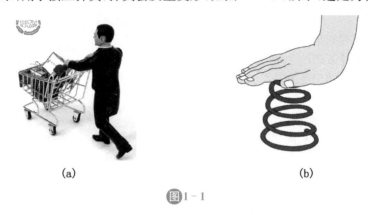

(a)　　　　　　　　　　　(b)

图 1-1

因为人对物体施加了力，力作用在车子上可以让车由静止到运动，使车的运动状态发生了变化；用手按压在弹簧上可以让弹簧缩短，使弹簧产生压缩变形。同时，人们也会感觉到车和弹簧对人有反作用力。

又例如，当我们拍打篮球时，篮球会运动起来，同时我们的手也会有痛的感觉；当车辆在桥梁上行驶时，桥梁会产生弯曲变形等。这些现象都表明了力的存在。

▮▮▶ 1.1　力

学力学要从认知力开始！

1. 力的定义

人们在长期的生活运动和生产劳动实践中逐步建立起来了力的概念，例如推车、打球、拔河、按压弹簧、拧螺母、起吊重物、锻打工件等都要用力。人们就是从类似这样的大量实践中，从感性到理性逐步地加深了对力的认识。

力是物体间相互的机械作用。这个定义表明：力是物体与物体间的相互作用，力不可能脱离物体而单独存在，要产生力必须有两个物体，即施力物体和受力物体；力总是成对出现的，有作用力必有反作用力。

2. 力的作用方式

物体间相互的机械作用方式可分为两类：一类是通过物质的一种形式——场而起作用的，如重力、电磁力等，这种作用方式称为间接作用；另一类是由两个物体直接接触而产生

力的认知

的,如两物体间的压力、绳子的拉力等,这种作用方式称为直接作用。

3. 力的作用效应

力对物体的作用效应有两种,分别是运动效应和变形效应。

(1)力的运动效应

力使物体的机械运动状态发生变化的效应称为力的运动效应或外效应。例如:用手推门时,门产生转动。

(2)力的变形效应

力使物体的形状和尺寸发生改变的效应称为力的变形效应或内效应。例如:桥梁长期受到上面车辆的作用而产生弯曲变形。

静力学研究的是力的外效应,至于力的内效应将在材料力学部分进行研究。

4. 力的分类

力的分类方式有很多种,这里介绍的是依据力的作用范围大小把力分为两种:集中力和分布力。

(1)集中力

当力的作用范围相对于物体很小以至于可以忽略不计时,就可以把力近似的看作是作用在一个点上,这样的力称为集中力。在国际单位制(SI)中,集中力的单位是牛顿(N)或千牛顿(kN)。例如火车车轮作用在钢轨上的压力、面积较小的柱体传递到面积较大的基础上的压力等都可看作是集中力;一个人站在梁上,人对梁的作用力就可以看作是集中力。图1－2(a)中画出来的 F 就是一个集中力。

(2)分布力

当力的作用范围较大而不能忽略的作用力称为分布力,根据分布力分布范围的几何特征,又把分布力分为线分布力、面分布力和体分布力。

① 连续作用在狭长范围内的分布力称为线分布力,其分布集度通常用字母 q 表示,单位为 N/m 或 kN/m;例如,在房屋建筑中,梁支承楼板,楼板对梁的作用力就可以看作是一个线分布力,如图1－2(b)、(c)所示。

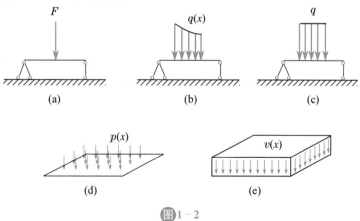

图 1－2

② 作用在一定面积上的分布力称为面分布力,其分布集度通常用 p 表示,单位是 N/m² 或 kN/m²,如图 1-2(d)所示;例如,风荷载对建筑物墙体的作用就可以看作是一个面分布力。

③ 体分布力是指在构成物体的空间里(或者说物体体积内)每一个点都受到力作用的情况,如图 1-2(e)所示,体分布力的分布集度通常用 v 表示,单位是 N/m³ 或 kN/m³;例如,物体的自重就可以看作是体分布力。

④ 如果在作用范围内每个点受到的力大小不一样,这样的分布力称为非均布力,如图 1-2(b)所示为一线非均布力;当作用范围内每个点受到的力大小相同,这样的分布力称为均布力,如图 1-2(c)所示为一线均布力。

5. 集中力的三要素

实践证明,集中力对物体的作用效果由力的三个要素决定,改变这三个要素中的任何一个,都会改变力对物体的作用效果。因此人们把力的大小、方向和作用点称为集中力的三要素。

(1) 力的大小:力的大小表明物体间相互作用的强弱程度。在国际单位制中,集中力的基本度量单位是牛顿,简称牛(N),工程实际中集中力的常用单位是千牛顿,简称千牛(kN),1 kN＝1 000 N。

(2) 力的方向:力的方向包括力的方位和指向两层含义。例如重力的方向是"铅垂向下","铅垂"是力的方位,"向下"是力的指向;又如水平推力的方向是"水平向前","水平"是力的方位,"向前"是力的指向。力的作用方向不同,对物体产生的效应也不同,如图 1-3(a)所示的小球在推力 F 的作用下,会产生由左向右的运动;而当小球在同一位置受到如图 1-3(b)所示同样大小的拉力作用时,则小球的运动方向是由右向左。

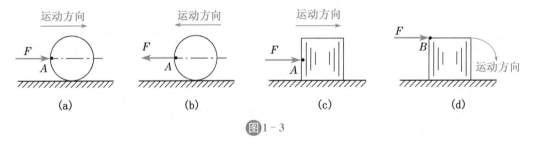

图 1-3

(3) 力的作用点:力的作用点是力在物体上的作用位置。实际上当两个物体相互作用时,其接触部位总是具有一定的面积,当接触面积与物体相比很小时,可近似看成是一个点,这个点称为力的作用点。集中作用在一点上的力称为集中力,工程中也称为集中荷载,如梁支承在柱子上,对柱子产生的压力为集中荷载;当力的作用区域不能抽象化为一个点时则称为分布力,例如水坝所受的水压力等。

集中力对物体的作用效应还与力的作用点位置有关,如图 1-3(c)所示,将木箱子放在桌面上,如果力的作用点位置较低,则木箱子将向前移动;如图 1-3(d)所示,如果同样大小和方向的力作用点位置较高,则木箱子将会翻转。

6. 集中力的图示法

力是一个有大小和方向的量,所以力是**矢量**,力矢量所在的直线称为力的作用线,即通过力的作用点并沿着力的方向的直线称为力的作用线。力学中用一个带箭头的有向线段来表示集中力,其中线段的长度按一定的比例表示力的大小,线段与某定直线的夹角表示力的方位,箭头表示力的指向,有向线段的起点或终点表示力的作用点。如图1-4所示,按比例量出力 **F** 的大小是30 kN,力的方向与水平线成30°角,指向右上方,作用在物体上的 A 点。

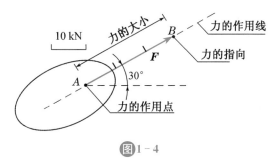

图1-4

> ➤**特别注意**:在画拉力时,用有向线段的起点作为拉力的作用点;在画压力时,用有向线段的终点作为压力的作用点。

▐▶ 1.2　刚体

在任何外力作用下,其形状和大小始终保持不变的物体称为刚体。

刚体是人们在研究物体的平衡问题时抽象化出来的一种力学模型。在很多情况下,固体在受力和运动过程中变形很小,基本上保持原来的大小和形状不变,为此,人们提出了刚体这一理想化的力学模型的概念,其特点是:刚体在受力过程中,刚体内所有质点之间的距离始终保持不变。

▐▶ 1.3　平衡

物体相对于地球处于静止或匀速直线运动的状态称为平衡。物体保持静止的状态称为静平衡,物体保持匀速直线运动的状态称为动平衡。平衡是物体运动的一种特殊形式,实际上物体处于平衡,就是指物体运动的加速度等于零。如正常情况下的房屋、桥梁、电线杆以及匀速吊装的构件,它们相对于地球均处于平衡状态。

▐▶ 1.4　力系

通常情况下,一个物体所受的力不止一个而是若干个。在力学研究中把同时作用于同一个物体上的一群力称为力系。如果物体在一个力系作用下处于平衡状态,则该力系称为平衡力系。要使物体保持平衡状态,作用于物体上的力必须满足一定的条件,这种条件称为力系的平衡条件。

▐▶ 1.5　力偶

在日常生活和工程实践中,常见到作用在物体上的两个大小相等、方向相反、作用线不重合的平行力的作用,如图1-5(a)所示,汽车司机转动方向盘时,两手作用于方向盘上的力;如图1-5(b)所示的钳工师傅用丝锥攻螺纹时,两手作用于丝锥铰杠上的力;还有我们拧水龙头时对水龙头施加的力如图1-5(c)所示,等等。这种由两个大小相等、方向相反且不共线的平行力组成的力系,称为力偶。力偶的组成如图1-5(d)所示,记作(F, F')。

力偶对刚体的外效应是只能使刚体产生转动。力偶的两力之间的垂直距离d称为力偶臂,力偶所在的平面称为力偶作用面,如图1-5(d)所示。

由于力偶不可能合成为更简单的形式,所以力偶和力一样是组成力系的基本元素。

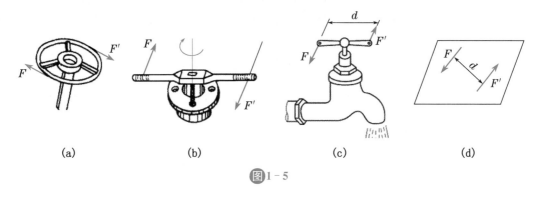

(a)	(b)	(c)	(d)

图1-5

▶ 课后思考与讨论

1. 什么是力? 力对物体会有怎么样的作用效果? 力对物体的作用效果与哪些因素有关? 试举例加以说明。

2. 什么是力偶? 它会对物体产生怎样的运动效应? 请举例说明。

3. 什么是平衡? 试举出物体处于平衡状态的例子。

4. 有一个成语叫"孤掌难鸣",请你拍掌试一试,为什么两个巴掌拍得响,一个巴掌拍不响? 请从力学角度进行分析并给出合理的解释。

▶ 任务2　认知力的性质 ◀

▶ 案例引入

水面上有两条小船,一个人站在其中的一条船上,拿船桨推了另外一条船,两条船都会向后滑动,如图1-6所示,而且推力越大,两条船滑动的就越快,这是什么原因呢?

因为力是物体间的相互作用,在甲物体对乙物体作用的同时,乙物体必然也有一个反作用力作用在甲物体上。

图1-6

又例如,冰面上溜冰的两个人,轻轻地推一下对方,两个人都会往后退,而且用的力越大,两个人就离得越远;火箭升空时,向下喷射出强大的气流,火箭靠向下喷气产生的反作用力而升空;墨鱼遇到敌人时,会向后喷墨水,墨鱼靠向后喷水产生的反作用力使自身产生向前的运动,从而逃生。

这些现象都说明作用力和反作用力是成对出现的,而且方向相反。

静力学基本公理,是人们在实践中经过反复观察和实验总结出来的最基本的力学规律,它反映了作用在物体上的力的基本性质。为了便于以后的研究,我们首先来认知静力学中的几个基本公理。

▐▶ 2.1　作用与反作用公理

一个物体受到其他物体的作用时,施力物体也一定在同时受到与受力物体等值反向的力的作用,这两个力就是一对作用力和反作用力。

两个物体之间的作用力与反作用力,总是大小相等,方向相反,沿同一直线,并分别作用在这两个物体上。力的这一性质称为作用与反作用公理。

这个公理概括了两个物体间相互作用的关系,不论物体是处于静止状态还是处于运动状态,也不论是把物体看成是刚体还是变形体,该公理都普遍适用。力总是成对出现的,有作用力,必定有反作用力,且两者总是相互对立、相互依存、同时出现、同时消失。

例如地面上有一物体处于静止状态如图 1-7(a)所示,物体对地面有一个作用力 F_N',F_N' 作用在地面上;而地面对物体也有一个反作用力 F_N,F_N 作用在物体上。力 F_N 和 F_N' 大小相等,方向相反,沿同一条直线分别作用在物体和地面上,是一对作用力和反作用力,如图 1-7(b)所示。物体上在两个力 F_G 和 F_N 共同作用下处于平衡,因此力 F_G 和 F_N 是一对平衡力,如图 1-7(c)所示。

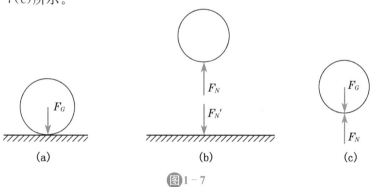

(a)　　　　　　　　(b)　　　　　　　　(c)

图 1-7

注意:虽然 F_N、F_N' 它们大小相等,方向相反,沿同一直线,但不是作用在同一刚体上的两个力,因此,不能错误地认为它们是一个平衡力系。

▐▶ 2.2　二力平衡公理

作用于同一刚体上的两个力,使刚体保持平衡的必要和充分条件是:这两个力大小相等、方向相反且作用于同一直线上,即二力等值、反向、共线。力的这一性质称为二力平衡公理,如图 1-8(a)所示。

这个公理揭示了作用于刚体上最简单的力系即由两个力组成的力系平衡时所必须满足的条件,它为我们以后研究其他力系的平衡条件提供了理论基础。

只受两个力作用而处于平衡的杆件,称为二力杆,如图 1-8(b)、(c)所示,图中 $F_1=F_2$,$F_A=F_B$。二力杆可以是直杆也可以是曲杆。

应该注意,只有当力作用在刚体上时二力平衡公理才能成立。对于变形体,二力平衡条件只是必要条件,不是充分条件。例如:软绳受两个等值反向的拉力作用可以平衡,如图 1-8(d)所示;而受两个等值反向的压力作用时就不能平衡,如图 1-8(e)所示。

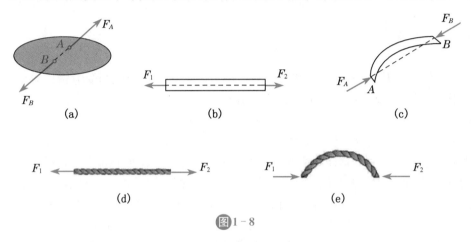

图 1-8

> **特别注意**:作用与反作用公理和二力平衡公理有本质区别:作用力与反作用力是分别作用在两个不同的物体上;而二力平衡公理中的两个力则是同时作用在同一个刚体上,它们是平衡力。

▶ 2.3　加减平衡力系公理

在作用于刚体上的已知力系中,加上或去掉任意一个平衡力系,并不会改变原力系对刚体的作用效应,力的这一性质称为加减平衡力系公理。

这是因为平衡力系对刚体运动状态是没有影响的,所以增加或去掉一个平衡力系,是不会改变刚体的运动效果的。这个公理为我们研究力系的等效替换提供了理论依据。

推论:力的可传性原理

作用在刚体上的力可沿其作用线移动到刚体内任一点,而不改变该力对刚体的作用效应,力的这一性质称为力的可传性原理。

力的可传性原理早已被实践所证实。如图 1-9(a)所示,用水平推力 F 作用于小车的 A 点,与图 1-9(b)中用大小、方向均相同的拉力 F 作用于小车的 B 点(A、B 两点在同一直线上)使小车产生的运动效果是相同的。

图 1-9

由力的可传性原理可知,力对刚体的作用效应与力的作用点在作用线上的位置无关,也就是说,对于刚体而言,力的作用点已经不再是决定力的作用效果的要素了,它已经被力的作用线所取代,因此,对刚体而言,力的三要素是:力的大小、力的方向和力的作用线。同时必须指出,力的可传性原理只适用于刚体而不适用于变形体。

▍▶ 2.4 力的平行四边形公理

1. 力的平行四边形公理

作用在物体上同一点的两个力,可以合成为一个合力,合力的作用点也在该点,合力的大小和方向可以用以两分力为邻边所构成的平行四边形的对角线表示,力的这一性质称为力的平行四边形公理。

力的平行四边形公理又称力的平行四边形法则,力的平行四边形法则是力系合成与分解的基础,也是力系简化、计算合力的重要理论依据,这种求合力的方法称为矢量加法,即作用于物体上同一点的两个力 F_1 与 F_2 的合力 F_R 等于这两个力的矢量和,如图 1-10(a)所示,其矢量表达式为:

$$F_R = F_1 + F_2$$

2. 力的三角形法则

力的平行四边形法则又可以简化为力的三角形法则,在求两个共点力的合力时,为了作图方便,只需画出平行四边形的一半即可。其做法是在确定两个共点力的合力大小、方向时,只需在平面内任选一点,将这两个力矢首尾相接,则合力矢就是从第一个力的起点指到第二个力的终点。其具体操作方法是:从 A 点开始,先画出矢量 F_1,然后再由 F_1 的终点 B 画出另一矢量 F_2,最后将 A 点与 F_2 的终点 C 连线得到矢量 AC 就是我们所要求的合力 F_R,如图 1-10(b)所示。分力与合力所构成的三角形△ABC 称为力的三角形,这种求合力的方法称为力的三角形法则。如果先画 F_2,再画 F_1,如图 1-10(c)所示,也能得到相同的合力矢量 F_R。可见,画分力的先后次序不同,并不影响合力 F_R 的大小和方向。

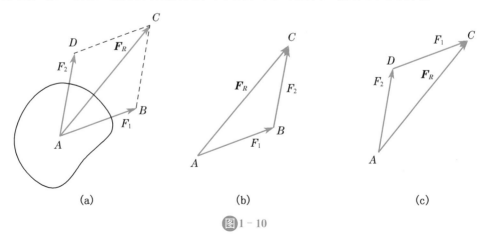

(a)   (b)   (c)

图 1-10

3. 三力平衡汇交定理

应用上述公理可推导出三力平衡汇交定理：若刚体在互不平行的三个力作用下处于平衡状态时，则此三个力的作用线必在同一平面内且汇交于一点。

证明：如图 1-11 所示，刚体 F_1、F_2、F_3 三个力作用下处于平衡，根据力的可传性原理，将力 F_1、F_2 移到此两力作用线的交点 O，并按照力的平行四边形公理合成为一个合力 F_{12}，这样，刚体就在 F_{12} 和 F_3 两个力作用下处于平衡。由二力平衡公理可知，F_{12} 与 F_3 必等值、反向、共线，即力 F_3 必通过 F_1 和 F_2 的交点 O；另外，因为力 F_1、F_2 与 F_{12} 共面，所以力 F_1、F_2 与 F_3 也共面。该定理由此得征。

三力平衡汇交定理是加减平衡力系公理（力的可传性原理）、力的平行四边形公理、二力平衡公理三者的综合推论，它揭示了共面而互不平行的三个力平衡的必要条件。因此，当刚体受到共面互不平行的三个力作用而平衡时，只要已知其中两个力的方向，则第三个力的方向就可以利用三力平衡汇交定理来确定。

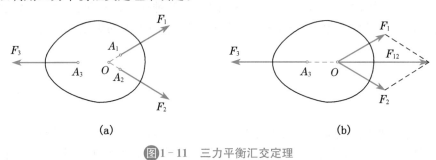

图 1-11　三力平衡汇交定理

利用力的平行四边形法则，可以把两个共点力合成为一个力。反之，也可以把一个已知力分解为与其共点的两个力。但是，将一个已知力分解为两个分力可以得到无数组解答。因为用同一条对角线可以作出无数多个不同的平行四边形，如图 1-12(a) 所示，力 F 既可以分解为力 F_1 和 F_2，也可以分解为力 F_3、F_4 等。

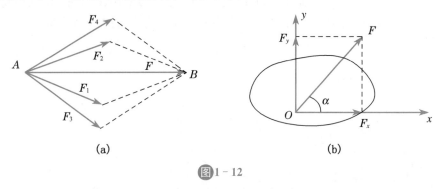

图 1-12

在工程实际问题中，常把一个力 F 沿平面直角坐标系的两个坐标轴方向分解为互相垂直的两个分力 F_x、F_y，如图 1-12(b) 所示。F_x、F_y 的大小与力的大小及方向的关系为

$$\begin{cases} F_x = F\cos\alpha \\ F_y = F\sin\alpha \end{cases} \tag{1-1}$$

式中：α——力 F 与 x 轴的所夹的锐角。

课后思考与讨论

1. 如图 1-13 所示，作用于铁环上的三个力都汇交于一点 O，各力大小不完全相等，且各力都不等于零，在图 1-13(a)、(b)两种情况下铁环有平衡的可能吗？为什么？

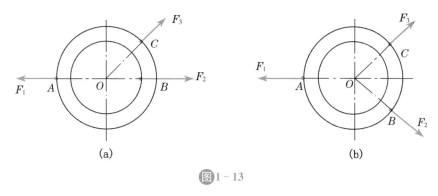

(a)   (b)

图 1-13

2. 作用与反作用公理、二力平衡公理、力偶中的两个力都是等值、反向，这三者的区别是什么？请举例说明。

任务 3　静力学计算基础

案例引入

日常生活中，人们每天都在重复两个动作——开门、关门，用手开门关门时，门会转动，如图 1-14(a)所示；用手拧瓶盖，瓶盖也会转动，如图 1-14(b)所示。都是转动，这两个动作有什么不同？为什么？

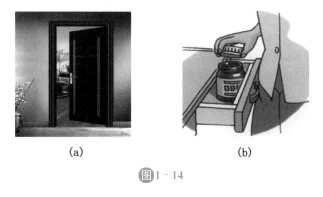

(a)   (b)

图 1-14

力不仅可以使物体移动，也能使物体转动。

开门时，力 F 使门绕门轴转动，转动效应不仅与力的大小有关，而且与力的作用线到门轴的垂直距离的大小有关。当改变力的指向时，门的转向也随之改变。实践表明，力可以使物体转动，转动效果不仅与力的大小成正比，而且还与转动中心到该力作用线的垂直距离成正比,力对物体的转动效应用力矩来表示。

拧瓶盖时,人们要用两个手指拧瓶盖,在瓶盖上作用了一对大小相等、方向相反、作用线互相平行但不重合的力。这两个等值、反向的平行力组成了一个力偶,瓶盖在这个力偶的作用下发生转动。实际生活经验告诉我们,这样的两个力只能使物体产生转动效应,而不能产生移动效应。

3.1 力在坐标轴上的投影

1. 力在坐标轴上的投影

力在坐标轴上的投影

力是矢量,矢量运算要比代数量运算复杂得多,为了能够用代数方式进行力的计算,在力学中特引入力在轴上的投影这一概念。力在坐标轴上的投影,是用解析法进行力系的合成与平衡计算的基础。

在物体上的 A 点受到集中力 F 作用,用带箭头的有向线段 AB 表示,在力 F 所在的平面内建立平面直角坐标系 xOy,过力 F 的起点 A 和终点 B 分别向 x 轴引垂线,两垂足连线 A_1B_1 的长短再加上适当的正负号称为力 F 在 x 轴上的投影,用 X 表示;同理,可画出力 F 在 y 轴上的投影,用 Y 表示,如图 1-15(a)所示。力在坐标轴上的投影是代数量,规定:当力的起点投影到终点投影的指向与坐标轴正向一致时,投影取正号;反之投影取负号。

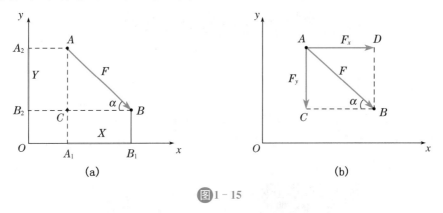

图 1-15

由图 1-15(a)可知,若已知力 F 的大小及其与 x 轴所夹的锐角 α,由图中的几何关系可以得到力 F 在坐标轴上的投影 X、Y 可按下式计算:

$$\begin{cases} X = \pm A_1B_1 = \pm F\cos\alpha \\ Y = \pm A_2B_2 = \pm F\sin\alpha \end{cases} \qquad (1-2)$$

式中:α——力 F 与 x 轴所夹的锐角。

投影的计算过程是一找二算三判断,一找是在图上找到投影的位置,二算是利用数学知识计算出投影的大小,三判断是根据投影的正负号规定正确判断出投影的正负号。当然了,力在坐标轴上投影的正负号也可以根据力的方向直接判断,详见表 1-1。

需要指出的是力在坐标轴上的投影大小,与力和坐标轴之间的关系有关。显然当力与坐标轴之间有特殊关系时则有结论:

(1) 当力与坐标轴垂直时,力在该轴上的投影等于零;

（2）当力与坐标轴平行或重合时，力在该坐标轴上的投影大小等于力的大小，正负号是同正异负。

已知力可以计算出来力在坐标轴上的投影，反过来已知力在 x 轴和 y 轴上的投影也可以确定力的大小和方向，用公式表示为

$$
\begin{cases}
F = \sqrt{X^2 + Y^2} \\
\tan\alpha = \left| \dfrac{Y}{X} \right|
\end{cases}
\qquad (1-3)
$$

在图 1-15(b)中画出了力 F 沿 x 轴和 y 轴方向的两个分力 F_x 和 F_y，应当注意：力在坐标轴上的投影是代数量，只有大小和正负；而分力是矢量，有大小、有方向，其作用效果还与作用点或作用线的位置有关，二者不可混淆。只有当力沿平面直角坐标系的两个坐标轴方向正交分解时，分力和投影才会大小相等。

表 1-1 力的方向与其投影的正负号关系一览表

坐 标	力的方向	投影的正负号		坐 标	力的方向	投影的正负号	
		X	Y			X	Y
	F，α	$+$	$+$		α，F	$-$	$-$
	F，α	$-$	$+$		α，F	$+$	$-$

例 1-1 已知 $F_1 = F_2 = 100\ \text{N}$，$F_3 = 200\ \text{N}$，$F_4 = 80\ \text{N}$，各力方向如图 1-16 所示，请分别计算出各力在 x 轴和 y 轴上的投影。

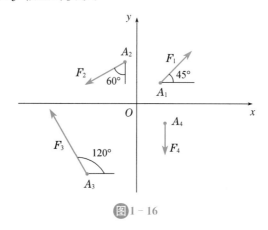

图 1-16

解 由式(1-2)可得到各力在 x 轴和 y 轴上的投影为：

$$X_1 = F_1 \cos 45° = 100 \times 0.707 = 70.7\ \text{N}$$
$$Y_1 = F_1 \sin 45° = 100 \times 0.707 = 70.7\ \text{N}$$
$$X_2 = -F_2 \cos 30° = -100 \times 0.866 = -86.6\ \text{N}$$

$$Y_2 = -F_2\sin 30° = -100 \times 0.5 = -50 \text{ N}$$

$$X_3 = -F_3\cos(180° - 120°) = -F_3\cos 60° = -200 \times 0.5 = -100 \text{ N}$$

$$Y_3 = F_3\sin(180° - 120°) = F_3\sin 60° = 200 \times 0.866 = 173.2 \text{ N}$$

$$X_4 = 0$$

$$Y_4 = -F_4 = -80 \text{ N}$$

由上例可知,当力与坐标轴垂直时,力在该轴上的投影为零。当力与坐标轴平行时,力在该轴上的投影的绝对值等于力的大小。

▷**特别注意**:在计算集中力在坐标轴上的投影时,首先要看力与坐标轴的位置关系,若力与坐标轴之间属于特殊关系(相互垂直、平行或重合),则直接套用结论;若力与坐标轴之间属于一般关系,则应按投影的计算程序"一找二算三判断"进行操作。

2. 合力投影定理

根据力在坐标轴上投影的概念,可以推出**合力投影定理**:合力在任一坐标轴上的投影等于各分力在同一坐标轴上投影的代数和。合力在 x 轴上的投影用 X_R 表示、合力在 y 轴上的投影用 Y_R 表示,则有

$$\begin{cases} X_R = X_1 + X_2 + \cdots + X_n = \sum_{i=1}^{n} X_i = \sum X \\ Y_R = Y_1 + Y_2 + \cdots + Y_n = \sum_{i=1}^{n} Y_i = \sum Y \end{cases} \tag{1-4}$$

上述两个式子中," $\sum$ "表示求代数和,应注意式中各项投影值的正负号。

再根据式(1-3)可以得到合力 $\boldsymbol{F_R}$ 的大小和方向为

$$\begin{cases} \boldsymbol{F_R} = \sqrt{\left(\sum X\right)^2 + \left(\sum Y\right)^2} \\ \tan\theta = \left| \dfrac{\sum Y}{\sum X} \right| \end{cases} \tag{1-5}$$

式中:θ——合力 $\boldsymbol{F_R}$ 与 x 轴所夹锐角。

合力 $\boldsymbol{F_R}$ 的具体方向由 $\sum X$ 、$\sum Y$ 的正负号来确定,详细情况参见表1-1。

▮▶ 3.2　力对点之矩

力对点之矩

1. 力矩的概念

在实际生活中,力对物体的作用,有时会使物体移动,有时会使物体转动。例如:用手推门时,力使门绕门轴转动;用扳手拧螺母时,力可使扳手绕螺母中心转动,还有滑轮、摇柄、杠杆的使用等,都是物体在力的作用下产生转动效应的实例。如图1-17(a)所示,扳手拧螺母的转动效果不仅与力 F 的大小有关,而且与点 O 到力作用线的垂直距离 d 有关。

为了度量力使物体绕某点(轴)的转动效应,我们引入力矩的概念,其定义是:力对某点的力矩等于该力的大小与该点到力作用线垂直距离的乘积。力 F 对点 O 的矩用符号 $M_O(F)$ 表示,则有

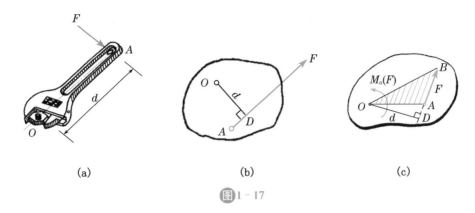

图 1 - 17

$$M_O(F) = \pm F \cdot d \tag{1-6}$$

点 O 称为转动中心，又叫矩心，矩心 O 到力 F 作用线的垂直距离 d 称为力臂，如图 1 - 17(b)所示。对于平面力系来说力矩是代数量，一般规定：力使物体绕矩心作逆时针转动的力矩为正；反之为负。

力矩的单位为"牛·米"（N·m）或"千牛·米"（kN·m）。

利用力矩的定义公式计算力矩的过程可归纳为一找二算三判断，一找是找力臂 d，二算是算出力矩的大小，三判断是按力矩的正负号规定正确判断出力矩的正负号。

由以上力对点之矩的定义，可以得出以下结论：

（1）当力的作用线通过矩心时，则力对该点的力矩等于零（这是因为力臂 $d=0$）。

（2）当力沿作用线移动时，不改变力对该点之矩（这是因为力的大小、方向和力臂的大小均未改变）。

讨论与交流

教室门的水平投影图如图 1 - 18 所示，力 F_1、F_2、F_3、F_4 分别以不同的方向作用在门的不同位置，已知力 $F_1=F_2=F_3=F_4=10$ kN，力 F_1、F_2、F_4 的作用点 A 到 O 点的距离均为 1 m，F_3 通过 O 点，力的作用方向如图所示。试讨论一下哪种情况开门最省力？

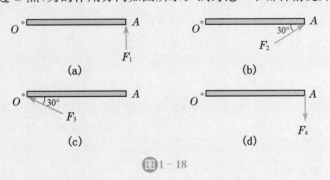

图 1 - 18

分析：
$$M_O(F_1) = F_1 d_1 = 10 \times 1 = 10 \text{ kN} \cdot \text{m}（逆时针）$$
$$M_O(F_2) = F_2 d_2 = 10 \times 1 \times \sin 30° = 5 \text{ kN} \cdot \text{m}（逆时针）$$
$$M_O(F_3) = F_3 d_3 = 10 \times 0 = 0$$

力的作用线通过矩心,力矩为零,说明力不能使物体转动,门不能被打开。
$$M_O(F_4) = -F_4 d_4 = -10 \times 1 = -10\ \text{kN} \cdot \text{m}(顺时针)$$
结论:当力臂最大时开门最省力。

2. 合力矩定理

(1) 合力矩定理

平面汇交力系的合力对平面内任一点的力矩,等于力系中各分力对同一点力矩的代数和,这就是合力矩定理。即

$$M_o(F_R) = M_o(F_1) + M_o(F_2) + \cdots + M_o(F_n) = \sum_{i=1}^{n} M_o(F_i) \tag{1-7}$$

(2) 合力矩定理的应用

合力矩定理的应用有二:其一是用于计算一个已知平面力系的合力对某一点的力矩;其二是用于计算一个力对一点的力矩。用合力矩定理计算一个力对一点的力矩的情况是这样的:如果用力矩的定义直接计算力矩时出现了力臂不易求出,此时可以尝试用合力矩定理来计算力对点之矩。当然了,把力分解时,要选择分力的力臂是已知的,或者分力的力臂较容易计算出来,这样才能在使用合力矩定理计算力矩时做到有"利"可图,从而达到简化运算的目的。

案例:挡土墙是工程中常见的结构,土压力 F 可能使挡土墙绕 O 点倾覆,如图 1-19 所示,已知每米长挡土墙所受土压力的合力为 $F = 200$ kN,F 与水平线的夹角 $\alpha = 30°$。求 F 使墙倾覆的力矩?

分析:由图 1-19 可以看出,直接计算力 F 对 O 点之矩的力臂比较麻烦,考虑将力 F 在力作用点 A 处分解为两个分力 F_x 与 F_y,这两分力的力臂是已知的,从而可以应用合力矩定理计算合力 F 对 O 点之矩。合力 F 对 O 点的力矩等于其两个分力 F_x 与 F_y 对 O 点的力矩的代数和,即

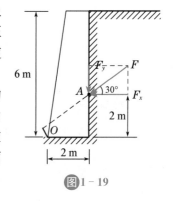

图 1-19

$$
\begin{aligned}
M_O(F) &= M_O(F_x) + M_O(F_y) = F_x \times 2 - F_y \times 2 \\
&= 200 \times \cos 30° \times 2 - 200 \times \sin 30° \times 2 \\
&= 146.4(\text{kN} \cdot \text{m})
\end{aligned}
$$

➤**特别注意**:在计算集中力对点之矩时,首先要看力作用线与矩心的位置关系,若力作用线与矩心之间属于特殊关系(力作用线通过矩心)时则直接套用结论;若力作用线与矩心之间属于一般关系,则应启动"一找二算三判断"的程序进行计算,如果在找力臂时发现力臂不易计算,此时应考虑把该力在适当位置正交分解(分力及分力的力臂都容易计算),然后利用合力矩定理来计算力矩。

相关链接

塔式起重机是建筑工地上常见的设备,如图 1-20(a)所示,这是力矩在工程实际中的应用场景之一。要确保起重机不会翻倒,必须在平衡锤重 F_Q、机身自重 F_G、吊重 F_P 的

作用下处于平衡,如图 1-20(b)所示,在设计和使用塔式起重机时应该利用力矩的相关知识进行相关的计算。

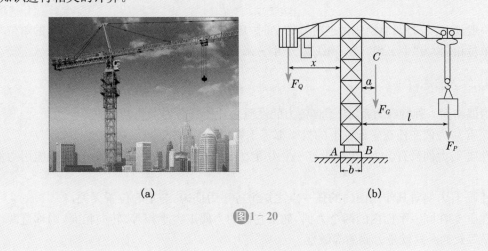

图 1-20

3.3 线分布力及力偶的有关计算

1. 线分布力的计算

在对线分布力进行有关计算时只需把线分布力等效代换成一个集中力,然后按集中力进行相关计算(计算投影、力矩)。此乃线分布力的计算的思路。

常见的线分布力的等效代换结果如图 1-21 所示,其中图(a)表示一段线均布力可以等效代换成一个集中力,该集中力的大小等于线均布力的分布集度与线均布力分布长度的乘积,集中力的方向与线均布力的方向相同,集中力的作用点在线均布力分布区间的中点;图(b)表示一段呈直角三角形分布的线非均布力可以等效代换成一个集中力,该集中力的大小等于该三角形图形的面积、集中力的方向与线分布力的方向相同、集中力的作用线通过该三角形的几何中心。

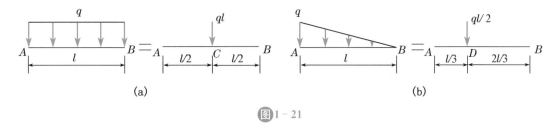

图 1-21

2. 力偶矩

力偶对物体的作用效果是只能使物体产生转动,而不能使物体产生移动。当力偶中的力 F 越大,或者力偶臂 d 越大时,力偶对物体的转动效应就越显著。由此可知,力偶对物体的转动效应既与组成力偶的力的大小成正比,又与力偶臂的大小成正比。为了度量力偶对物体的转动效应,引入力偶矩的概念,力偶中的力与其力偶臂的乘积再加上适当的正负号称为力偶矩,并用 $m(F, F')$ 表示,通常简记为 $\boldsymbol{m}$,即

$$m = \pm F \cdot d \tag{1-8}$$

一般规定:若力偶使物体做逆时针转动时力偶矩取正号;反之取负号。力偶矩的单位与力矩单位相同,为"牛·米"(N·m)或"千牛·米"(kN·m)。

3. 力偶的性质

力偶作为一种特殊力系,除了具备力的性质之外还具有如下几条性质:

性质1:力偶在任意坐标轴上的投影都等于零。

性质2:力偶没有合力,既不能与一个力等效,也不能用一个力来平衡,力偶只能用力偶平衡。

性质3:力偶对其作用面内的任一点之矩恒等于力偶矩,与矩心位置无关。

性质4:在同一平面内的两个力偶,如果它们的力偶矩大小相等、转向相同,则称这两个力偶是等效的。这就是力偶的等效性。

根据力偶的等效性,可得到下面两个推论:

推论1:力偶可在其作用面内任意移动和转动,而不改变它对物体的转动效应。

推论2:只要保持力偶矩的大小不变、转向不变,可以相应地改变组成力偶的力的大小和力偶臂的长短,而不改变它对物体的转动效应,如图1-22所示。

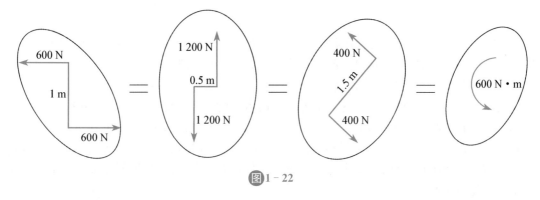

图1-22

4. 力偶的三要素及其图示法

实践证明,力偶对物体的作用效果取决于力偶的三要素,即力偶矩的大小、力偶的转向、力偶的作用面。通常用带箭头的弧线来表示力偶,如图1-23所示,其中弧线表示力偶的作用面,m 表示力偶矩的大小,箭头表示力偶的转向。

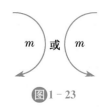

图1-23

5. 力偶的有关计算

对力偶进行有关计算时,只需牢记两句话:

(1)力偶在任一坐标轴上的投影恒等于零;

(2)力偶对其作用面内任一点之矩恒等于力偶矩,与矩心的位置无关。

课后思考与讨论

1. 手握钢丝钳,如图 1-24 所示,为什么不用很大的力即可将钢丝剪断?
2. 想一想:力矩和力偶矩的异同点有哪些?
3. 想一想:采用如图 1-25 所示的给扳手加力拧螺母的做法合理吗? 为什么?
4. 想与做:用钥匙开门,如图 1-26 所示,为什么要用两个手指头? 体验一下如何把力偶作用在钥匙上。

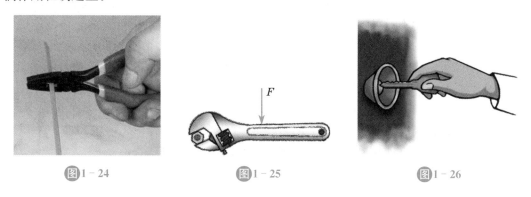

图 1-24　　　　　图 1-25　　　　　图 1-26

任务 4　认知常见的平面约束类型

案例引入

把电线杆埋在挖好的基坑中,如图 1-27 所示,你知道基坑对电线杆起到了什么作用吗? 图(a)中基坑里面填的是混凝土,图(b)中基坑里面填的是土,基坑中的填料不一样,基坑对电线杆的作用效果一样吗? 两个图中哪个电线杆更牢固? 为什么?

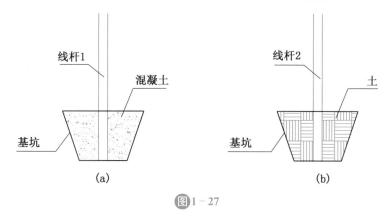

(a)　　　　　　　　(b)

图 1-27

基坑对电线杆起到了约束的作用,基坑中的填料不一样,基坑对电线杆的作用效果是不一样的,实践证明,(a)图中的电线杆更加牢固。

还有,在日常生活中常见的绳索悬挂的灯、支撑在墙上的阳台或雨篷都掉不下来,放在桌面上的书也掉不下来。为什么灯、阳台、雨篷和桌子上的书都不能向下运动呢？这是因为灯、阳台、雨篷和桌子上的书的运动受到了周围物体的限制，不可能向下运动。

4.1 约束和约束反力的概念

1. 约束的概念

我们通常把在日常生活和工程中遇到的物体分为自由体和非自由体两大类，所谓自由体指的是在空间运动不受限制的物体，例如在空中飞行的火箭、飞机等；所谓非自由体指的是在空间某些方向的运动受到其他物体阻碍或阻止的物体，例如绳索悬挂的灯、支撑在墙上的阳台或屋架等。建筑物中的各个构件都不能自由运动，都属于非自由体，本书只研究非自由体。

在工程结构中，每一个构件都根据其工作要求的需要，以一定的方式和其他构件相连，受到其他构件的限制而不能自由运动，这样才能承受一定荷载的作用。例如：梁受到墙或柱子的限制才不至于掉落，门由于受到合页的限制只能绕固定的轴线转动等等。

限制一个物体运动的其他物体，就称为该物体的约束。例如，柱子就是梁的约束，基础就是柱子的约束，合页是门或窗的约束。

2. 约束反力与主动力

由于约束限制了被约束物体的运动，因此，约束必然对被约束物体有力的作用，这种限制物体运动或运动趋势的力称为约束力，通常称为约束反力，简称反力。约束反力的方向总是与被约束物体的运动或运动趋势方向相反。

使物体产生运动或运动趋势的力称为主动力，如物体的重力、风压力、土压力等。主动力在工程上称为荷载。一般情况下，物体总是同时受到主动力和约束反力的作用，主动力通常是已知的，而约束反力总是未知的，因此正确地分析约束反力是对物体进行受力分析的关键。

4.2 几种常见的平面约束类型简介

1. 柔体约束

由绳索、链条、皮带等柔软物体构成的约束称为柔体约束。由于柔体只能受拉，不能受压，因此柔体约束的约束反力一定是通过接触点，沿着柔体的中心线背离受力物体的方向，且只能是拉力，用 F_T 表示，如图 1-28 所示。

例如，我们教室里通过两根链条安装的日光灯，链条对日光灯的约束就属于柔体约束。

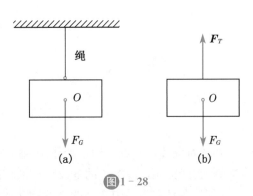

图 1-28

2. 光滑接触面约束

两个相互接触的物体,如果接触面上的摩擦力很小可以忽略不计,那么由这种接触面所构成的约束,称为光滑接触面约束。光滑接触面约束只能限制物体沿着接触面的公法线并指向接触面的运动,而不能限制物体沿着接触面的公切线或离开接触面的运动。所以,光滑接触面的约束反力必通过接触点,并沿着接触面的公法线方向指向被约束的物体,且只能是压力,用 F_N 表示,如图 1-29 所示。

例如,放在教室地面上的课桌,如果不考虑摩擦,则地面对课桌的约束就属于光滑接触面约束。

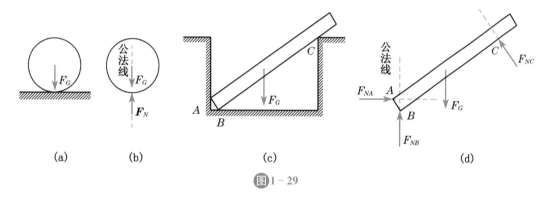

图 1-29

3. 光滑圆柱铰链约束

光滑圆柱铰链

在日常生活和工程实际中常用销钉来连接构件或零件,如果忽略销钉与构件间的摩擦,则这种约束称为光滑圆柱铰链约束。如图 1-30(a)所示,光滑圆柱铰链约束由三部分组成,它是用一个圆柱体(例如销钉、铆钉等)将两个带有相同圆孔的构件连接在一起所构成,并且认为销钉和圆孔的表面是完全光滑的,这样的连接称为光滑圆柱铰链连接。如门窗上的合页、机器上的轴承等等都是这样的。还有人们常用的剪刀,就是由两个带有相同圆孔的构件用圆柱铆钉连接而成的,是典型的光滑圆柱铰链实例,如图 1-30(b)、(c)所示。这种约束只能限制物体在垂直于销钉轴线的平面内沿任意方向的相对移动,但是它不能限制物体绕销钉轴线做相对转动,其力学计算简图用图 1-31(a)或(b)来表示。故光滑圆柱铰链的约束反力在垂直于圆柱体轴线的平面内,通过铰链中心,但方向待定,可用一个大小和方向都未知的力 F 来表示,也可用相互垂直的两个分力 F_x 和 F_y 来表示,如图 1-31(c)、(d)所示。

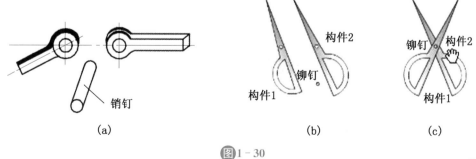

图 1-30

仔细分析研究光滑圆柱铰链约束的构造和工作机理就不难发现,光滑圆柱铰链约束实质上是接触点不确定的光滑接触面约束,即构件 1 与圆柱体之间、构件 2 与圆柱体之间的约束都是光滑接触面约束,圆柱体在构件 1 和构件 2 之间起到了传递力的作用。至于说光滑圆柱铰链约束的约束反力通过铰心,是因为光滑接触面约束的约束反力是通过接触点、沿接触面的公法线方向,而圆周上一点的法线一定通过圆心。

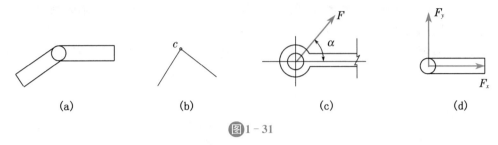

图 1 - 31

4. 链杆约束

两端分别用两个光滑圆柱铰链与其他两物体相连接而中间不受力的无重直杆称为链杆,常被用来作为拉杆或撑杆形成链杆约束,如图 1 - 32(a)所示。链杆约束是由两个光滑圆柱铰链组成的,其受力特征显示:链杆就是二力杆,其约束作用是只能限制物体沿着两铰心连线方向趋向或离开链杆的运动。因此,链杆约束的约束反力沿着两铰心连线,指向待定,如图 1 - 32(b)中所示的 AB 杆,链杆的计算简图如图 1 - 32(c)所示。

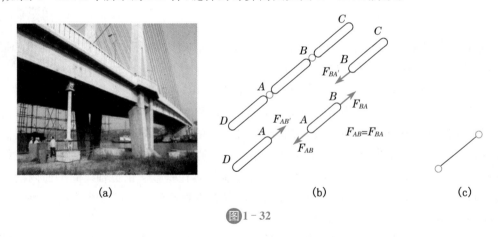

图 1 - 32

图 1 - 33(a)(b)所示的三角架中的杆件 AC 就是链杆约束的应用实例,杆件 AC 可能受到一对拉力、也可能受到一对压力作用,如图 1 - 33(c)所示。

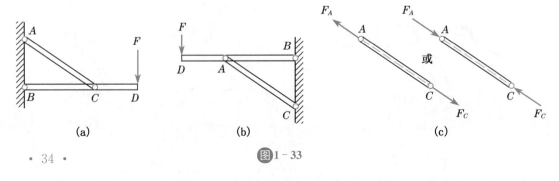

图 1 - 33

5. 固定铰支座

在日常生活和工程实际中,经常需要把物体与地基、基础或其他固定不动的物体连接在一起,力学中把这样的约束统称为支座。依据支座的构造和约束功能不同,通常把支座分为固定铰支座、可动铰支座、固定端支座和链杆支座等。

当光滑圆柱铰链所连接的两个物体中有一个为固定不动的物体时,我们称这样的约束为固定铰支座,固定铰支座实例如图 1-34(a)所示,固定铰支座的结构计算简图如图 1-34(b)～(e)所示。固定铰支座的约束特点与光滑圆柱铰链约束基本相同,固定铰支座只能限制物体在垂直于销钉轴线平面内沿任意方向的移动,而不能限制物体绕销钉轴线的转动。固定铰支座的反力表示方法与光滑圆柱铰链约束的约束反力表示方法完全相同,通常用两个互相垂直的分力 F_x、F_y 来表示,如图 1-34(f)所示。

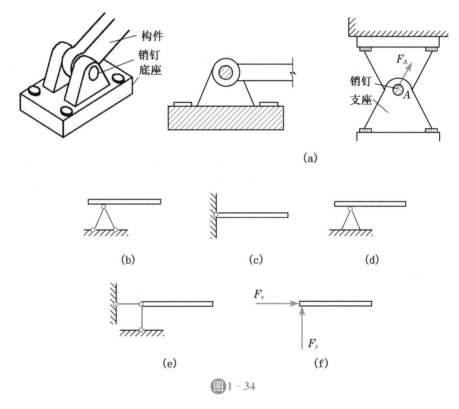

图 1-34

工程实例:工业厂房里的屋架,其端部支承在柱子上,屋架和柱子之间是通过预埋的钢板在现场进行焊缝连接,如图 1-35 所示。柱子为屋架的支座,屋架不可能产生上下、左右移动,但因焊缝不长,屋架可以产生微小的转动,力学及结构分析计算时通常将其简化为固定铰支座。

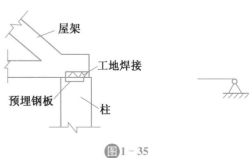

图 1-35

6. 可动铰支座

在固定铰支座的座体与支承面之间添加辊轴时所构成的约束称为可动铰支座,如图1-36(a)所示。可动铰支座的结构计算简图如图1-36(b)、(c)所示,可动铰支座既不约束物体绕销钉的转动,也不约束被约束物体沿着支承面切线方向的运动,它只能限制被约束物体沿着支承面法线方向的运动。因此,可动铰支座的约束反力垂直于支承面,通过铰链中心,指向待定。如图1-36(d)所示,图中约束反力的指向是假设的。

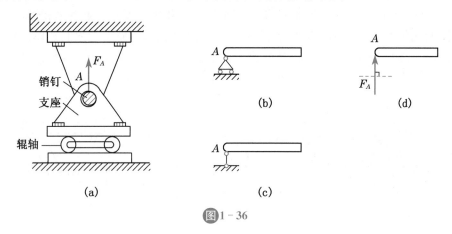

图1-36

工程实例:砌体结构房屋中,常将横梁或预制板支承在砖墙上,如图1-37所示,砖墙是横梁和预制板的支座,砖墙只能限制梁和板沿垂直于支承面方向的上下移动,而不能限制梁板绕墙转动和沿支承面方向的水平移动。力学及结构分析计算时通常将其简化为可动铰支座。

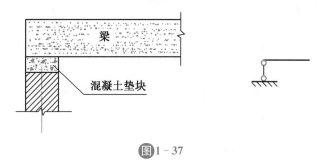

图1-37

7. 固定端支座

把构件牢固地嵌在墙里或基础内,使被约束物体不能有任何的自由运动,这样的约束称为固定端约束,又叫固定端支座。例如,工程中嵌入基础中的钢筋砼柱,房屋建筑中的嵌入墙身用于支承外阳台、雨篷的钢筋砼挑梁的嵌入端等,它们都是固定端支座的典型例子,如图1-38(a)所示。

固定端支座不允许构件在固定端处有任何方向的移动和转动,其结构计算简图如图1-38(b)所示。因此,固定端支座的约束反力有三个:一个是限制构件转动的约束反力偶,一个是限制构件水平方向移动的约束反力 F_x,还有一个限制构件垂直方向移动的约束反力 F_y,其约束反力画法如图1-38(c)所示,图中约束反力指向都是假设的。

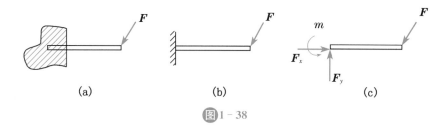

图 1 - 38

工程实例：房屋建筑中的钢筋混凝土柱，柱子的底端牢固地插入基础里，与基础固定在一起，如图 1 - 39 所示，基础对钢筋混凝土柱就构成了约束作用，使之既不能移动，也不能转动。力学及结构分析计算时通常将其简化为固定端支座。

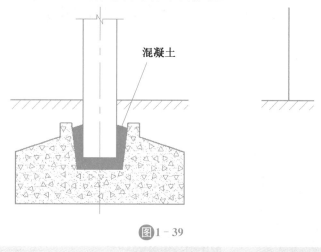

图 1 - 39

拓展视域

链杆支座

当链杆约束所连接的两个物体中有一个为固定不动的物体时，我们称这样的约束为链杆支座，其计算简图如图 1 - 40(a)所示。这种约束只能限制构件沿着链杆中心线趋向或离开链杆的运动，而不能限制其他方向的运动。所以，链杆支座的约束反力沿着链杆两端两个铰心的连线，指向待定。其约束反力画法如图 1 - 40(b)所示，图中的约束反力指向是假设的。

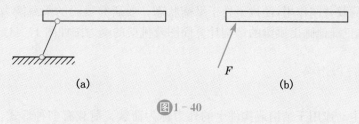

图 1 - 40

注意，一般情况下铰链约束的约束反力的方向是无法确定的，通常是用两个互相垂直的分力来表示；而链杆约束的约束反力的作用线是确定的，即沿着两铰中心的连线，但指向无法确定。因此，不能还用两个相互垂直的分力来表示。链杆是二力杆，所以在以后的受力分析中，一定要先确定结构中有无二力杆，假若有，则应该先对二力杆进行受力分析，然后再根据作用与反作用公理确定与其相关的约束反力。

1. 力学中所说的约束的含义是什么？什么是约束反力？什么是主动力？

2. 常见的约束类型有哪些？哪些约束的反力作用线和方向是确定的？哪些约束的反力只能确定其作用线？

3. 可动铰支座和链杆支座其结构计算简图画法相近，问它们的约束反力各有什么特点？什么时候是相同的？什么时候是不同的？

任务5 受力分析绘制受力图

案例引入

房屋建筑中的外阳台和雨篷呈悬挑形式，一端牢固地插入墙里，与墙固定在一起，如图 1-41(a)所示，阳台要承受自身的重量及其上面人的重量，阳台并没有倒塌或倾覆，是什么原因呢？试画出阳台挑梁的受力图。

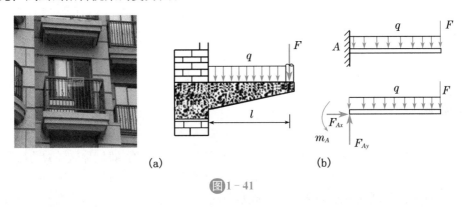

(a)   (b)

图 1-41

因为阳台挑梁一端嵌固在墙内，墙对挑梁构成了约束，能够对挑梁提供约束反力，与作用在挑梁上的荷载共同作用，使挑梁处于平衡状态。要研究挑梁的承载能力就必须对挑梁进行受力分析，正确地画出挑梁的结构计算简图及挑梁的受力图如图 1-41(b)所示。

5.1 荷载的分类

工程上把主动作用于结构或构件上的外力称为荷载。荷载有多种形式，从不同的角度看荷载就会得出不同的分类结果。常见的荷载分类方式有：

1. 按荷载作用的范围分类

按荷载作用的范围大小情况通常把荷载分为集中荷载和分布荷载。

(1) 集中荷载：荷载的作用范围远小于物体的几何尺寸时，可近似地看成荷载是集中作用在一点上，故称为集中荷载，通常用字母 F 表示，单位为牛顿(N)或千牛顿(kN)。例如面积较小的柱体传递到面积较大的基础上的压力,如图 1-42(a)所示。

（2）分布荷载:当荷载的作用范围较大时,荷载的作用是连续的,不能近似简化为作用在某一点上,称为分布荷载。根据分布形式的不同又可以分为三类:

① 把连续作用在结构或构件狭长范围内的荷载称为线分布荷载,简称为线荷载,例如梁的自重如图 1-42(b)所示,可以将其简化为沿梁的轴线分布的线荷载,以单位长度的力的大小来表示,线荷载的单位是 N/m 或 kN/m。

② 把连续作用在结构或构件较大面积上的荷载称为面分布荷载,简称为面荷载,例如屋面雪荷载如图 1-42(c)、风荷载等,以每平方米面积上的力的大小来表示,面荷载的单位是 N/m^2 或 kN/m^2。

③ 把连续作用在整个物体的体积上的荷载称为体分布荷载,简称为体荷载,例如物体的重力等,以每立方米体积内的力的大小来表示,单位为 N/m^3 或 kN/m^3。

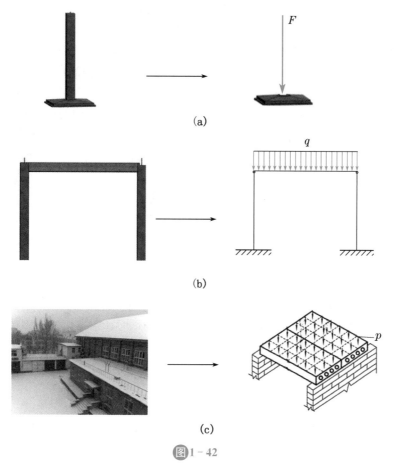

图 1-42

2. 按荷载作用的时间分类

《建筑结构荷载规范》(GB 500009—2019)将结构上的荷载按随时间的变异分为永久荷载、可变荷载、偶然荷载三类。

（1）永久荷载

在结构使用期间,其量值不随时间变化,或其变化与平均值相比可以忽略不计,或其变化是单调的并能趋于限值的荷载称为永久荷载,包括结构自重、土压力、水压力、预应力等。永久荷载又称为恒荷载,简称恒载。

(2)可变荷载

在结构使用期间,其量值随时间变化,且其变化与平均值相比不可忽略不计的荷载称为可变荷载,包括楼面活荷载(例如人群)、雪荷载、风荷载、吊车荷载、温度作用等。可变荷载又称为活荷载,简称活载。

(3)偶然荷载

在结构使用年限内不一定出现,而一旦出现其量值很大,且持续时间很短的荷载称为偶然荷载,包括爆炸力、撞击力等。

3. 按荷载作用的性质分类

按荷载作用的性质通常把荷载分为静荷载和动荷载。

(1)静力荷载:由零逐渐增加到最后值的荷载。静力荷载又叫静荷载,简称静载。其作用的基本特点是:在荷载施加过程中,不会引起显著的结构振动,结构上各点产生的加速度不明显,荷载达到最后值以后,结构处于静止平衡状态。例如结构的自重就是典型的静载。

(2)动力荷载:大小或方向随时间而改变的荷载。其作用的基本特点是:在荷载施加过程中,会引起显著的结构振动,结构上各点产生明显的加速度,结构的内力和变形都随时间而发生变化。例如机械运转时产生的荷载、地震作用、爆炸引起的冲击波等都是动力荷载。

4. 按荷载作用的位置分类

按作用的位置变化情况通常把荷载分为固定荷载和移动荷载。

(1)固定荷载:在结构上作用位置不变的荷载。如结构的自重等。

(2)移动荷载:在结构上作用位置可以连续变化的荷载。如行驶的汽车、火车等。

以上是从四种不同角度看荷载对荷载进行的分类,但它们之间不是孤立无关的。以构件的自重为例,它既可以简化为集中荷载又可以简化为分布荷载,构件自重它既属于永久荷载,又属于静力荷载,也还属于固定荷载;再看风荷载,很显然它属于可变荷载,在结构的计算简图中常常把它简化为线分布荷载,当结构为高耸结构时还要考虑其动力特性,即为动力荷载。

▌▶ 5.2 结构的计算简图

实际结构的组成、受力和变形情况往往很复杂,影响力学分析计算的因素也很多,在进行结构的设计计算时,若完全按照结构的实际情况进行分析计算,会使问题变得极其复杂,甚至是不可能的,也是不必要的。因此,在对实际工程结构进行力学分析和计算时,必须先对实际结构及其受力情况进行分析并加以简化,略去一些次要因素,抓住结构的主要特征,用一个简化了的结构模型来代替实际结构,这种力学模型称为**结构的力学计算简图**,简称计算简图。

1. 选取结构计算简图的简化原则

结构的计算简图是对结构进行力学分析和计算的依据。结构计算简图的选择,直接影响计算的工作量和精确度。如果结构的计算简图不能反映结构的实际情况,或选择错误,就会使计算结果产生差错,甚至造成工程事故。因此,合理选择结构的计算简图是一项十分重要的基础工作,必须缜密地选择结构的计算简图。

对实际结构进行简化时,必须遵循如下两个原则:(1)从实际出发,反映结构实质;(2)分清主次,便于进行力学计算。

应当指出的是,一个结构的结构计算简图不是唯一的,结构计算简图的选择应该在上述原则指导下,根据具体情况来选择恰当的计算简图。选取结构计算简图的细则有:① 对重要的结构应采用比较精确的结构计算简图,以提高计算的可靠性,对非重要结构可以使用较为简单的结构计算简图;② 在初步设计阶段可使用较粗略的结构计算简图,在技术设计阶段再使用比较精确的结构计算简图;③ 通常对于结构的静力计算,可以使用比较复杂的结构计算简图,对结构作动力计算或稳定性计算时,可以采用比较简单的结构计算简图;④ 使用的计算工具愈先进,采用的结构计算简图就可以愈精确。

总之,合理的结构计算简图,是既要略去次要因素,又要尽可能地反映结构的主要特征;既要使分析计算工作简化,又要使计算结构具有足够的精确性和可靠度。

2. 选取结构计算简图的简化内容

在从实际结构到结构计算简图的简化过程中,需要做很多工作,其简化内容主要包括结构体系的简化、构件的简化、结点的简化、支座的简化和荷载的简化。

(1)结构体系的简化

工程实际中的大多数结构都是空间结构,各个构件相互连接在一起成为一个空间整体,以便于抵抗各个方向可能出现的荷载。为了使研究计算方便,通常要设法把一个空间结构分解为若干个平面结构来研究,这种简化称为结构体系的平面简化。

(2)构件的简化

构件的截面尺寸(宽度、高度)通常比其长度尺寸小得多,在计算截面内力时,其实与截面形状及尺寸并无关系,既然如此,在结构计算简图中将构件用其轴线来代替,并把构件统称为杆件。结构中杆件之间相互连接的地方称为结点,杆件长度用结点间的距离来表示。

(3)结点的简化

实际结构中,杆件与杆件之间的连接方式有很多种,在结构的计算简图中通常把杆件之间的连接方式分为**铰链连接**和**刚性连接**两种类型。所谓**铰链连接**是指两个或两个以上钻有同样大小圆孔的杆件,用一个圆柱体(销钉或铆钉或螺栓等)插入圆孔中将这些杆件连接起来,连接后各个杆件可以绕圆孔中心自由转动;所谓**刚性连接**是指两个或两个以上的杆件连接在一起后既不能发生相对移动又不能发生相对转动的连接方式。

结构中两个或两个以上杆件之间的连接处称为结点,在结构的计算简图中通常把结点分为铰结点、刚结点和混合结点三种类型。

① 铰结点

铰结点是指连接在一起的所有杆件之间全部采用铰链连接的地方。铰结点处各杆间的夹角在外力的作用下可以发生改变,在各杆的铰结点处不产生弯矩,如图 1-43 所示。

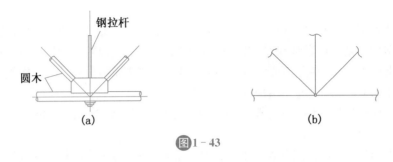

图 1-43

② 刚结点

刚结点是指连接在一起的所有杆件之间全部采用刚性连接的地方。刚结点的刚意味着构件连接处具有刚性,在外力的作用下刚结点处各杆间的夹角保持不变,在结构变形时同一刚结点处的各杆旋转相同的角度,如图 1-44 所示。

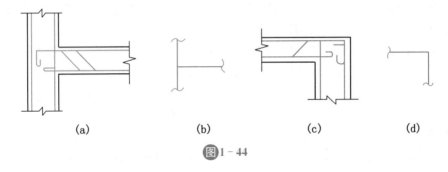

图 1-44

③ 混合结点

混合结点是指在一个结点处所连接的各杆中,有些杆件之间为刚性连接,有些杆件之间为铰链连接,图 1-50 中的结点 A、B 就是混合结点。

(4) 支座的简化

支座是将结构与地基基础或其他固定不动物体相连接的装置。其作用是将结构固定,并将结构受到的荷载传递给支撑结构的物体上。支座对结构的反作用力称为支座反力。平面杆系结构的结构计算简图中常见的支座主要有以下三种:① 可动铰支座:这种支座只限制被约束物体沿垂直支承面方向的位移,而不限制物体的其他运动;② 固定铰支座:这种支座只限制被约束物体铰心处的移动,而不限制被约束物体绕铰心的转动;③ 固定端支座:这种支座不允许约束处有任何的运动,即不能有任何的移动和转动。有关支座方面的详细内容前面已经介绍过。

(5) 荷载的简化

在工程实际中,荷载的作用方式是多种多样的,前面已经介绍过。在结构计算简图中通常把荷载简化为集中荷载、线分布荷载和集中力偶三种作用方式。也就是说,在我们今后的力学计算中,我们遇到的力将有三副面孔,分别是集中力、线分布力和力偶,请读者一定要掌握这三种形式的力的相关计算。

3. 结构计算简图的选取举例

一根钢筋混凝土梁搁置在砌筑好的砖墙上,已知砖墙厚度为 a、梁的净跨为 l_0、梁在砖墙上的支撑长度为 a,如图 1-45(a)所示,如何建立这根钢筋混凝土梁的力学计算简图呢?

分析:这虽然是一个很简单的建筑结构,但是要想严格按照结构的实际情况进行计算,那也是办不到的。因为砖墙对梁两端的约束反力沿墙宽的分布情况非常复杂,无法确定,因而就难以进一步计算梁的内力。为了选择一个比较符合实际的结构计算简图,就必须先分析梁受力之后的位移及变形情况。梁受力作用之后的位移及变形有三个特点:① 整个梁在水平方向上不可能发生整体移动;② 搁置在砖墙上的梁的两端在竖直方向上不可能有上下移动,但是在梁发生弯曲变形时梁的两端会发生转动;③ 当梁受到温度变化(热胀冷缩)影响时可以在水平方向自由伸缩。

根据以上梁的位移及变形特点,可以对梁及其支撑做如下简化:

① 用梁轴线代替梁,把梁上承受的荷载简化为均布荷载,让荷载直接作用在梁的轴线上;

② 把梁左端的支撑简化为固定铰支座,作用在梁下砖墙宽度的中点;

③ 把梁右端的支撑简化为可动铰支座,作用在梁下砖墙宽度的中点。

于是,就得到了梁的结构计算简图如图 1-45(b)所示。

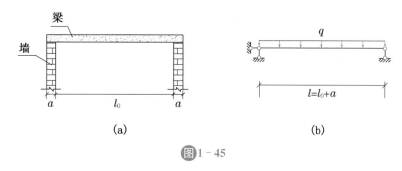

图 1-45

➤**特别提示**:建立结构的力学计算简图,实际上就是建立结构的力学分析模型,不仅需要必要的力学基础知识,而且需要具备一定的工程结构知识;不仅要掌握选取的原则,而且要有较多的实践经验。

▌▶ 5.3 平面杆系结构简介

在建筑物中承受荷载、传递荷载起骨架作用的构件或由其组成的整体称为建筑结构,简称结构。结构按照其组成元件的几何特征通常分为三大类:杆系结构、板壳结构和块体结构。

杆件的几何特点是一个方向的尺寸远大于另外两个方向的尺寸。由杆件组成的结构称为杆系结构。当组成结构的各杆轴线都在同一平面内,且荷载也作用于该平面内时,这样的结构称为平面杆系结构。

本书主要研究的是平面杆系结构。平面杆系结构分类方式很多,在土木工程力学中通常根据其受力特点和变形特征把平面杆系结构分为五种类型,分别是梁、拱、平面刚架、平面桁架、平面组合结构。

1. 梁

在荷载作用下以弯曲变形为主要变形的非竖直杆件称为梁,如图 1 – 46 所示。梁在两支座之间的部分称为跨,两支座之间的距离称为跨度。

梁的分类方式很多,力学中梁的分类情况主要有:根据跨数通常把梁分为单跨梁和多跨梁;根据梁轴线的曲直把梁分为曲梁、折梁和直梁;根据梁轴线的方位把梁分为水平梁和斜梁;根据计算方法把梁分为静定梁和超静定梁;根据梁结构中杆件数量把梁分为连续梁和组合梁。

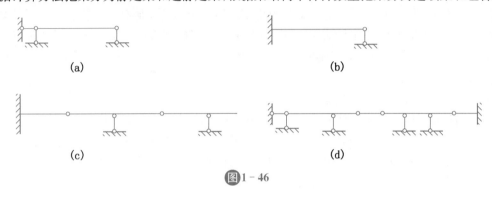

图 1 – 46

2. 拱

拱结构的轴线为曲线,在竖向荷载作用下,会产生水平支座反力(推力),如图 1 – 47 所示。

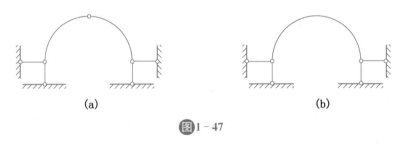

图 1 – 47

3. 平面刚架

平面刚架是由梁、柱等共面直杆组成的具有刚结点或刚性连接的平面杆系结构,如图 1 – 48 所示。刚架中杆件的内力有弯矩、剪力和轴力,以弯矩为主。

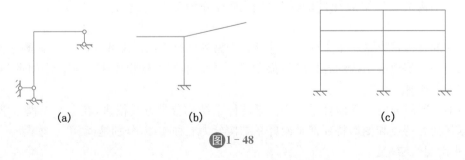

图 1 – 48

4. 平面桁架

杆件均为直杆,且各杆连接点均为铰结点的平面杆系结构称为平面桁架,如图 1-49 所示。

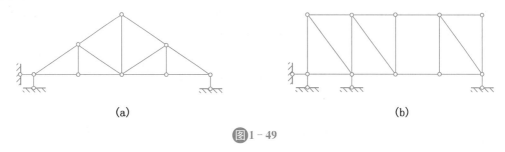

(a)　　　　　　　　　　　　　　(b)

图 1-49

5. 平面组合结构

平面组合结构是由以上梁式杆(梁)和链杆(桁架杆)组成的平面杆系结构,平面组合结构内部一定包含有混合结点,如图 1-50 所示。

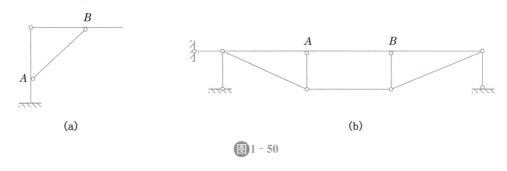

(a)　　　　　　　　　　　　　　(b)

图 1-50

▶ 5.4 受力分析绘制受力图

1. 单个物体的受力分析

(1) 受力分析中的几个基本概念

在解决力学问题时,首先需要确定物体系统或者系统中的某个物体都受到哪些力的作用,以及每个力的作用位置和方向,然后再用图的形式形象、直观、正确地表达出物体的受力情况。前者称为受力分析,后者叫作画受力图。正确地受力分析是画受力图的关键,也是进行力学计算的依据。

对于非自由体,其上所承受的力分为两大类:一类是主动力,另一类是约束反力。主动力一般情况下都是已知的,约束反力的大小都是未知的,方向有的已知有的未知。

在工程实际中,一般都是几个构件或杆件相互联系在一起。因此,需要首先明确对哪一个物体进行受力分析,即明确研究对象。为了准确地反映物体的受力情况,必须把需要研究的物体(即受力体,又叫研究对象)从与它相联系的周围物体(即施力体)中分离出来,单独画出它的简图,这个被分离出来的研究对象称为脱离体,这个过程称为选取研究对象或取分离体。在脱离体上画出周围物体对它的全部作用力包括主动力和约束反力,所得到的图形,称为**物体的受力图**。

(2)绘制受力图的步骤

绘制受力图的基本步骤是:

第一步:选取研究对象(又叫取隔离体)。即将所研究的物体在解除约束后从物体系统中分离出来,单独画出这个物体的结构简图或轮廓图。

第二步:画主动力。画出作用于研究对象上的全部主动力,通常主动力是已知的。

第三步:画约束反力。根据相应的约束类型画出作用于研究对象上的全部约束反力。

(3)绘制物体受力图时的注意事项:

① 不要漏画力

必须清楚所选取的研究对象(受力物体)与周围哪些物体(施力物体)有接触,在接触点处均可能有约束反力。

② 不要多画力

在画受力图时,一定要分清施力物体与受力物体,切不可将研究对象施加给其他物体的力画在该研究对象的受力图上。

当研究对象包含两个或两个以上物体时,注意其受力图上只画外力不画内力。

③ 不要画错力的方向

已知力必须按题上的已知情况去画——照抄,切不可随意改动。约束反力的方向必须严格按照约束的性质确定,不能凭主观感觉猜测。在两物体相互连接处,注意两物体之间作用力与反作用力的等值、反向、共线关系。

▶**特别提示**:通常约束反力的大小和方向都是未知的,为了保证我们所画出的约束反力的正确性,画约束反力时要经过三问:一问何处有约束? 二问该处属于何种约束类型? 三问这种约束的约束反力如何画?

单个物体的受力分析比较简单,所以画其受力图时,按以上所说的基本步骤操作即可。下面举例说明单个物体的受力图画法。

例 1-2   重量为 F_G 的小球置于光滑的斜面上,并用绳索拉住,如图 1-51(a)所示,试画出小球的受力图。

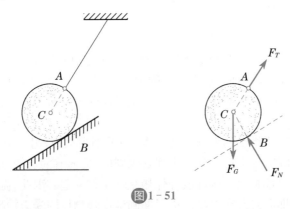

图 1-51

解   (1)取小球为研究对象,将其单独画出。

（2）作用在小球上的主动力是已知的重力 F_G，作用于球心 C 处，铅垂向下。

（3）根据约束性质画约束反力。斜面对小球构成了光滑接触面约束，它对球的约束反力 F_N，通过接触点 B，沿着公法线并指向球心；绳索对小球构成了柔体约束，它的约束反力 F_T，通过接触点 A，沿着绳的中心线且背离球心。画出小球的受力图如图 1-51(b) 所示。

单个物体
受力分析

例 1-3　简支梁 AB 如图 1-52(a) 所示，梁的自重不计，试画出梁 AB 的受力图。

解　（1）取隔离体　选取梁为研究对象，画出梁的轮廓图，如图 1-52 (b) 所示；

（2）画主动力　梁受到的主动力只有已知力 F，在 C 点画上力 F 如图 1-52(b) 所示；

（3）画约束反力　梁的 A 端为固定铰支座，其约束反力方向未知，用两个互相垂直的分力来表示；B 端为可动铰支座，其约束反力垂直于支撑面、指向假设。画出梁 AB 的受力图如图 1-52(b) 所示。

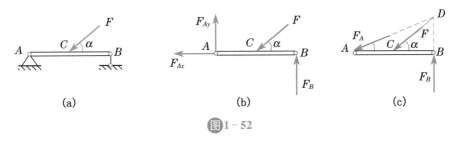

图 1-52

此题还有另一种画法。因为梁 AB 是在三个力的作用下处于平衡状态，所以可以利用前面所学的三力平衡汇交定理画出其受力图。主动力 F 的方向和可动铰支座的约束反力的方位是确定的，两者的作用线延长汇交于点 D，那么固定铰支座 A 处的约束反力的作用线一定通过 D 点。这样可画出梁的受力图如图 1-52(c) 所示。

例 1-4　水平梁 AB 在自由端 B 处受已知集中力 F 作用，A 端为固定端支座，如图 1-53(a) 所示。梁的自重不计，试画出梁 AB 的受力图。

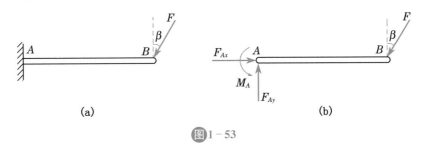

图 1-53

解　（1）取梁 AB 为研究对象，将其单独画出。

（2）梁在 B 点受到主动力 F 的作用。

（3）A 端是固定端支座，其约束反力用两个互相垂直的分力 F_{Ax}、F_{Ay} 以及力偶矩为 M_A 的反力偶来表示。梁 AB 的受力图如图 1-53(b) 所示。

2. 物体系统的受力分析

(1) 物体系统的概念

由两个或两个以上的物体通过一定的约束连接在一起所组成的组合体称为物体系统，简称物系。

物体系统受力图的画法与单个物体受力图的画法基本相同。分析物体系统受力情况的过程称为物体系统的受力分析。两者的区别在于画物体系统受力图时所选取的研究对象，可以是物系中的某一个物体，也可以是物系中两个或两个以上的物体组成的联合体乃至物系整体。

(2) 内力与外力

在对物体系统进行受力分析时，根据力的来源通常把力分为内力和外力两种，所谓内力是指研究对象之内各物体之间的相互作用力，所谓外力是指研究对象之外的其他物体对研究对象之内各物体的作用力，也就是说内力来自研究对象之内，外力来自研究对象之外。必须指出，内力和外力的区分不是绝对的，它们在一定的条件下是可以相互转化的。

(3) 绘制物体系统受力图时的注意事项

绘制物体系统受力图的步骤与绘制单个物体受力图的步骤相同，绘制物体系统受力图时必须注意：① 若物体系统中有二力杆时，则应首先画出二力杆的受力图，我们称之为二力杆优先；② 物体系统内物体间的作用力和反作用力，必须遵循作用与反作用公理；③ 在受力图上只画研究对象所受的外力，不画内力；④ 同一个约束反力在不同的受力图上必须保持前后一致，不能自相矛盾。

例 1 - 5   图 1 - 54(a)所示为两跨静定梁，梁 AC 和 CD 用铰链 C 连接，并支承在三个支座上，A 处为固定铰支座，B 和 D 处为可动铰支座，受已知力 F 的作用。不计梁的自重，试画出梁 CD、AC 及整梁 AD 的受力图。

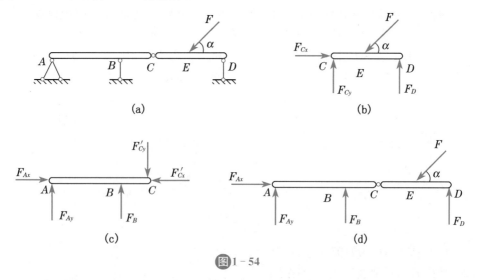

图 1 - 54

解   (1) 先取梁 CD 为研究对象，在 E 点画出主动力 F，D 处为可动铰支座，其约束反力可用通过铰链中心且垂直于支承面的力 F_D 表示，指向假设向上；C 处为圆柱铰链约束，其约束反力可用通过铰链中心 C 并相互垂直的分力 F_{Cx} 和 F_{CY} 表示，指向假设，如图 1 - 54(b)所示。

（2）取梁 AC 为研究对象，先在 C 点按作用力与反作用力关系画出相互垂直的分力 F'_{Cx} 和 F'_{Cy} ；A 点为固定铰支座，其反力用 F_{Ax} 和 F_{Ay} 表示；B 点为可动铰支座，其反力用 F_B 表示。梁 AC 的受力图如图 $1-54(c)$ 所示。

（3）取整梁 AD 为研究对象。作用在整梁上的力有主动力 F，A 点固定铰支座的约束反力为 F_{Ax} 和 F_{Ay}，B、D 点可动铰支座的约束反力为 F_B、F_D。此时 C 点的约束反力作为物体系统内部的相互作用力，故在整梁上不必画出。梁 AD 的受力图，如图 $1-54(d)$ 所示。

例 $1-6$　简易支架如图 $1-55(a)$ 所示，图中 A、B、C 三点均为铰链连接，D、E 两点作用有集中力 F_1、F_2。不计杆件自重，试画出斜杆 BC、横杆 AC 的受力图。

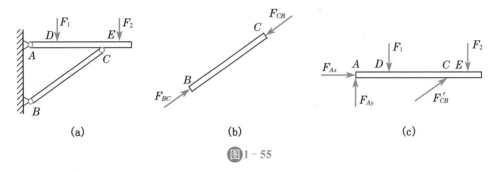

（a）　　　　　　　　　　　（b）　　　　　　　　　　　（c）

图 $1-55$

解　（1）选取 BC 杆为研究对象，BC 杆为二力杆，受到 F_{BC} 和 F_{CB} 两个力的作用，显然 $F_{BC}=F_{CB}$，如图 $1-55(b)$ 所示。

（2）选取 AC 杆为研究对象，画出主动力 F_1、F_2，A 处为固定铰支座，画出其约束反力 F_{Ax} 和 F_{Ay}；根据作用力和反作用力的关系可确定 C 处反力 F'_{CB}（$F_{CB}=F'_{CB}$），如图 $1-55(c)$ 所示。

例 $1-7$　如图 $1-56(a)$ 所示的三铰拱桥，由左、右两个半拱铰接而成。设拱自重不计，在 AC 半拱上作用有集中力 F，试分别画出 AC、CB 两个半拱以及三铰拱桥整体的受力图。

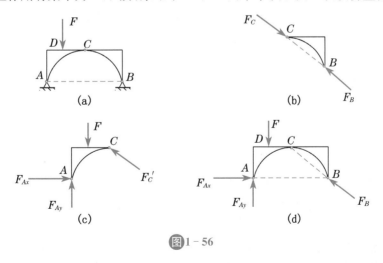

（a）　　　　　　　　　　　　　　　（b）

（c）　　　　　　　　　　　　　　　（d）

图 $1-56$

解　（1）右半拱　因三铰拱桥中的右半拱 CB 是二力杆，其力作用线的位置是确定的，故 C、B 两处的约束反力沿 CB 的连线，且等值、反向。画出右半拱受力图如图 $1-56(b)$ 所示。

（2）左半拱　选取左半拱 CA 为研究对象，左半拱受的力有主动力 $\boldsymbol{F}$、拱在铰链 C 处受到的约束反力 F'_C 与 F_C 是互为作用力反作用力，在 A 处受到固定铰支座的约束，其约束反力方向未知,可用两个互相垂直的分力来表示。画出左半拱 AC 的受力图如图 1-56(c)所示。

（3）整体　选取整体为研究对象,它受到的主动力只有已知力 **F**,拱的 A 处为固定铰支座,用两个互相垂直的分力来表示;B 处的约束反力与右半拱的 B 处属于同一个力,因 F_C 与 F'_C 是一对作用力和反作用力,属于系统内力,不画。画出整体受力图如图 1-56(d)所示。

例 1-8　人字梯如图 1-57(a)所示。梯子的两部分 AB 和 AC 在 A 处铰接,又在 D、E 两点用水平绳连接。梯子放在光滑的水平面上,梯子自重忽略不计,在 AB 上的 H 点站一人,其自重为 **F**。试分别画出梯子的 AB、AC 部分以及整个物体系统的受力图。

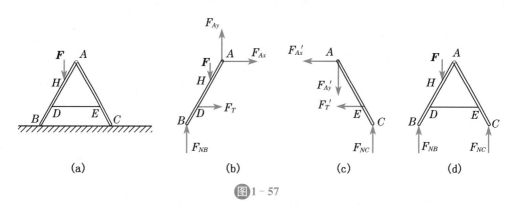

图 1-57

解　（1）画梯子 AB 部分的受力图:取 AB 杆为研究对象,其上受有主动力 F 作用,A 处为铰链约束,约束反力为 F_{Ax}、F_{Ay};在 D 处是绳子对它的柔体约束,其约束反力为 F_T;在 B 处是地面对它的光滑接触面约束,其约束反力为 F_{NB}。画出梯子 AB 部分的受力图如图 1-57(b)所示。

（2）画梯子 AC 部分的受力图:取 AC 杆为研究对象,A 处为铰链约束,约束反力为 F'_{Ax}、F'_{Ay},其与 F_{Ax}、F_{Ay} 互为作用力反作用力;在 E 处是绳子对它的柔体约束,其约束反力为 F'_T;在 C 处是地面对它的光滑接触面约束,其约束反力为 F_{NC}。画出梯子 AC 部分的受力图如图 1-57(c)所示。

（3）画人字梯整体的受力图:取整体为研究对象,约束反力 F_{Ax} 与 F'_{Ax}、F_{Ay} 与 F'_{Ay},F_T 与 F'_T 都属于系统的内力。画出梯子整体的受力图如图 1-57(d)所示。

拓展视域

荷载的传递路径

建筑结构的主要功能之一就是能够承受并传递荷载。而一个建筑结构通常是由很多建筑构件联系在一起组合而成的,因此,研究作用在结构上的荷载的传递路径是很有必要的。

在相互连接的构件之间,一个构件的约束反力正是另一个构件的荷载。这是我们理解荷载传递路径的关键,也是我们顺藤摸瓜计算未知约束反力的重要思路。

某建筑结构简图如图 1-58(a)所示,假设物体的自重为 F_{G1},楼板的自重为 F_{G2},梁的自重为 F_{G3},柱的自重为 F_{G4},基础的自重为 F_{G5},我们以这个简单建筑结构为例来说明竖向荷载的传递路径。

这个结构的组成情况是:重物放在板上、板搁置在梁上、梁搁置在柱子上、柱子搁置在基础上、基础在地基之上。把结构拆分开,对每个构件进行受力分析,画出每个构件的受力图如图1-58(b)(c)(d)(e)(f)所示,实际上也是这个结构的荷载传递示意图。由图可知,这个结构的竖向荷载的传递路径是:重物把自己的自重作为荷载施加在板上,板把重物的自重连同板自身的自重作为荷载施加在支撑它的梁上,梁把上面传递下来的荷载连同自身自重作为荷载施加在支撑它的柱子上,柱子把上面传递下来的荷载连同自身的自重作为荷载施加在支撑它的基础上,最后,基础把上面传递下来的荷载连同自身的自重作为荷载传递给地基。即重物→板→梁→柱→基础→地基。

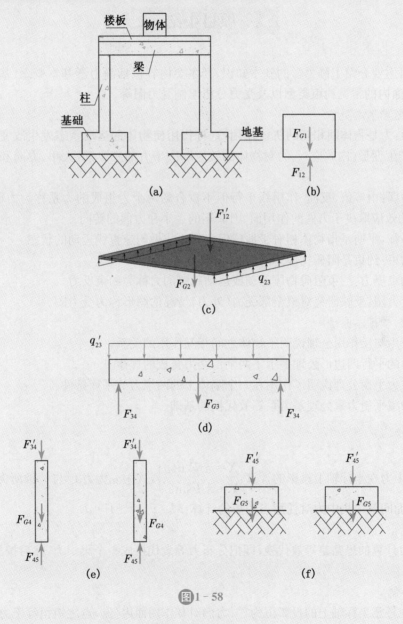

图1-58

▶▶ 课后思考与讨论

1. 画受力图的一般步骤是什么？
2. 画受力图时应该注意什么问题？
3. 物体系统受力分析时的注意事项有哪些？
4. 什么是结构的计算简图？其简化原则是什么？
5. 根据结构的计算简图分类，常见的平面杆系结构有哪几类？

▶ 项目小结 ◀

本项目主要介绍了静力学的基本知识，其主要内容包括静力学基本概念、基本原理、基本运算、平面内的常见约束类型以及受力分析绘制受力图等。

1. 静力学基本概念

（1）力：力是物体间相互的机械作用，这种作用使物体的运动状态发生改变（外效应），或使物体产生变形（内效应）。力对物体的效应取决于力的三要素：大小、方向和作用点（或作用线）。

（2）力偶：由等值、反向、作用线平行但不重合的两个力组成的力系称为力偶。力偶对物体的转动效应取决于力偶的作用面、力偶矩的大小和力偶的转向。

（3）平衡：平衡是指物体相对于地球保持静止或做匀速直线运动的状态。

（4）约束：约束是阻碍物体运动的限制物。

（5）约束反力：约束阻碍物体运动或运动趋势的力称为约束反力。

（6）受力图：反映研究对象全部受力（外力）情况的图形称为受力图。

2. 静力学基本原理

（1）作用与反作用公理说明了物体之间相互作用的关系。

（2）力的平行四边形公理揭示了两个汇交力合成的规律。

（3）二力平衡公理说明了作用在一个刚体上的两个力的平衡条件。

（4）加减平衡力系公理是力系等效代换的基础。

3. 静力学基础运算

（1）集中力

① 集中力在坐标轴上投影的计算：$\left.\begin{array}{l}X=\pm F\cos\alpha \\ Y=\pm F\sin\alpha\end{array}\right\}$（式中 α 为力 F 与 x 轴所夹的锐角）

② 平面问题中集中力对任意点的矩的计算：$M_O(F)=\pm F\cdot d$

（2）分布力

分布力计算的思路是等效代换，即把分布力等效代换成一个集中力，然后按集中力进行相关计算。

（3）力偶

力偶在任意坐标轴上的投影恒为零；力偶对其作用面内任一点之矩恒等于力偶矩，与矩心位置无关。

4. 受力分析绘制受力图的步骤及其注意事项

（1）步骤

① 选取研究对象,并单独画出研究对象的轮廓图——取脱离体。

② 先画出研究对象所受的全部主动力。

③ 再画出研究对象所受的全部约束反力。

（2）注意事项:

① 不要漏画力,② 不要多画力,③ 不要画错力的方向。

▶ 项目考核 ◀

一、判断题

1. 合力一定比分力大。　　　　　　　　　　　　　　　　　　　　　　（　　）

2. 力就是荷载,荷载就是力。　　　　　　　　　　　　　　　　　　　（　　）

二、填空题

1. 力的三要素分别是:＿＿＿＿＿＿、＿＿＿＿＿＿、＿＿＿＿＿＿。

2. 力偶只对刚体产生＿＿＿＿＿＿＿＿效应。

3. 当力与坐标轴平行或重合时,力在该轴上的投影大小等于＿＿＿＿＿＿。

三、选择题

1. 固定铰支座对被约束物体产生的约束反力个数是　　　　　　　　　（　　）

　　A. 1个　　　　　　B. 2个　　　　　　C. 3个　　　　　　D. 无法确定

2. 固定端支座对被约束物体产生的约束反力个数是　　　　　　　　　（　　）

　　A. 1个　　　　　　B. 2个　　　　　　C. 3个　　　　　　D. 无法确定

四、简答题

1. 对物体系统进行受力分析绘制受力图时的注意事项有哪些?

2. 简述二力平衡公理。

五、绘图题

1. 试画出图1-59中 AB 杆的受力图。已知杆件自重为 F_G。

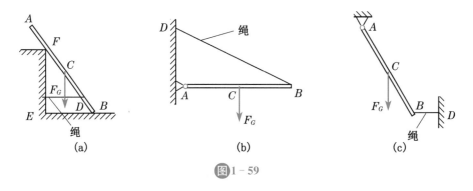

(a)　　　　　　　　　　　　(b)　　　　　　　　　　　　(c)

图1-59

2. 试画出图 1-60 中梁 *AB* 或刚架 *ABCD* 的受力图,题中未标出自重的各杆自重均忽略不计。

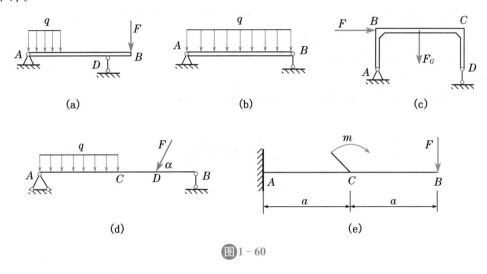

图 1-60

3. 多跨静定梁如图 1-61 所示,各杆自重不计,试画出图中杆件 *AC*、*CE* 以及整体的受力图。

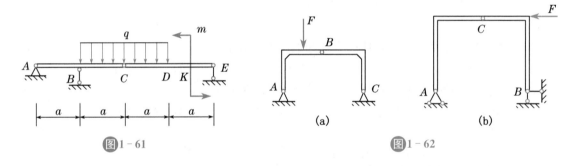

图 1-61   图 1-62

4. 三铰刚架如图 1-62 所示,各杆自重不计,试画出 *AB*、*BC* 和整体的受力图。

5. 半径为 *r*、自重为 F_G 的小球,用一根绳子悬挂于天花板上的 *A* 点,*A* 点到墙壁的垂直距离为 *a*,如图 1-63 所示,其中(a)图中 *a*>*r*、(b)图中 *a*=*r*、(c)图中 *a*<*r*,请画出图中小球的受力图。

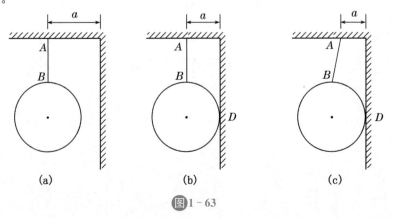

图 1-63

六、计算题

1. 试计算图 1-64 中力 F 对 O 点之矩。

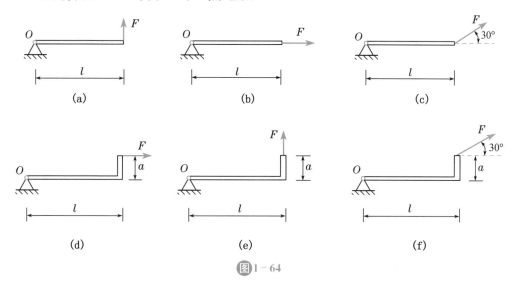

图1-64

2. 已知 $F_1=F_2=F_3=F_4=20$ kN,方向如图 1-65 所示,试计算各力在 x 轴和 y 轴上的投影。

3. 如图 1-66 所示,已知 $F_1=F_1'=10$ kN,$F_2=F_2'=5$ kN,$m_3=25$ kN·m,$a=4$ m,$b=3$ m,试计算三个力偶的力偶矩。

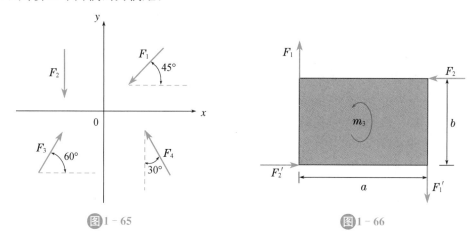

图1-65　　　　　　图1-66

七、连线题

1. 把下列的名词与其相对应的单位连线。

A. 体分布力　　　　　a. N

B. 面分布力　　　　　b. N·m

C. 线分布力　　　　　c. N/m

D. 集中力　　　　　　d. N/m^2

E. 力偶矩　　　　　　e. N/m^3

| 项目二 |
平面力系的计算

◆ 本项目知识点

- 平面力偶系的合成
- 平面力偶系的平衡
- 平面汇交力系的合成
- 平面汇交力系的平衡
- 平面平行力系的简化及合成
- 平面平行力系的平衡
- 平面一般力系的简化与合成
- 平面一般力系的平衡
- 物体系统的平衡问题

◆ 本项目学习目标

- ★ 了解力系的分类情况
- ★ 了解平面力系的简化与合成
- ★ 了解平面力偶系的平衡条件
- ★ 熟悉平面汇交力系的平衡条件及其应用
- ★ 掌握平面平行力系的平衡条件及其应用
- ★ 掌握平面一般力系的平衡条件及其应用
- ★ 熟悉物体系统的平衡计算

◆ 本项目能力目标

- ▲ 提高读者的运算能力
- ▲ 能够对复杂的平面力系进行简化
- ▲ 能够正确解决平面力系的平衡问题

项目导语

　　通过对项目一知识的学习,我们已经掌握了单个物体及物体系统的受力分析,并且能够正确地绘制出各个物体及物体系统的受力图。在我们绘制出的受力图中既包含有已知的主动力,也包含有未知的约束反力,你想知道这些约束反力的大小及方向吗?那就跟我们一起进入项目二的学习吧。项目二讲述了平面力系的合成与平衡计算问题,其中我们学习的重点是平面汇交力系、平面一般力系的平衡计算,掌握平面力系平衡问题计算的关键是深刻理解平面力系的平衡条件。

▶ **任务 1   平面力系的合成运算** ◀

● ○ ○ ▶ **案例引入**

如图 2 - 1(a)所示,两只狗 A 和 B 拉着雪橇 C 在雪地上运动,设 A 狗的拉力为 F_{TA} = 40 kN, B 狗的拉力为 F_{TB} = 30 kN,则在两只狗的拉力共同作用下,雪橇 C 沿着哪个方向运动?

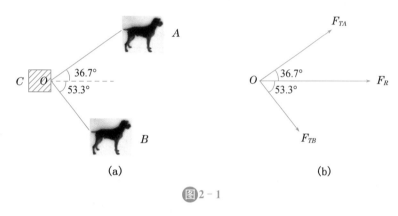

(a)   (b)

图 2 - 1

首先对整个系统进行受力分析,并画出其受力图如图 2 - 1(b)所示。由题意可知,在两只狗的作用下,雪橇将沿着两力的合力方向前进。那么,如何求解合力 F_R 的大小和方向?下面将逐一学习相关的知识点。

▓▶ 1.1 平面力系概述

1. 平面力系的分类情况

本项目研究的是平面力系的计算问题,主要内容是通过对平面内的力、力偶的计算,解决各种平面力系的平衡问题。

为了研究问题方便,通常需要对力系进行分类研究,通常看力系的角度一般有两种:一种是根据力系中各力作用线是否共面把力系分为平面力系和空间力系,各力作用线都在同一平面内的力系称为平面力系,否则就是空间力系;另一种是根据各力之间的关系情况把力系分为特殊力系和一般力系,其中特殊力系根据其特殊情况又分为汇交力系、平行力系和力偶系。各力作用线都汇交于同一点的力系称为汇交力系;各力作用线完全平行的力系称为平行力系;各力两两一对都组成力偶的力系称为力偶系;杂乱无章没有任何规律的力系称为一般力系(又叫任意力系)。在力学计算时通常是把上述两种分类情况综合起来考虑对力系进行分类计算,综合起来看力系共分为八大类,详情见图 2 - 2,本书只研究平面力系中的四类,分别是平面力偶系、平面汇交力系、平面平行力系和平面一般力系。

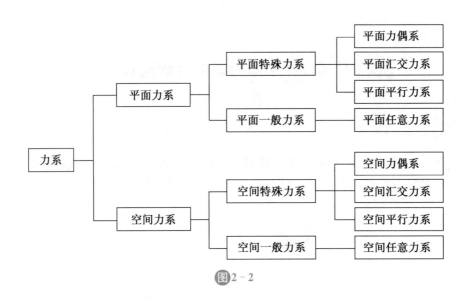

图 2 - 2

2. 力系的研究课题及研究方法

研究力系可以解决力系的两类问题：一类是力系的简化及合成问题；另一类是力系的平衡问题。

力系的研究方法通常有两种：几何法和解析法。

用几何观点及思想去探讨力系的合成及平衡问题的方法称为几何法，或者说主要通过几何作图来完成力系的合成及平衡问题求解的方法称为几何法。几何法又名图解法，几何法的优点是形象直观、简单方便、清晰明了；几何法的缺点是精度不高，力的数量越多误差越大。

通过列数学解析表达式来探讨力系的合成及平衡问题的方法称为解析法，或者说用代数方法来研究并解决力系的合成及平衡问题的方法称为解析法。解析法又名数解法或分析法，解析法的优点是变量之间的关系清晰明了，逻辑性强，精度高；解析法的缺点是计算比较复杂。

本书只研究平面力系，重点是用解析法研究平面一般力系的平衡问题。

▶ 1.2 平面力偶系的合成

同时作用在物体上同一平面内的若干个力偶，称为平面力偶系。研究平面力偶系的合成可先研究两个力偶的合成，设在物体的同一平面内同时作用有两个力偶，其力偶矩分别为 m_1 和 m_2，如图 2 - 3(a)所示，并设 $|m_1| > |m_2|$。

根据力偶的性质，在保持力偶矩不变的条件下，同时改变这两个力偶中的力和力偶臂的大小，使它们具有相同的力偶臂，经过等效变换后得到两个新力偶如图 2 - 3(b)所示，

$$F_1 = F_1' = \frac{m_1}{d}, F_2 = F_2' = \left|\frac{m_2}{d}\right|$$

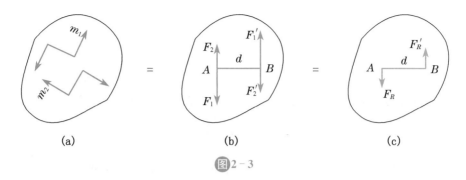

图 2 - 3

作用在 A 点的两个力 F_1 和 F_2 可以合成为一合力 F_R，作用在 B 点的两个力 F_1' 和 F_2' 也可以合成为一合力 F_R'，$F_1 > F_2$，则合力 F_R 与 F_R' 的大小分别为 $F_R = F_1 - F_2$　$F_R' = F_1' - F_2'$

显然如图 2 - 3(c) 所示的力偶 (F_R, F_R') 就是这两个力偶的合力偶，其合力偶矩为 $m_R = F_R d = (F_1 - F_2)d = m_1 + m_2$

由此推广到由 n 个力偶组成的平面力偶系，则有

$$m_R = m_1 + m_2 + \cdots + m_n = \sum_{i=1}^{n} m_i \tag{2-1}$$

于是可得出如下结论：平面力偶系可以合成为一个合力偶，合力偶的力偶矩等于力偶系中各分力偶的力偶矩的代数和。

例 2 - 1　如图 2 - 4 所示，物体在同一平面内受到三个力偶的作用，设 $F_1 = F_1' = 40\ \text{N}$，$F_2 = F_2' = 80\ \text{N}$，$m = 30\ \text{N·m}$，请计算该平面力偶系的合成结果。

解　三个共面力偶合成的结果是一个合力偶，各分力偶矩分别为

$$m_1 = F_1 d_1 = 40 \times 1 = 40\ \text{N·m}$$

$$m_2 = F_2 d_2 = 80 \times \frac{0.25}{\sin 30°} = 40\ \text{N·m}$$

$$m_3 = -m = -30\ \text{N·m}$$

则合力偶矩为

$$m_R = \sum m = m_1 + m_2 + m_3 = 40 + 40 - 30 = 50\ \text{N·m}$$

即合力偶矩的大小为 50 N·m，转向为逆时针方向，作用在原平面力偶系所在的平面内。

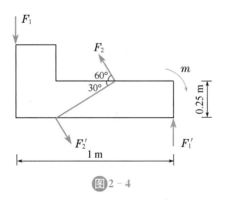

图 2 - 4

Ⅲ▶ 1.3　平面汇交力系的合成

各力作用线都在同一平面内且完全汇交于同一点的力系称为平面汇交力系。当平面汇交力系已知时,可建立平面直角坐标系,先计算出力系中各分力在 x、y 轴上的投影,再根据合力投影定理,求得合力 F_R 在 x、y 轴上的投影 X_R、Y_R,$X_R = \sum_{i=1}^{n} X_i = \sum X$,$Y_R = \sum_{i=1}^{n} Y_i = \sum Y$,如图 2-5 所示。最后可确定合力 F_R 的大小和方向,即

$$\begin{cases} F_R = \sqrt{\left(\sum X\right)^2 + \left(\sum Y\right)^2} \\ \tan\alpha = \left| \dfrac{\sum Y}{\sum X} \right| \end{cases} \tag{2-2}$$

式中 α——力 F_R 与 x 轴所夹的锐角。

F_R 的具体指向由 $\sum X$ 和 $\sum Y$ 的正负号确定。

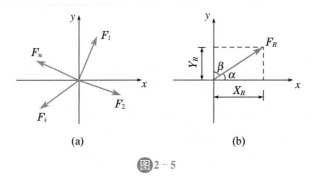

(a)　　　　　　　　　(b)

图 2-5

由以上讨论可知,平面汇交力系合成的结果是一个合力,合力的大小和方向用式(2-2)计算确定。

例 2-2　如图 2-6(a)所示,固定圆环上作用着共面的三个力,已知 $F_1 = 2$ kN,$F_2 = 4$ kN,$F_3 = 5$ kN,三力均通过圆心 O,试求此力系的合力。

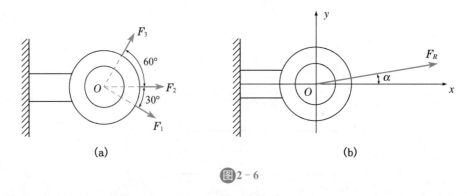

(a)　　　　　　　　　(b)

图 2-6

解　(1)建立平面直角坐标系如图 2-6(b)所示。

（2）分别计算出各分力在 x、y 两个坐标轴上的投影

力 F_1：$\begin{cases} X_1 = F_1 \cos 30° = 2 \times 0.866 = 1.732 \text{ kN} \\ Y_1 = -F \sin 30° = -2 \times 0.5 = -1 \text{ kN} \end{cases}$

力 F_2：$\begin{cases} X_2 = F_2 = 4 \text{ kN} \\ Y_2 = 0 \end{cases}$

力 F_3：$\begin{cases} X_3 = f_3 \cos 60° = 5 \times 0.5 = 2.5 \text{ kN} \\ Y_3 = F_3 \sin 60° = 5 \times 0.866 = 4.33 \text{ kN} \end{cases}$

（3）分别计算出合力 F_R 在 x、y 两个坐标轴上的投影：

$$X_R = \sum X = X_1 + X_2 + X_3 = 1.732 + 4 + 2.5 = 8.232 \text{ kN}$$

$$Y_R = \sum Y = Y_1 + Y_2 + Y_3 = -1 + 0 + 4.33 = 3.33 \text{ kN}$$

（4）确定合力 F_R 的三要素：

① 合力 F_R 的大小：$F_R = \sqrt{X_R^2 + Y_R^2} = \sqrt{8.232^2 + 3.33^2} = 8.88 \text{ kN}$

② 合力 F_R 的方位角：设合力 F_R 与 x 轴所夹的锐角为 α，

$$\tan \alpha = \left| \frac{Y_R}{X_R} \right| = \frac{3.33}{8.232} = 0.405, \alpha = 22°$$

③ 合力 F_R 的指向：由于 $X_R > 0$，$Y_R > 0$，所以合力 F_R 指向第Ⅰ象限。

④ 合力 F_R 的作用线：合力 F_R 的作用线通过这三个力的汇交点 O，如图 2-6(b) 所示。

▶ 1.4　平面平行力系的简化与合成

平面汇交力
系的合成

1. 力的平移定理

作用在刚体上的力沿其作用线随意滑动后，并不改变力对刚体的作用效果；那么，作用在刚体上的力，能不能平行地搬到另一处呢？

力对刚体的作用效果取决于力的三要素：大小、方向、作用线，若改变其中的任一要素，就会改变它对刚体的作用效果。下面我们来探讨把力平移而又不改变其运动效果需要附加什么样的条件。

如图 2-7(a) 所示，设一个力 F 作用于某一物体上的 A 点，我们来讨论如何将该力平移到同一物体上的 O 点。根据加减平衡力系公理，在 O 点添加一对平衡力 F' 和 F''，且使 $F' = -F'' = F$，如图 2-7(b) 所示。这样，并不影响原力 F 对刚体的作用效应。显然，力 F 和 F'' 构成了一个力偶，其力偶矩等于原力 F 对 O 点的矩，即 $m = Fd = M_O(F)$，称为附加力偶。于是，作用于点 O 的力 F' 和附加力偶与原力 F 等效，见图 2-7(c)。

由此可得：作用于刚体上的力 F，可平移到刚体上任一指定点 O，但必须同时附加一个力偶，附加力偶的力偶矩等于原力 F 对指定点 O 的矩。这就是力的平移定理。

由力的平移定理可知，一个力可以分解为一个力和一个力偶；反之，力的平移定理的逆定理也是成立的，即平面内的一个力 F 和一个力偶矩为 m 的力偶也可以合成为一个合力 F_R，合力的大小 $F_R = F$，合力 F_R 的作用线到力 F 的作用线的距离为 $d = \dfrac{|m|}{F}$。合成的过程就是图 2-7 的逆过程。这就是广义的力的合成与分解。

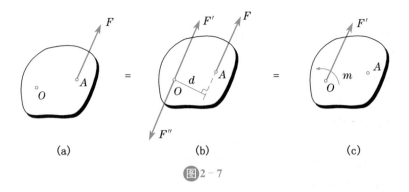

图 2-7

案例分析

在日常生活中我们提暖壶的方式通常有两种:第一种是用手提着暖壶的壶鋬,如图 2-8(a)所示;第二种是用手抓住暖壶的把手,如图 2-8(b)所示。两种提暖壶的方式用力大小相等、方向相同,而力的作用点发生了改变。由于改变了力的三要素中的一个要素,必然导致力的作用效果的差异,图 2-8(a)中暖壶是竖直的,图 2-8(b)中暖壶是倾斜的。如何让图 2-8(b)中的暖壶也竖直呢? 提过暖壶的人都知道,只需在用手抓住暖壶的把手向上用力的同时通过手腕给暖壶再施加一个力偶就可以了,如图 2-8(c)所示。

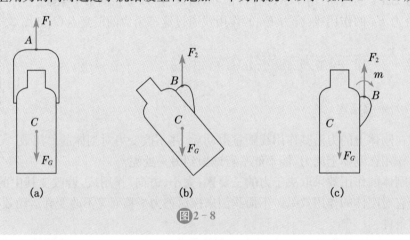

图 2-8

例 2-3 工业厂房里常见一种柱子,俗称牛腿柱,如图 2-9(a)所示。在支承吊车梁的牛腿柱的 A 点受有吊车梁传来的荷载 $F=100$ kN,它的作用线偏离柱子轴线的距离 $e=400$ mm(e 称为偏心距)。因设计时计算的需要,欲将力 F 向柱子轴线上 B 点平移,应如何进行移动?

解 根据力的平移定理,将作用于 A 点的力 F 平移到轴线上的 B 点得力 F',同时还必须附加一个力偶,如图 2-9(b)所示,它的力偶矩 m 等于原力 F 对 B 点之矩,即

$$m=M_B(F)=-Fe=-100\times 0.4=-40 \text{ kN} \cdot \text{m}$$

负号表示附加力偶的转向是顺时针方向。

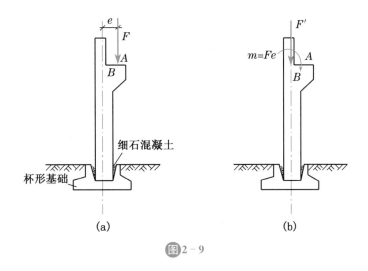

图2-9

图2-9所示的是一根偏心受压柱,在分析柱的受力情况时,常将柱子牛腿上的力F平移到柱子的轴线上,得到一个力和一个力偶,这样的简化可以使柱受力情况清晰。

2. 平面平行力系向作用面内任一点简化

各力作用线都在同一平面内且相互平行的力系称为平面平行力系。例如用扁担挑水时,扁担受到的力就组成一个平面平行力系,还有杆秤、起重机等受到的力都是平面平行力系。有了力的平移定理,研究平面平行力系的简化与合成就很容易了。设刚体受到力F_1、F_2,$\cdots$,F_n这n个力组成的平面平行力系作用,如图2-10(a)所示,在力系作用面内任意选取一点A,此点称为简化中心,运用力的平移定理,把这n个力都平移到A点,这样就把一个平面平行力系变成了一个共线力系和一个平面力偶系,如图2-10(b)所示。图中$F_1'=F_1$,$F_2'=F_2$,$\cdots$,$F_n'=F_n$;$m_1=M_A(F_1)$,$m_2=M_A(F_2)$,$\cdots$,$m_n=M_A(F_n)$;共线力系$(F_1',F_2',\cdots,F_n')$可以合成为一个力,这个力的大小和方向称为原平面平行力系的主矢,用F_R'表示,主矢F_R'的大小等于各力的代数和,即

$$F'_R = \sum_{i=1}^{n} F_i \qquad (2-3)$$

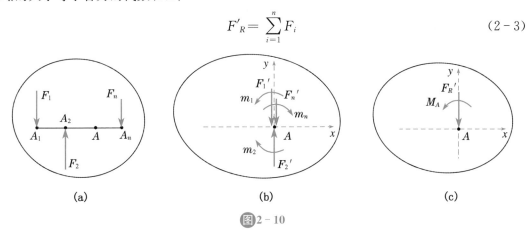

图2-10

平面力偶系可以合成为一个力偶,这个力偶的力偶矩称为原平面平行力系对简化中心A的主矩,用M_A表示,主矩M_A的大小等于各力对简化中心之矩的代数和,即

$$M_A = \sum_{i=1}^{n} M_A(F_i) \tag{2-4}$$

由上面的分析可知,主矢的大小和方向与简化中心的位置无关,而主矩的大小和转向一般都与简化中心的位置有关,因此在书写主矩的符号时必须标明简化中心的位置。

3. 平面平行力系的合成

平面平行力系向作用面内任一点简化得到一个主矢和一个主矩,如图 2-10(c)所示。这并不是平面平行力系简化的最终结果,下面对主矢和主矩做进一步研究。

(1)当 $F_R' \neq 0$,$M_A = 0$ 时,力系简化的最终结果是作用在简化中心 A 的一个合力 F_R,$F_R = F_R'$。

(2)当 $F_R' = 0$,$M_A \neq 0$ 时,力系简化的最终结果是一个合力偶,合力偶矩 $M = M_A$。

(3)当 $F_R' \neq 0$,$M_A \neq 0$ 时,根据力的平移定理的逆过程可知,平面平行力系简化的最终结果是一个合力 F_R,合力作用点并不在简化中心 A,简化中心到合力作用线的距离为 $d = \left| \dfrac{M_A}{F_R} \right|$。

(4)当 $F_R' = 0$,$M_A = 0$ 时,原力系简化的最终结果是零,此时力系平衡。

通过对简化结果的进一步分析可知,平面平行力系的合成结果有三种可能:合成为一个合力、合成为一个合力偶、零。

▶ 1.5　平面一般力系的简化与合成

1. 平面一般力系的简化

各力作用线均在同一平面内,既不完全汇交、又不完全平行的力系称为平面一般力系,由于各力在作用平面内是任意分布的,所以平面一般力系又叫平面任意力系。

一刚体受到 F_1、F_2、$\cdots$、F_n 这 n 个力组成的平面一般力系作用如图 2-11(a)所示。根据力的平移定理,可以把这些力平移到其作用面内的任一点 A,这样就把一个平面一般力系变成为一个平面汇交力系和一个平面力偶系,如图 2-11(b)所示,其中 $F_1' = F_1$、$F_2' = F_2$、$\cdots$、$F_n' = F_n$;$m_1 = M_A(F_1)$、$m_2 = M_A(F_2)$、$\cdots$、$m_n = M_A(F_n)$。

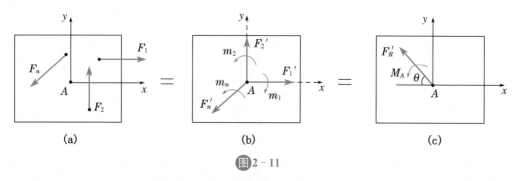

(a)　　　　　　　　　　(b)　　　　　　　　　　(c)

图 2-11

作用于简化中心 A 点的平面汇交力系可以合成为一个力,这个力的大小及方向称为原力系对简化中心的主矢,用 F_R' 表示;平面力偶系可以合成为一个力偶,其力偶矩称为原力系

对简化中心 A 的主矩，用 M_A 表示。

平面一般力系向作用面内任意一点的简化结果如图 2-11(c)所示，根据前面学过的知识可知

$$\begin{cases} F'_R = \sqrt{\left(\sum X\right)^2 + \left(\sum Y\right)^2} \\ \tan\theta = \left| \dfrac{\sum Y}{\sum X} \right| \end{cases} \tag{2-5}$$

$$M_A = \sum M_A(F_i) \tag{2-6}$$

2. 平面一般力系的合成

显然，平面一般力系的简化及合成情况与平面平行力系的简化及合成情况一样，即平面一般力系的简化结果是一个主矢和一个主矩，合成结果有三种可能：

(1) 无论主矩是否为零，只要主矢不等于零，原力系都将合成为一个合力；

(2) 若主矢等于零，主矩不等于零，原力系最终合成为一个合力偶；

(3) 若主矢、主矩都等于零，原力系最终合成结果为零，则说明原力系平衡。

►╲ 课后思考与讨论

1. 设一平面一般力系向某一点简化得到一合力。如另选适当的点为简化中心，问力系能否简化为一力偶？为什么？

2. 如图 2-12 所示力系，$F_1 = F_2 = F_3 = F_4$。问力系向点 A 和 B 简化的结果分别是什么？二者是否等效？为什么？

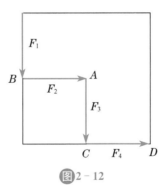

图 2-12

► 任务 2　平面力系的平衡计算 ◄

►╲ 案例引入

如图 2-13 所示，梁 AB 搁在砖墙上，受到已知荷载 F_1、F_2 作用，如何计算墙壁对梁 AB 两端的约束反力 F_A、F_B 呢？

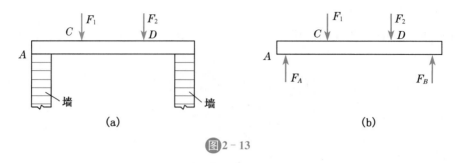

图 2 - 13

梁 AB 搁在砖墙上，受到已知荷载 F_1、F_2 作用，在这两个力的作用下，梁 AB 有向下坠落的趋势，但由于墙的支承作用，墙对梁产生支承力 F_A、F_B，才使梁没有落下而保持平衡状态。由此可知，支承力 F_A、F_B 与荷载 F_1、F_2 之间存在着一定的关系，我们把这种关系称为平衡条件。若知道了平衡条件，便可由荷载 F_1、F_2 计算出墙对梁的约束反力 F_A、F_B 了。

▶ 2.1 平面力偶系的平衡计算

平面力偶系可以合成为一个合力偶，当合力偶矩等于零时，则力偶系中各力偶对物体的转动效应相互抵消，物体处于平衡状态。所以，平面力偶系平衡的充分必要条件是其合力偶矩等于零，即平面力偶系中所有各力偶矩的代数和等于零。即

$$\sum m = 0 \tag{2-7}$$

上式称为平面力偶系的平衡方程。对于平面力偶系的平衡问题，可以利用公式(2-7)求解一个未知量。

例 2 - 4 简支梁 AB 上作用有一个力偶，其转向如图 2 - 14(a)所示，力偶矩 $m = 50 \text{ kN} \cdot \text{m}$，梁长 $l = 4$ m，梁的自重不计，求支座 A、B 处的支座反力。

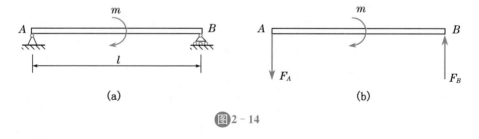

图 2 - 14

解 (1) 选取梁 AB 为研究对象，梁处于平衡状态，其上所受的主动力只有一个力偶，因力偶只能与力偶平衡，所以 A、B 处的支座反力必组成一个力偶与之平衡，据此画出梁的受力图，如图 2 - 14(b)所示。

(2) 列平面力偶系的平衡方程

$$\sum m = 0, \quad F_B \cdot l - m = 0$$

(3) 解平衡方程得

$$F_B = m/l = 50/4 = 12.5 \text{ kN}(\uparrow)$$

根据力偶的定义可知

$$F_A = 12.5 \text{ kN}(\downarrow)$$

注意：画受力图时，未知约束反力的方向都是假设的，计算结果得正值说明力的实际指向与假设指向相同，一般在计算结果后面用箭头表示出力的实际方向。

2.2　平面汇交力系的平衡计算

平面汇交力系合成的结果是一个合力 F_R。当合力 F_R 等于零时，平面汇交力系中各力对物体的作用效果相互抵消，物体处于平衡状态；反之，当物体处于平衡状态时，物体受到的合力必然为零。所以，平面汇交力系平衡的充分必要条件是该力系的合力 F_R 等于零，那么，合力在 x、y 轴上的投影也必然为零。根据合力投影定理就可得到平面汇交力系的平衡方程为

$$\begin{cases} \sum X = 0 \\ \sum Y = 0 \end{cases} \tag{2-8}$$

即平面汇交力系平衡的充分必要的解析条件是力系中各力在两个直角坐标轴上投影的代数和分别等于零。平面汇交力系只有两个独立的平衡方程，利用这两个方程可以求解两个未知量。

例 2-5　如图 2-15(a)所示，A、B 和 C 为铰链连接。已知 $AC=CD$；斜杆 BC 与横梁 AD 的夹角为 $45°$；荷载 $F=10$ kN，作用于 D 处。不计各杆的自重，试求固定铰支座 A 的约束反力和斜杆 BC 所受的力。

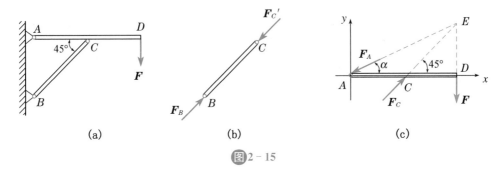

图2-15

解　（1）选择横梁 AD 为研究对象。

（2）画受力图

横梁 AD 的受力如图 2-15(c)所示。BC 杆为二力杆，它对横梁 C 处的约束反力 F_C 必然沿两铰链中心 B、C 的连线，横梁 AD 受到主动力 F 和斜杆 BC 的约束反力 F_C 以及固定铰支座 A 的约束反力 F_A 的作用，依据三力平衡汇交定理可知：固定铰支座 A 的约束反力 F_A 的作用线必通过 F_C 和 F 的作用线的交点 E。

由三角形的相关知识可知

$$\sin\alpha = \frac{1}{\sqrt{5}} = 0.447, \cos\alpha = \frac{2}{\sqrt{5}} = 0.894$$

（3）列平衡方程，求解未知量

$$\sum X = 0, -\boldsymbol{F}_A \cos\alpha + \boldsymbol{F}_C \cos 45° = 0$$

$$\sum Y = 0, -\boldsymbol{F}_A \sin\alpha + \boldsymbol{F}_C \sin 45° - \boldsymbol{F} = 0$$

方程联立解得

$$\boldsymbol{F}_A = 22.37 \text{ kN}, \boldsymbol{F}_C = 28.29 \text{ kN};$$

$\boldsymbol{F}_A$ 的指向与假定的指向相同，$\boldsymbol{F}_C$ 的指向与假定的指向相同。

2.3 平面一般力系的平衡计算

1. 平面一般力系平衡方程的基本形式

平面一般力系向其作用面内任一点 O 简化后，如果得到的主矢 F_R' 和主矩 M_O 不同时等于零，原力系将最后合成为一个力或一个力偶，则力系是不平衡的。因此，要使平面一般力系平衡，则必须使 $F_R'=0, M_O=0$；反之，如果两者都等于零，则说明原力系是平衡的。因为主矢等于零，表明作用于简化中心的平面汇交力系平衡；主矩等于零，表明附加平面力偶系平衡；两者都为零，则原力系平衡。因此，平面一般力系平衡的充分必要的解析条件为：力系中所有各力在两个坐标轴上的投影的代数和分别等于零，同时力系中所有各力对力系作用面内任一点的力矩的代数和也等于零。用公式表示为

$$\begin{cases} \sum X = 0 \\ \sum Y = 0 \\ \sum M_O(F) = 0 \end{cases} \quad (2-9)$$

式(2-9)称为平面一般力系的平衡方程，其中前两个称为投影形式的平衡方程，后一个称为力矩形式的平衡方程。当物体在力系作用下满足平衡方程时，物体既不能沿 x 轴、y 轴方向产生移动也不能绕任一点转动，这就保证了物体处于平衡状态。当物体处于平衡状态时，可应用这三个平衡方程求解力系中的三个未知量。

显然，对于一个在平面一般力系作用下处于平衡状态的物体而言，可以列出无数个平衡方程，但是独立的平衡方程只有三个，利用其静力学平衡条件最多只能求解出三个未知量。

2. 平面一般力系平衡方程的其他形式

平面一般力系的平衡方程除了式(2-9)所示的基本形式外，还有二力矩形式(简称二矩式)、三力矩形式(简称三矩式)。

(1) 二力矩形式

$$\begin{cases} \sum X = 0 \\ \sum M_A(F) = 0 \\ \sum M_B(F) = 0 \end{cases} \quad (2-10)$$

式中，A、B 两矩心的连线不能与投影轴 x 垂直。

（2）三力矩形式

$$\begin{cases} \sum M_A(F) = 0 \\ \sum M_B(F) = 0 \\ \sum M_C(F) = 0 \end{cases} \qquad (2-11)$$

式中，A、B、C 三个矩心不能在同一条直线上。

➤**特别提示**：平面一般力系的平衡方程虽有三种形式，但不论采用哪种形式，都只能写出三个独立的平衡方程，因为当力系满足这三种形式的任意一种形式的三个平衡方程时，力系必定平衡，任何第四个平衡方程都是力系平衡的必然结果，不再是独立的。因此，应用三个平衡方程只能求解三个未知量。

在实际解题时，所选的平衡方程形式应尽可能使计算简便，最好使平衡方程中只包含一个未知量，这样就避免求解联立方程。

3. 平面一般力系的平衡方程的应用

平面力系平衡计算

例 2‑6　在悬臂梁（即一端是固定端支座，另一端自由）AB 上作用有线均布荷载，如图 2‑16（a）所示，设梁长 $l=4$ m，$q=3$ kN/m，梁自重忽略不计，试求固定端支座 A 处的支座反力。

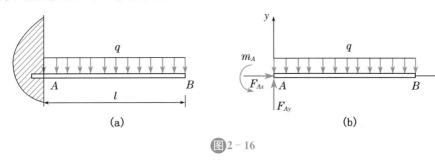

图 2‑16

解　（1）选取 AB 梁为研究对象。

（2）画受力图。梁所受的力有主动力（均布荷载 q）和约束反力（F_{Ax}、F_{Ay}、m_A），如图 2‑16（b）所示，图中未知力和未知力偶的箭头指向均为假设。

（3）建立图 2‑16（b）所示的坐标系，列平衡方程计算未知量。

$$\sum X = 0, F_{Ax} = 0$$

$\sum Y = 0, -ql + F_{Ay} = 0$　解得 $F_{Ay} = ql = 3 \times 4 = 12$ kN（↑）

$\sum M_A = 0, m_A - ql \cdot l/2 = 0$　解得 $m_A = ql \cdot l/2 = 3 \times 4 \times 2 = 24$ kN·m（↺）

（4）校核。力系既然平衡，则力系中各力在任一轴上的投影的代数和必然等于零，力系中各力对于任意一点的力矩代数和也必然等于零，因此，可以列出没有用过的其他平衡方程对计算结果进行检验。

$\sum M_B = ql \cdot l/2 + m_A - F_{Ay} \cdot l = 3 \times 4 \times 2 + 24 - 12 \times 4 = 0$，说明计算结果无误。

例 $2-7$ 如图 $2-17(a)$ 所示梁 AC 在 C 处受集中力 F 作用,已知 $F=10$ kN,梁的自重忽略不计,试求 A、B 处的支座反力。

计算悬臂梁
支座反力

计算简支梁
的支座反力

解   (1) 选取梁 AC 为研究对象,并画出梁 AC 的受力图如图 $2-17(b)$ 所示。

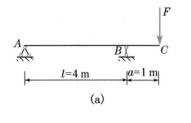
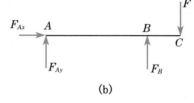
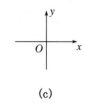

图 $2-17$

(2) 建立平面直角坐标系如图 $2-17(c)$ 所示。

(3) 依据平衡条件列出平衡方程并求解:

$$\sum M_A(F)=0,0+0+F_B \cdot l+[-F \cdot (l+a)]=0,\therefore F_B=12.5 \text{ kN}(\uparrow)$$

$$\sum M_B(F)=0,0+(-F_{Ay} \cdot l)+0+(-F \cdot a)=0,\therefore F_{Ay}=-2.5 \text{ kN}(\downarrow)$$

$$\sum X=0,F_{Ax}+0+0+0=0,\therefore F_{Ax}=0$$

(4) 校核: $\sum Y=F_{Ay}+F_B-F=-2.5+12.5-10=0$,说明计算无误。

例 $2-8$ 某房屋中的梁 AB 两端支承在墙内,构造及尺寸如图 $2-18(a)$ 所示。该梁简化为简支梁如图 $2-18(b)$ 所示,已知 $F=15$ kN,$m=18$ kN $\cdot$ m,梁自重不计,求墙壁对梁 AB 两端的约束反力。

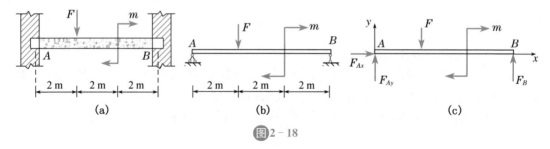

图 $2-18$

解   (1) 选取 AB 梁为研究对象。

(2) 画出受力图,如图 $2-18(c)$ 所示。

(3) 建立坐标系:x 轴以向右为正,y 轴以向上为正,如图 $2-18(c)$ 所示。

(4) 列平衡方程并求解。

由 $\sum M_A=0,6F_B-2F-m=0$ 解得

$$F_B=\frac{1}{6}(2F+m)=\frac{1}{6}\times(2\times15+18)=8 \text{ kN}(\uparrow)$$

由 $\sum M_B=0,-6F_{Ay}+4F-m=0$ 解得

$$F_{Ay}=\frac{1}{6}(4F-m)=\frac{1}{6}\times(4\times15-18)=7\ \text{kN}(\uparrow)$$

由 $\sum X=0$ 得 $F_{Ax}=0$

(5) 校核

$\sum Y=F_{Ay}+F_{B}-F=7+8-15=0$，说明计算无误。

例 2-9 外伸梁受荷载作用如图 2-19(a)所示。已知均布荷载集度 $q=20\ \text{kN/m}$，力偶矩 $m=25\ \text{kN}\cdot\text{m}$，梁自重忽略不计，试求支座 A、B 处的支座反力。

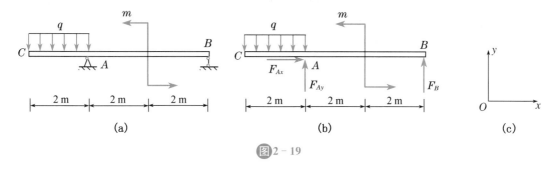

图 2-19

解 (1) 选取外伸梁 CB 为研究对象。

(2) 画出受力图，如图 2-19(b)所示。

(3) 建立坐标系：x 轴以向右为正，y 轴以向上为正，如图 2-19(c)所示。

(4) 列平衡方程并求解：

由 $\sum X=0$ 得 $F_{Ax}=0$

由 $\sum M_{B}=0,2q\times5+m-4F_{Ay}=0$ 解得

$$F_{Ay}=\frac{1}{4}(2q\times5+m)=\frac{1}{4}\times(2\times20\times5+25)=56.25\ \text{kN}(\uparrow)$$

由 $\sum M_{A}=0,4F_{B}+m+2q\times1=0$ 解得

$$F_{B}=-\frac{1}{4}(m+2q\times1)=-\frac{1}{4}\times(25+2\times20\times1)=-16.25\ \text{kN}(\downarrow)$$

(5) 校核

$\sum Y=F_{B}+F_{Ay}-2q=-16.25+56.25-2\times20=0$，说明计算无误。

例 2-10 外伸梁受荷载如图 2-20(a)所示，已知均布荷载集度 $q=2\ \text{kN/m}$，集中力 $F=20\ \text{kN}$，梁自重忽略不计，试求支座 A、B 处的反力。

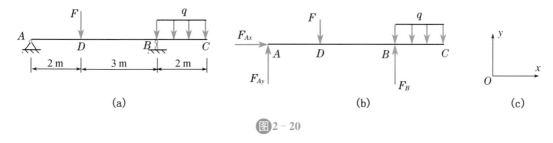

图 2-20

解 （1）选取梁 AC 为研究对象，并画出梁 AC 的受力图如图 2-20(b)所示。

（2）建立平面直角坐标系如图 2-20(c)所示。

（3）列平衡方程求解支座 A、B 处的支座反力：

$$\sum M_A(F) = 0, 0+0+(-F \cdot 2)+F_B \cdot 5+(-q \cdot 2 \times 6)=0, F_B = 12.8 \text{ kN}(\uparrow)$$

$$\sum M_B(F) = 0, 0+(-F_{Ay} \cdot 5)+F \cdot 3+0+(-q \cdot 2 \times 1)=0, F_{Ay} = 11.2 \text{ kN}(\uparrow)$$

$$\sum X = 0, F_{Ax}+0+0+0+0=0, F_{Ax}=0$$

例 2-11 图 2-21(a)所示为一钢筋混凝土刚架的计算简图，其左侧面受均布荷载作用，荷载集度为 $q=2 \text{ kN/m}$，各杆自重不计，试求 A、B 处的支座反力。

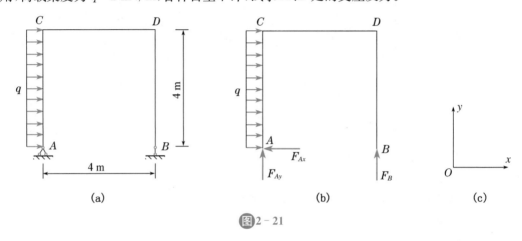

图 2-21

解 （1）选取刚架为研究对象，画出它的分离体图。

（2）刚架所受的主动力只有均布荷载，刚架所受的约束反力有支座反力 F_{Ax}、F_{Ay} 和 F_B，指向均为假设，受力图如图 2-21(b)所示。

（3）建立坐标系如图 2-21(c)所示。

（4）列平衡方程，求解未知量。

由 $\sum X = 0$，得 $4q-F_{Ax}=0$，解得

$$F_{Ax}=8 \text{ kN}(\leftarrow)$$

由 $\sum M_A(F) = 0$，得 $F_B \times 4-q \times 4 \times 2=0$，解得

$$F_B=4 \text{ kN}(\uparrow)$$

由 $\sum Y = 0$，得 $F_{Ay}+F_B=0$，解得

$$F_{Ay}=-4 \text{ kN}(\downarrow)$$

（5）校核

以 B 点为矩心，校核各个力对 B 点力矩的代数和是否为零。

$$\sum M_B(F) = -F_{Ay} \times 4-q \times 4 \times 2=0,$$ 说明计算结果无误。

例 2-12 如图 2-22 所示的管道搁置在三角支架上，已知 $F_1=10 \text{ kN}$，$F_2=15 \text{ kN}$，支架中各杆自重忽略不计，求铰 A、C 处的约束反力。

解 （1）取三角形支架 ABC 为研究对象。

（2）画出受力图如图 2-22(c)所示，显然集中力 F_1、F_2 以及约束反力 F_{Ax}、F_{Ay} 和 F_{CB} 组

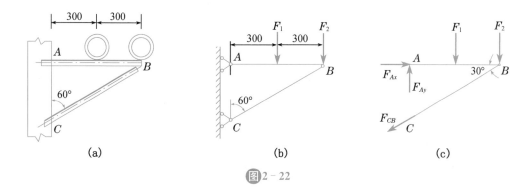

图2-22

成的力系属于平面一般力系。

（3）列平衡方程并求解：

由 $\sum M_A(F)=0$，得 $-F_1\times0.3-F_2\times0.6-F_{CB}\times\sin30°\times0.6=0$，解得

$$F_{CB}=-40\ \text{kN}$$

由 $\sum M_B(F)=0$，得 $F_1\times0.3-F_{Ay}\times0.6=0$，解得

$$F_{Ay}=5\ \text{kN}(\uparrow)$$

由 $\sum M_C(F)=0$，得 $-F_{Ax}\times\tan30°\times0.6-F_1\times0.3-F_2\times0.6=0$，解得

$$F_{Ax}=-34.6\ \text{kN}(\leftarrow)$$

（4）校核：$\sum Y=F_{Ay}-F_1-F_2-F_{CB}\sin30°=5-10-15-(-40\times0.5)=0$

说明计算无误。

4. 平面一般力系平衡问题的解题步骤及注意事项

通过上述各例题，我们可以总结出平面一般力系平衡问题的解题步骤及注意事项如下：

（1）选取研究对象。

根据题意，分清哪些是已知量，哪些是未知量，选取合适的研究对象。

（2）受力分析画受力图。

正确的受力图是解决问题的关键，对所选取的研究对象进行受力分析，在研究对象上画出它受到的所有主动力和约束反力。当约束反力的指向未定时，应该先假设其指向；不要遗漏作用在研究对象上的主动力。

（3）建立平面直角坐标系。

（4）列平衡方程，求解未知量。

选取哪种形式的平衡方程，完全取决于计算的方便与否，通常尽量使一个方程只包含一个未知量，这样可避免解联立方程，从而简化计算。解题时要根据未知力的具体情况，选用合适的平衡方程形式（投影方程或力矩方程），在选用投影方程时，应该选取与较多的未知力的作用线垂直的坐标轴为投影轴；在选用力矩方程时，应该选取两个未知力的交点为矩心。

（5）校核。

在求出所有未知量后，可利用没有用过的平衡方程对计算结果进行校核。

‖▶ 2.4 平面平行力系的平衡计算

平面平行力系是平面一般力系的特殊情况,因此,其平衡方程可由平面一般力系的平衡方程导出。

如图 2-23 所示,物体受由 n 个力组成的平面平行力系作用。若取 x 轴与各力垂直,y 轴与各力平行,则平衡方程 $\sum X = 0$ 都自然得到满足,不再具有判断平衡与否的功能。于是,由平面一般力系平衡方程的基本形式(2-7)可导出平面平行力系的平衡方程为:

$$\begin{cases} \sum Y = 0 \\ \sum M_O(F) = 0 \end{cases} \quad (2-12)$$

即力系中所有各力在 y 轴上投影的代数和等于零,力系中各力对其作用面内任一点的力矩的代数和也等于零。

同理,由平面一般力系平衡方程的二力矩形式可得到平面平行力系平衡方程的另一种形式为

$$\begin{cases} \sum M_A(F) = 0 \\ \sum M_B(F) = 0 \end{cases} \quad (2-13)$$

式中,A、B 两矩心的连线不能与力作用线平行。

由上述可知,平面平行力系只有两个独立的平衡方程,因而只能求解两个未知量。

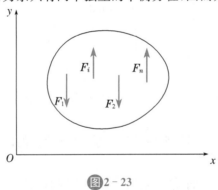

图 2-23

例 2-13 如图 2-24(a)所示简支梁 AB。梁上作用有两个集中力 F_1 和 F_2,其中 $F_1 = F_2 = 20$ kN,梁自重忽略不计,试求支座 A、B 处的支座反力。

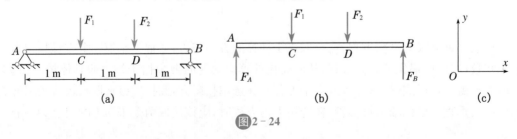

图 2-24

解 (1) 选取研究对象,画出受力图,如图 2-24(b)所示。

注:根据例2-6、例2-7的计算结果,我们可以总结出一个结论:当梁只承受竖向荷载作用时不产生水平的支座反力。因此,本例题中A支座处就可以只画出竖向支座反力,水平支座反力就不画了。

(2) 建立坐标系,列平衡方程:

由 $\sum M_A(F)=0$,$-F_1\times 1-F_2\times 2+F_B\times 3=0$,解得

$$F_B=20\text{ kN}(\uparrow)$$

由 $\sum Y=0$,$F_A+F_B-F_1-F_2=0$,解得

$$F_A=20\text{ kN}(\uparrow)$$

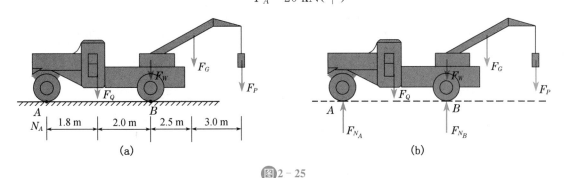

图2-25

例2-14　如图2-25(a)所示为一种车载式起重机,车重$F_Q=26\text{ kN}$,起重机伸臂重$F_G=4.5\text{ kN}$,起重机的旋转与固定部分共重$F_W=31\text{ kN}$,尺寸如图所示,单位是m,设伸臂在起重机对称面内,且放在图示位置,试求车子不致翻倒的最大起重量F_{Pmax}。

解　(1) 取汽车及起重机整体为研究对象,并画出其受力图如图2-25(b)所示。

(2) 列平衡方程

解:(1)选取汽车及起重机整体为研究对象,并画出其受力图如图2-25(b)所示。

(2)汽车及起重机整体受到的6个力组成的是平面平行力系,依据平面平行力系的平衡条件则有:

由 $\begin{cases}\sum Y=0,F_{N_A}+F_{N_B}-F_P-F_Q-F_G-F_W=0\\ \sum M_B(F)=0,-5.5F_P-2.5F_G+2F_Q-3.8F_{N_A}=0\end{cases}$　两式联立求解得

$$F_{N_A}=\frac{1}{3.8}(2F_Q-2.5F_G-5.5F_P),\quad F_{N_B}=\frac{1}{3.8}(1.8F_Q+6.3F_G+9.3F_P)+F_W$$

(3) 汽车不翻倒的条件是:$F_{N_A}\geqslant 0$,由此可得 $F_P\leqslant\dfrac{1}{5.5}(2F_Q-2.5F_G)=$

$$\frac{2\times 26-2.5\times 4.5}{5.5}=7.4\text{ kN}$$

故车子的最大起重量为$F_{Pmax}=7.4\text{ kN}$

拓展视域

物体系统的平衡问题

在实际工程中经常会遇到由几个物体通过一定的约束联系在一起组成的体系,在力学中把这种体系称为物体系统。例如,图 2-26(a)所示的组合梁就是由梁 AC 和梁 CD 通过铰 C 连接并支承在 A、B、D 处支座上而组成的一个物体系统。所谓物体系统的平衡,就是指系统整体及组成系统的每一物体都处于平衡状态。

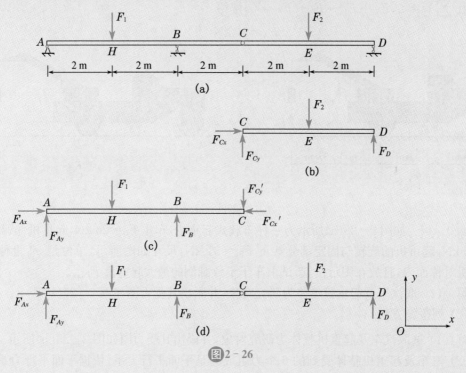

图 2-26

研究物体系统的平衡问题,不仅要求解支座反力,而且还需要计算系统内各物体之间的相互作用力。为研究方便,把物体系统以外的物体作用在此物体系统上的力叫作外力,把物体系统内各物体之间的相互作用力叫作内力。

例如,前述的组合梁上所受的荷载以及 A、B、D 处的支座反力就是外力,如图 2-26(d)所示。

而在铰 C 处左右两根梁相互之间的作用力就是组合梁的内力。要暴露内力,必须将物体系统拆开,将各物体在它们相互联系的地方拆开,分别画出单个物体的受力图,如图 2-26(b)、(c)所示。

注意:外力和内力的概念是相对的,取决于所选取的研究对象。例如,图 2-26 组合梁中左右两根梁在铰 C 处相互之间的作用力,对组合梁整体来说,就是内力,而对 AC 梁或 CD 梁来说就成为外力了。

解决物体系统平衡问题的关键在于恰当地选取研究对象。一般有两种选取的方法:一种是先取整个物体系统为研究对象,求得某些未知量,再取系统中的某个物体或某些物体的组合体为研究对象,求出其他未知量;另一种是先取物体系统中的某个物体或某些物体的组合体为研究对象,再取物体系统中的其他部分或整体为研究对象,分别列出相应的平衡方程,逐步求出所有的未知量。

具体采用哪种方法求解物体系统的平衡问题,应根据具体情况恰当地选取研究对象,在列投影方程时,应选取与多个未知力垂直的轴为投影轴;在列力矩方程时,矩心应选在多个未知力的汇交点;尽量使每一个方程中只包含一个未知量,避免解联立方程,以便快速解出所求未知量。

一般来说,系统由 n 个物体组成,而每个物体又都是受平面一般力系作用,则总共可列出 $3n$ 个独立的平衡方程,从而可以求解 $3n$ 个未知量。如果系统中的物体受的是平面汇交力系、平面力偶系或平面平行力系作用,则独立的平衡方程的个数将相应减少,而所能求得未知量的个数也相应减少。

下面通过例题说明求解物体系统平衡问题的方法和过程。

例 2-15　已知多跨静定梁所受荷载如图 2-26(a)所示,已知 $F_1=20$ kN,$F_2=15$ kN,梁自重忽略不计,试求支座 A、B、D 及铰 C 处的约束反力。

解　(1) 取 CD 梁为研究对象,画出其受力图如图 2-26(b)所示,则

由 $\sum M_C=0$,得 $-2F_2+4F_D=0$ 解得

$$F_D=\frac{1}{2}F_2=\frac{1}{2}\times15=7.5\text{ kN}(\uparrow)$$

由 $\sum X=0$,解得

$$F_{CX}=0$$

由 $\sum Y=0$,得 $F_{Cy}+F_D-F_2=0$ 解得

$$F_{Cy}=F_2-F_D=15-7.5=7.5\text{ kN}$$

(2) 取 AC 为研究对象,画出其受力图如图 2-26(c)所示,注意铰 C 处作用与反作用的关系,则

由 $\sum M_A=0$,$-2F_1-6F'_{Cy}+4F_B=0$ 解得

$$F_B=\frac{1}{4}(2F_1+6F'_{Cy})=\frac{1}{4}\times(2\times20+6\times7.5)=21.25\text{ kN}(\uparrow)$$

由 $\sum X=0$,得 $F_{Ar}-F'_{Cx}=0$ 解得

$$F_{Ar}=0$$

由 $\sum Y=0$,得 $F_{Ay}+F_B-F_1-F'_{Cy}=0$ 解得

$$F_{Ay}=F_1+F'_{Cy}-F_B=20+7.5-21.25=6.25\text{ kN}(\uparrow)$$

(3) 校核:取整体为研究对象,画出受力图,如图 2-26(d)所示。

$$\sum Y=F_{Ay}+F_B+F_D-F_1-F_2=6.25+21.25+7.5-20-15=0$$

校核结果说明计算无误。

例 2-16　图 2-27(a)所示为一钢筋混凝土三铰刚架,已知 $F=24$ kN,$q=16$ kN/m,各杆自重均忽略不计,试求支座 A、B 及铰 C 处的约束反力。

解　(1) 取整体为研究对象,画出其受力图,如图 2-27(b)所示。

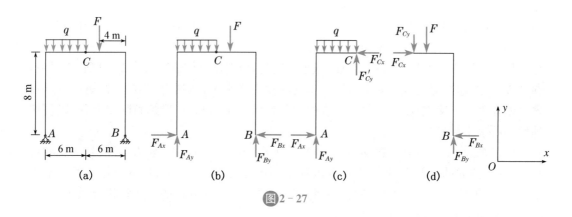

图 2-27

由 $\sum M_A = 0$，得 $-q \times 6 \times 3 - F \times 8 + F_{By} \times 12 = 0$ 解得

$$F_{By} = \frac{1}{12}(18q + 8F) = \frac{1}{12} \times (18 \times 16 + 8 \times 24) = 40 \text{ kN}(\uparrow)$$

由 $\sum M_B = 0$，得 $q \times 6 \times 9 + F \times 4 - F_{Ay} \times 12 = 0$ 解得

$$F_{Ay} = \frac{1}{12}(54q + 4F) = \frac{1}{12}(54 \times 16 + 4 \times 24) = 80 \text{ kN}(\uparrow)$$

由 $\sum X = 0$，得 $F_{Ax} - F_{Bx} = 0$ 解得

$$F_{Ax} = F_{Bx}$$

（2）取右折杆为研究对象，画出其受力图，如图 2-27(d)所示。

由 $\sum M_C = 0$，得 $-2F + 6F_{By} - 8F_{Bx} = 0$ 解得

$$F_{Bx} = \frac{1}{8}(6F_{By} - 2F) = \frac{1}{8} \times (6 \times 40 - 2 \times 24) = 24 \text{ kN}(\leftarrow)$$

所以 $F_{Ax} = 24 \text{ kN}(\rightarrow)$

由 $\sum Y = 0$，得 $F_{By} + F_{Cy} - F = 0$ 解得

$$F_{Cy} = F - F_{By} = 24 - 40 = -16 \text{ kN}$$

由 $\sum X = 0$，得 $F_{Cx} - F_{Bx} = 0$ 解得

$$F_{Cx} = 24 \text{ kN}$$

（3）校核：取左折杆为研究对象，画出其受力图，如图 2-27(c)所示。

$$\sum X = F_{Ax} - F'_{Cx} = 24 - 24 = 0$$

$$\sum Y = F_{Ay} - 6q + F'_{Cy} = 80 - 6 \times 16 + 16 = 0$$

取整体为研究对象，$\sum Y = F_{Ay} + F_{By} - F - 6q = 80 + 40 - 24 - 6 \times 16 = 0$

校核结果说明计算无误。

通过以上各例分析，可归纳出求解物体系平衡问题的步骤及注意事项如下：

（1）分析题意，选取适当的研究对象。物体系整体平衡时，其每个局部也必然平衡。因此，研究对象可取整体，也可以取其中某几个物体的组合体或单个物体。选取的原则是尽量做到一个平衡方程只含一个未知量，尽可能避免解联立方程。

（2）画出研究对象的受力图。在受力分析中注意区分内力与外力,受力图上只画外力,不画内力,两物体间的相互作用力要符合作用与反作用公理。

（3）对所选取的研究对象,列出平衡方程并求解。最好使一个方程只包含一个未知量,方便求解。

（4）校核:用没有使用过的平衡方程校核计算结果。

课后思考与讨论

1. 如图 2-28 所示,若选取的坐标系其 y 轴不与各力平行,则平面平行力系的平衡方程是否可写出 $\sum X = 0, \sum Y = 0, \sum M_O(F) = 0$ 三个独立的平衡方程?为什么?

2. 设一平面一般力系中有 4 个未知量,而平衡方程只有 3 个,能否在平面中再选择一坐标系或一矩心,列出投影方程或力矩方程,用这 4 个平衡方程将 4 个未知量全部求解出来?

3. 力偶不能用一个力平衡,如何解释图 2-29 所示轮子在力 F_G 和力偶矩为 m 的力偶共同作用下处于平衡呢?

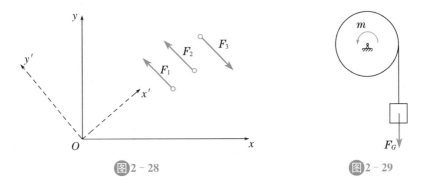

图 2-28　　　　　　图 2-29

4. 若 x 轴与 y 轴不垂直,平衡方程 $\sum X = 0, \sum Y = 0$ 能否仍然作为平面汇交力系的平衡条件?

5. 能否用两个力矩方程 $\sum M_A(F) = 0, \sum M_B(F) = 0$ 求解平面汇交力系的平衡问题? 此时 A、B 与汇交点 O 之间有什么限制条件? 能否用 $\sum X = 0$ 与 $\sum M_A = 0$ 求解平面汇交力系的平衡问题? 有什么限制条件?

6. 如图 2-30 所示的简支梁,能否用最简便的方法确定支座 A、B 处约束反力的大小和方向(图中力的单位是 N,长度的单位是 cm)。

7. 你从哪些方面去理解平面一般力系只有三个独立的平衡方程? 为什么说任何第四个方程都是不独立的?

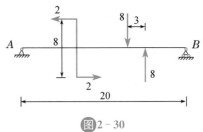

图 2-30

8. 如图 2-31 所示,梁由三根链杆支承,计算其约束反力时,应用平衡方程 $\sum M_A = 0, \sum M_B = 0, \sum M_C = 0$ 或 $\sum M_A = 0, \sum M_B = 0,$

$\sum Y = 0$ 能否求出?为什么?

9. 如图 2-32 所示简支梁,受斜向集中力作用,在求其支座反力时,若用三力平衡汇交定理,未知力只有两个,用平面一般力系平衡方程求解时,未知力就有三个,为什么?

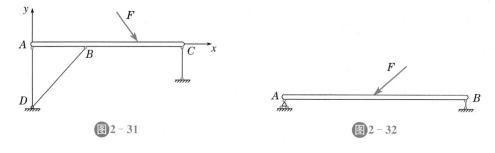

图2-31   图2-32

▶ 项目小结 ◀

本项目主要介绍了平面力系的简化及合成、平面力系的平衡条件及其应用。

1. 力的平移定理

作用于刚体上的力,可以平行移动到刚体内任意一点,但必须同时附加一个力偶,此附加力偶的力偶矩等于原力对新作用点的矩。

根据力的平移定理,可以将一个力分解为一个力和一个力偶;反之,也可以将同一平面内的一个力和一个力偶合成为一个合力,合成过程可以表示为:

力⇔力+力偶

力的平移定理是力系向一点简化的理论依据,也是分析力对刚体作用效应的一个重要方法。

2. 平面力系的简化与合成

(1) 平面力偶系合成结果是一个合力偶。

(2) 平面汇交力系合成结果是一个合力 F_R。

(3) 平面平行力系的合成过程是先简化再合成,其简化结果是一个主矢和一个主矩,其合成结果有三种可能,分别是:一个合力、一个合力偶、零。

(4) 平面一般力系的合成过程是先简化再合成,其简化结果是一个主矢和一个主矩,其合成结果有三种可能,分别是:一个合力、一个合力偶、零。

3. 平面力系的平衡条件及其平衡方程

(1) 平面力偶系的平衡条件是其合力偶矩等于零,即平面力偶系中所有各力偶矩的代数和等于零。

(2) 平面汇交力系平衡的充分必要的解析条件是力系中各力在两个直角坐标轴上投影的代数和分别等于零。

(3) 平面一般力系的平衡的充分必要的解析条件为:力系中所有各力在两个坐标轴上的投影的代数和分别等于零,同时力系中所有各力对力系作用面内任一点的力矩的代数和也等于零。

平面一般力系的平衡方程有三种形式,它们分别是:基本形式(一矩式)、二矩式、三矩式。

(4) 平面平行力系的平衡的充分必要的解析条件为:力系中所有各力的代数和等于零,

力系中各力对任一点的力矩的代数和也等于零。

4. 物体系统平衡

物体系统平衡时,物体系统中每个物件都平衡。由 n 个物体组成的物体系统,最多可列出 $3n$ 个独立的平衡方程,最多可以求解 $3n$ 个未知量。如果系统中的部分物体受的是平面汇交力系、平面力偶系或平面平行力系作用,则独立的平衡方程的个数将相应减少,而所能求得未知量的个数也相应减少。

▶ 项目考核 ◀

一、判断题

1. 一个力可以和一个力系等效。　　　　　　　　　　　　　　　　　　　　(　　)

2. 一个平面汇交力系最多可以列出 3 个独立的平衡方程。　　　　　　　　(　　)

3. 若一个物体系统处于平衡状态,则系统中的每个物体也都处于平衡状态。　(　　)

二、填空题

1. 平面一般力系独立的平衡方程有＿＿＿＿个,有＿＿＿＿种形式。

2. 写出平衡方程的含义:$\sum M_O(F) = 0$ 表示＿＿＿＿＿＿＿＿＿＿＿＿＿＿＿＿;
$\sum Y = 0$ 表示＿＿＿＿＿＿＿＿＿＿＿;$\sum X = 0$ 表示＿＿＿＿＿＿＿＿＿＿＿。

三、选择题

1. 平面一般力系平衡的必要和充分条件是　　　　　　　　　　　　　　　　(　　)

    A. $F'_R = 0, M_O = 0$　　　　　　　　B. $F'_R \neq 0, M_O = 0$

    C. $F'_R = 0, M_O \neq 0$　　　　　　　　D. $F'_R \neq 0, M_O \neq 0$

2. 对于一个平面一般力系,利用其平衡条件最多可求解的未知量个数为　　(　　)

    A. 1 个　　　　B. 2 个　　　　C. 3 个　　　　D. 4 个

四、简答题

1. 设一平面一般力系向某一点简化得到一合力,如另选适当的点为简化中心,问力系能否简化为一力偶? 为什么?

2. 简述求解平面力系平衡问题的一般步骤。

五、计算题

1. 如图 2-33 所示,四个力作用于 O 点,设 $F_1 = 50$ N,$F_2 = 40$ N,$F_3 = 80$ N,$F_4 = 100$ N。试求其合力。

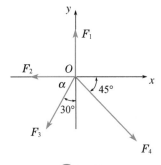

图 2-33

2. 求图 2-34 所示各梁的支座反力,梁的自重均忽略不计。

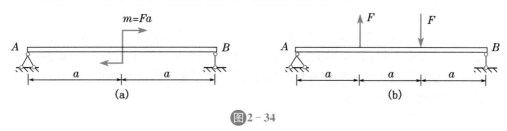

图 2-34

3. 求图 2-35 所示各梁的支座反力,梁的自重均忽略不计。

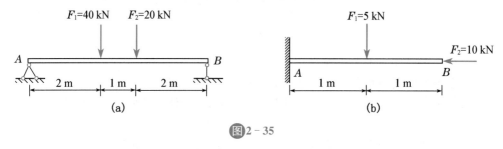

图 2-35

4. 某多跨静定梁如图 2-36 所示,已知 $F=20$ kN,$q=10$ kN/m,梁自重忽略不计,试求支座 A、E、C 三处的支座反力。

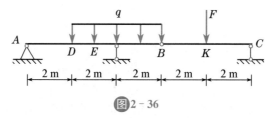

图 2-36

5. 求图 2-37 所示刚架的支座反力,各杆自重均忽略不计。

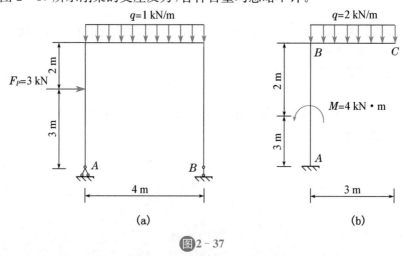

图 2-37

6. 一物体重 $F_G=20$ kN,用不可伸长的柔索 AB 和 BC 悬挂于如图 2-38 所示的平衡位置,设柔索的重量不计,AB 与铅垂线的夹角 $\alpha=30°$,BC 水平。求柔索 AB 和 BC 的拉力。

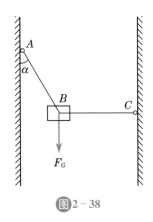

图 2 – 38

六、连线题

1. 把下列平面力系的平衡方程与其对应的平面力系类型连线。

A. $\sum M = 0$ a. 平面一般力系

B. $\begin{cases} \sum X = 0 \\ \sum Y = 0 \end{cases}$ b. 平面汇交力系

C. $\begin{cases} \sum X = 0 \\ \sum Y = 0 \\ \sum M_A(F) = 0 \end{cases}$ c. 平面力偶系

2. 把下列平面任意力系的简化结果与其对应的合成结果连线。

A. 主矢 $F'_R = 0$, 主矩 $M_0 = 0$ a. 一个通过简化中心的合力

B. 主矢 $F'_R = 0$, 主矩 $M_0 \neq 0$ b. 一个不通过简化中心的合力

C. 主矢 $F'_R \neq 0$, 主矩 $M_0 = 0$ c. 一个合力偶

D. 主矢 $F'_R \neq 0$, 主矩 $M_0 \neq 0$ d. 零

|项目三|
杆件内部效应研究的基础

◆ 本项目知识点

- 变形固体及其基本假设
- 杆件变形形式
- 构件的承载能力
- 内力、应力、应变的概念
- 截面法
- 平面图形的形心与静矩
- 平面图形的惯性矩

◆ 本项目学习目标

- ★ 熟悉变形固体的基本假设
- ★ 了解杆件变形的基本形式
- ★ 深刻理解内力、应力、应变等重要概念
- ★ 深刻理解强度、刚度、稳定性等重要概念
- ★ 理解构件的承载能力
- ★ 掌握截面法
- ★ 掌握平面图形的静矩、惯性矩等的计算

◆ 本项目能力目标

- ▲ 能够正确识别杆件的变形形式
- ▲ 能够准确确定组合图形的形心位置
- ▲ 能够正确计算平面图形的惯性矩

⬤⬤⬤▶ 项目导语

　　建筑物、机器等都是由许多零部件组成的,例如建筑物的组成部件主要有基础、梁、板、柱、屋架、承重墙等,机器的组成部件有齿轮、传动轴等。这些部件统称为构件,由构件组合而成的系统可以完成较复杂的荷载传递,这些统称为结构。为了使建筑物能够正常工作,必须对组成建筑物的构件和结构进行设计计算,使之满足承载能力的要求。在对结构或构件进行承载能力设计计算的过程中,必须对杆件承受外部作用后所产生的内部效应进行研究,本项目将为大家介绍研究杆件内部效应所必备的一些基础知识,主要内容有:变形固体的基本假设,杆件变形的基本形式,内力、应力、应变、强度、刚度、稳定性和构件的承载能力等重

要概念，截面法，平面图形的几何性质等。

▶ **任务1　认知杆件变形的形式** ◀

案例引入

如图 3-1 所示，梁 AB 搁在砖墙上，受到已知荷载 F_1、F_2 作用，你知道梁 AB 会发生什么样的变形吗？

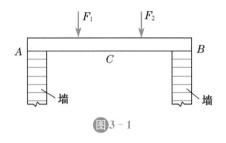

图 3-1

梁 AB 搁在砖墙上，受到已知荷载 F_1、F_2 作用，在这两个力的作用下，梁 AB 有向下坠落的趋势，但由于墙的支承作用，墙对梁产生支承力使梁没有落下，梁 AB 在这些横向力共同作用下将发生弯曲变形。

1.1　变形固体及其基本假设

1. 变形固体

在静力学中，我们把研究的对象都看作是刚体，假设物体在力的作用下，其内部任意两点之间的距离始终保持不变，即物体的大小和形状都不发生变化。实际上，在自然界中刚体是不存在的，它是一个理想的力学模型。如钢、木材、混凝土、陶瓷等，它们在外力作用下都会或多或少地产生变形（物体尺寸和形状的改变），有些材料的变形可直接观察到，有些材料的变形虽然看不出来但是可通过仪器测出。这些由固体材料制作而成的物体统称为变形固体。材料力学研究的就是这些工程上所用的变形固体在外力作用下的变形和破坏规律及其承载能力计算。

2. 变形固体的基本假设

当要研究杆件在外力作用下的变形和破坏规律时，不能再把它视为刚体，而应当视为变形固体。变形固体是多种多样的，其组成和性质也各不相同，为了便于进行力学研究和计算，常略去次要性质，保留主要性质，对变形固体材料做了如下几条基本假设：

变形固体的
基本假设

（1）连续性假设　假设变形固体在其整个体积内连续不断地充满了物质，无任何空隙，其结构是密实的。实际上，变形固体是由很多微粒或晶体组成的，而微粒或晶体之间是存在空隙的,由于这些空隙与构件尺寸相比是极其微小的,在研究构件受力和变形时都可以忽略不计。因而认为固体的结构是密实的。

(2) 均匀性假设　假设材料各个部分的力学性能完全相同,即认为从变形固体内任意一点处取出的体积单元,其力学性能都能够代表整个物体的力学性能。

实际上,组成变形固体材料的各微粒或晶体彼此的性质并不完全相同,但是大多数材料在力学性质上的差异是极其微小的,在研究构件受力和变形时都可以忽略不计。因而认为变形固体的力学性能是均匀的。

(3) 各向同性假设　假设固体材料沿各个方向的力学性能都是完全相同的。

实际上,组成固体的各个微粒或晶体在不同方向上有着不同的性质。但由于构件所包含的微粒或晶体数量极多,且排列也没有规律,所以变形固体的性质就是这些微粒或晶体性质的平均值。这样,就可以把构件看成是各向同性的。建筑工程中使用的材料,如钢材、混凝土等,都可以认为是各向同性的材料。根据这个假设,当得到材料在任何一个方向的力学性能后,就可将其结果用于其他方向。

在工程实际中,也有一些材料,如木材、合成纤维材料等,其各方向的力学性能是不同的,而且差异很大,我们把这一类材料称为各向异性材料。对于各向异性材料制成的构件,在设计时必须考虑材料在各个不同方向的不同力学性能。

(4) 小变形假设　假设变形固体在承受荷载作用时,其变形远远小于其自身尺寸。

在研究构件的平衡和运动以及内部受力和变形等问题时,如果需要使用其外形尺寸,就可以忽略变形量的影响,按构件的原始尺寸和形状进行计算。

实践结果表明,在工程计算所要求的精确度范围内,采用以上假设大大地方便了理论的研究和计算方法的推导。

变形固体是理想化的力学模型,变形固体的几个基本假设是材料力学研究的基础。本书所研究的主要对象是均匀连续的、各向同性的、弹性小变形的固体,主要是等直杆。

▶ 1.2　杆件变形形式简介

1.2.1　杆件的概念及其分类

1. 杆件的概念

从几何角度来看,变形固体可以分为杆件、板壳、块体等,材料力学的主要研究对象是杆件,所谓**杆件**是指其纵向(长度方向)尺寸远大于横向(垂直于长度方向)尺寸的变形固体。建筑工程中的梁都可以看作是一个杆件,其长度 l 远大于横截面的高度 h 和宽度 b。在实际结构中,许多受力构件如桥梁、汽车传动轴、房屋建筑的梁和柱等都属于杆件。

描述杆件通常需要借助于两个主要的几何因素,即**横截面**和**轴线**。杆件的长度方向称为纵向,垂直于长度的方向称为横向;垂直于杆件长度方向的截面称为横截面,所有横截面形心的连线称为轴线,杆件轴线与杆件横截面相互垂直,如图 3-2 所示。

2. 杆件的分类

根据杆件的轴线形状通常把杆件分成直杆、曲杆和折杆。若杆件轴线为直线,则为直杆,如图3-2(a)所示;若杆件轴线为曲线,则为曲杆,如图3-2(b)所示;若杆件的轴线为折线,则为折杆,如图3-2(c)所示。

根据杆件的横截面情况通常把杆件分为等截面杆和变截面杆两种,横截面的形状和尺寸沿轴线不发生变化的杆称为等截面杆;否则称为变截面杆。本书主要讨论的是等截面的直杆(简称等直杆)。

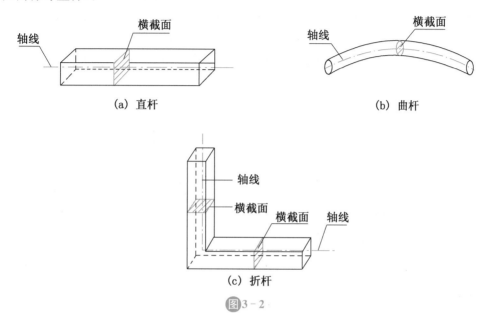

（a）直杆　　　　　　　　（b）曲杆

（c）折杆

图3-2

1.2.2　杆件变形的形式

在工程结构中,外力总是以不同的方式作用在杆件上,杆件在这些外力的作用下将产生变形。由于外力作用的位置、方向的不同,导致杆件产生的变形情况也是多种多样的,但是,归纳起来看杆件的变形形式不外乎是以下四种基本变形形式中的一种,或者是它们四种基本形式中某几个基本变形的组合。

1. 杆件变形的四种基本形式

（1）轴向拉伸或轴向压缩　当杆件受到沿轴线方向的外力作用时,杆件将产生轴向伸长或缩短,这种变形称为轴向拉伸或轴向压缩变形,如图3-3所示。

（2）剪切　当杆件受到一对相距很近、大小相等、方向相反、作用线垂直于杆件轴线的外力作用时,杆件横截面将沿着外力作用方向发生相对错动,这种变形称为剪切变形,如图3-4所示。

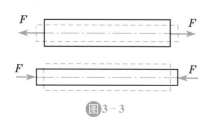

图3-3

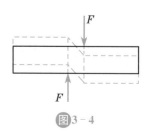

图3-4

（3）扭转　在一对大小相等、转向相反、作用面垂直于杆件轴线的外力偶作用下，杆件的相邻横截面将绕轴线发生相对转动，杆件表面的纵向线将变成螺旋线，而轴线仍为直线，这种变形称为扭转，如图3-5所示。工程中习惯上将以扭转变形为主的构件称为轴，其中以圆轴的应用最广，例如钻机的钻杆、皮带轮的传动轴等。

（4）平面弯曲　在横向外力或一对力偶矩大小相等、转向相反、作用面在杆件纵向平面内的外力偶作下，杆件的相邻横截面将绕垂直于杆轴线的轴发生相对转动，杆轴线将由直线变成曲线，这种变形称为平面弯曲，如图3-6所示。弯曲变形是日常生活和工程实际中常见的一种变形形式，习惯上把以弯曲变形为主要变形的构件称为受弯构件，梁是工程中最常见的受弯构件。

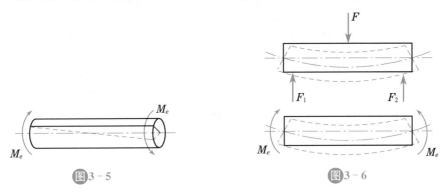

图3-5　　　　　　　　　图3-6

拓展视域

常见的杆件变形的组合变形形式

在实际工程中，许多杆件的受力情况都比较复杂，杆件发生的变形往往并不只是某一种基本变形。在复杂的荷载作用下，杆件发生的变形会同时包含几种基本形式的变形，当几种变形所对应的应力属同一量级时，不能忽略，我们通常把杆件发生的这类由两种或两种以上的基本变形组合而成的变形称为组合变形。

工程中常见的组合变形有斜弯曲、偏心压缩（拉伸）、弯扭组合、拉（压）弯组合等。

图3-7（a）所示的烟囱，其自重引起轴向压缩变形，风荷载引起弯曲变形；图3-7（b）所示的柱子，偏心力引起其发生轴向压缩和平面弯曲的组合变形；图3-7（c）所示传动轴发生弯曲与扭转的组合变形；图3-7（d）所示梁发生由两个平面弯曲组合而成的斜弯曲变形。

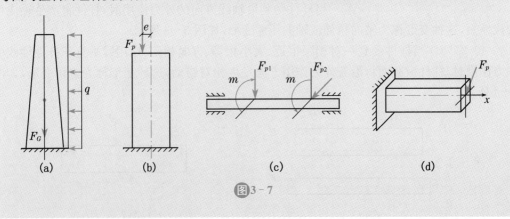

（a）　　　　　（b）　　　　　（c）　　　　　（d）

图3-7

> **特别提示:** 杆件发生的组合变形形式是杆件发生的基本变形形式的叠加,解决组合变形问题的基本方法是叠加法。实践证明,只要杆件符合小变形条件,由材料在弹性范围内工作,用叠加法计算所得的结果与实际情况基本上是符合的。

◁◉◉◉▷ 课后思考与讨论

1. 同学们想一想,木板和钢板在受到外力作用后,其力学性能分析是否可以按变形固体的四个基本假设进行? 为什么?

2. 举例说明建筑工程中哪些杆件发生的是组合变形?

3. 同学们可以联系一下生活实践和工程实际,想一想发生在我们周围的四种基本变形的实例。

▶ 任务2　认知构件的承载能力 ◀

◁◉◉◉▷ 案例引入

用手拉橡皮条,越用力,橡皮条被拉伸得越长,逐渐增大手的拉力,达到一定程度后,橡皮条被拉断,这一现象对大家来说并不陌生,但大家能不能用力学知识来解释这一现象呢?

用手拉橡皮条,橡皮条的形状和尺寸都将发生变化,橡皮条内部各质点之间的相对位置随之改变,从而使橡皮条内部各质点之间产生附加的相互作用力,这种附加的相互作用力称为内力。随着拉力的逐渐增大,橡皮条产生的内力也将逐渐增大,直至内力增大到一定的程度(即超过了橡皮条的强度),橡皮条被拉断。

▮▶ 2.1　构件的承载能力分析

1. 构件的承载能力

在实际工程中,任何结构物或机器都是由一些零部件组成的,而且这些零部件都承受了一定的荷载的作用,例如:房屋中的梁承受楼板传来的重量;厂房外墙受到风荷载的作用,吊车梁受到吊车起吊物的重力等。我们将这些组成机器或结构物的零部件统称为构件。在静力学中我们是通过力的平衡关系来解决了构件的外力计算问题,然而,在外力作用下如何保证构件正常工作这一关键问题还有待于进一步的解决。

当结构或机械承受荷载或传递运动时,每一构件都必须能够正常地工作,才能保证整个结构或机械的正常工作。因此,为确保构件在规定的工作条件和使用寿命期间能正常工作,构件必须具备一定的承载能力。

构件的承载能力是指在某种工作状况下,既定截面尺寸、材料强度、跨度或计算长度的构件所能够承受的荷载效应的能力。

例如有一根梁的既定工作状况是:截面尺寸 $b×h$,跨度 L,水平搁置,两端简支,承受均布的竖向荷载,材料强度计算值为 f。荷载在梁中产生的效应有弯矩和剪力,跨中截面弯矩最大,是弯矩效应的最不利截面;梁的两端支座处截面剪力最大,是剪力效应的最不利截面。在既定的上述条件下,荷载大小与产生的弯矩、剪力是成正比的。能够同时满足抵抗弯矩、剪力对应荷载大小的能力,就是这个梁的承载能力。

2. 构件承载能力的三个方面

承载能力是关于力-材料或力-结构关系的一个概念,当力作用于结构或者构件的外部时,按照一定的传递或变换逻辑,会使材料或结构内部出现应力和应变。构件的承载能力包括以下三个方面:

(1) 强度　对于微观材料而言,其物理特性决定了其所能承受的力(即应力)是有一定的限度的,这个度称为材料的强度,超出这个强度,材料会发生破坏。

在实际工程中,经常会碰到这样的情况,当构件受力过大,会发生破坏。例如,建筑物中的楼板梁,因为承受过大的荷载而发生断裂,那么可能会导致整个房屋的大片坍塌,丧失承载能力,这在工程上是绝不允许的。因此,为了保证结构和构件能够正常工作,要求每个构件都要有足够的抵抗破坏的能力,也就是说在荷载作用下,构件不至于破坏(断裂),即要有足够的强度。构件在外力作用下抵抗破坏的能力称为构件的强度。

(2) 刚度　另一方面,对于结构而言,由于应力的效应,会使内部结构单元发生相应的应变,这些应变按结构而系统化为结构各坐标处的变形,同样,结构变形也有个限度,这个度称为刚度,如果结构变形超出这个刚度的限值,结构会背离预期要求。构件在外力作用下抵抗变形的能力称为构件的刚度。构件在外力作用下产生的变形应在工程允许的范围内。

在实际工程中,有时某些构件,虽然不发生破坏,但并不代表就能保证构件或整个结构的正常工作。如:房屋建筑中的楼板、梁在荷载作用下,产生的变形过大,下面的抹灰层就会开裂、脱落;屋面上的檩条变形过大时,就会引起屋面的漏水。因此,在荷载作用下构件所产生的变形不应超过工程允许范围,也就是要具有足够的刚度。

(3) 稳定性　再有,当结构的变形超过一定范围时,会使结构总体几何构造及承载体系发生不可逆转的变化,这是一种复合型变化,既有变形方面的,也有应力方面的,这个限度统一用稳定性来表述。所谓稳定性,是指构件维持原有平衡状态的能力。某些细长杆件(或薄壁构件)在轴向压力达到一定的数值时,会失去原有的平衡状态而丧失工作能力,这种现象称为失稳。

在实际工程中,有时某些构件还会遇到这样的问题:如图 3-8 所示,一根受压的细长直杆 AB,当沿杆轴方向的压力 F 小于 F_{cr}(临界力)时,AB 杆将会保持平衡,当沿杆轴方向的压力 F 大于 F_{cr}(临界力)时,若受到微小的干扰,杆就会由原来的直线状态突然变弯,这种突然改变其平衡状态的现象称为丧失稳定。这也是实

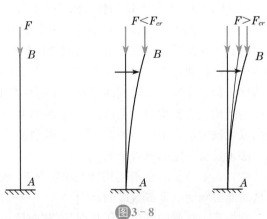

图 **3-8**

际工程不允许出现的。稳定性要求就是要求这类受压构件不能丧失稳定,否则后果往往很严重。例如:房屋中承重的柱子,如果设计过高、过细,将有可能由于柱子失稳而导致整个房屋的坍塌。

3. 构件的承载能力分析

显然,构件的安全可靠性与经济性是矛盾的,要解决这一矛盾就必须而且只需对构件进行构件的承载能力分析。构件的承载能力分析的具体内容就是在保证构件既安全可靠又经济的前提下,为构件选择合适的材料、确定合理的截面形状和尺寸,提供必要的理论基础和实用的计算方法。

▶**特别提示:**在材料力学里,对应于材料强度、材料或构件刚度、构件稳定性的相应结构负荷统称为构件的承载能力,但在对承载能力的实际理解中,要注意以下几点:

(1) 强度概念针对微观材料单元而言,刚度概念既可针对微观材料而言(单元或者微观刚度),也可以适用于宏观结构,而稳定性则针对宏观承载结构而言。

(2) 承载能力是构件内在材质结构与外在荷载的统一。外在的荷载,通过构件的结构化方式,分配到微观材料单元,表现为应力及应变;同样,微观的强度、应变或刚度在外力作用下,通过结构的系统化逻辑,统一表现为宏观的结构的形变及承载能力,即结构的强度、刚度及稳定性。

(3) 正是由于微观的材料强度—应变特征通过结构化而统一表现为结构的强度、刚度及稳定性,所以在材料力学中才将强度、刚度、稳定性统称为(结构或构件的)承载能力。

(4) 对应于同一结构或构件,其承载能力是强度、刚度及稳定性的综合统一。

▐▶ 2.2 内力的概念及其计算方法

在静力学中,我们已经研究过了物体系统的平衡问题,已经知道了系统的内力和系统的外力的概念。那么,在材料力学中,内力和外力又会是如何区分呢?

1. 内力的概念及种类

前面我们已经说过,材料力学研究的对象都是构件,构件在正常工作的时候,总是要受到其他物体对构件产生的作用力。对于我们所研究的构件来讲,其他构件(及其他物体)作用于该构件上的力均为外力,外力可根据静力学方程求出。而构件在外力作用下,将发生变形,与此同时,构件内部各部分间将产生相互作用力,此相互作用力就称为内力。众所周知,即使不受外力,杆件内部的各质点之间依然存在着相互作用力,当杆件受外力作用时,其内部的相互作用力将发生变化。材料力学所研究的内力不是杆件内部原有的内力,而是杆件在外力作用下引起的原有内力的改变量,即"附加内力",简称内力。

材料力学所研究的内力跟静力学中说的内力以及物理学中基本粒子之间的内力的含义是不一样的,我们应该从如下三个方面来理解内力:① 从上面的定义,可以看出,它完全是由外力引起的,并且是随着外力的变化而变化的,如果把外力去掉,那么内力也将随着消失,即内力为零;② 内力不能随外力无限增大,当外力增大到杆件所能承受的极限值时,杆件将破坏;③ 内力不仅反映了杆件材料对外力的抵抗,而且还传递了外力。

在材料力学研究中,根据内力引起的杆件变形效果把杆件的内力分为四种类型,分别是轴力、剪力、弯矩、扭矩。与杆件轴线重合的内力称为轴力,用 N 来表示;与杆件横截面相切的内力称为剪力,用 V 来表示;使杆件横截面产生绕杆件轴线转动趋势的内力偶的力偶矩称为扭矩,用 T 来表示;使杆件发生弯曲变形趋势的内力偶的力偶矩称为弯矩,用 M 来表示。

2. 截面法

用截面假想地把杆件截开分成两部分,以显示内力并确定构件内力的方法称为截面法。截面法是材料力学中计算杆件内力的最基本的方法,是已知杆件外力求内力的普遍方法。由于内力是杆件内部各部分之间的相互作用,从杆件的外部你是"看不见、摸不着"的,所以只有用一个平面将杆件截开,才能使内力暴露出来,也才能确定内力的大小和方向。所谓截面法,就是在欲求内力处,假想地用一平面将杆件切开一分为二,任取其中一部分为研究对象,利用静力平衡条件计算出杆件内力的方法。

截面法计算杆件内力的过程通常归纳为两个阶段三个步骤四个动作,其解题过程与我们前面计算约束反力的解题步骤对应关系如图 3-9 所示:

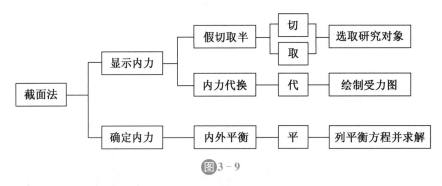

图 3-9

截面法使用说明:截面法计算杆件内力的第一阶段是显示内力,显示杆件内力需要通过两个步骤来实现,分别是"假切取半""内力代换"。其中的假切取半这一步骤又包括两个动作,即"切"和"取",这一步骤对应于我们前面计算约束反力的解题步骤"选取研究对象";其中的内力代换这一步骤只需一个动作,即"代",这一步骤对应于我们前面计算约束反力的解题步骤"绘制受力

截面法

图";截面法计算杆件内力的第二阶段是确定内力,确定杆件内力需要通过"内外平衡"这一步骤来实现,实现这一步骤只需一个动作,即"平",这一步骤对应于我们前面计算约束反力的解题步骤"根据平衡条件列出平衡方程并求解"。

➤**特别提示:**在使用截面法计算杆件截面内力时必须注意:① 外力不能沿着作用线移动——在使用截面法求内力时,杆件在被截开前,静力学中的力系等效代换及力的可传性原理是不适用的;② 截面不能选在集中力作用点处。

截面法应用示例:为了显示构件在外力作用下 $m—m$ 截面上的内力,用平面假想地把杆件截开分成Ⅰ、Ⅱ两部分,如图 3-10(a)所示。任取其中一部分作为研究对象,这里取Ⅱ为研究对象,在Ⅱ上作用的外力有 F,要想使Ⅱ保持平衡,则Ⅱ在 $m—m$ 截面上必受到Ⅰ对它的作用力。根据作用与反作用公理可知，Ⅱ必然也以大小相等、方向相反的力反作用于Ⅰ上，如图3-10(b)、(c)所示。上述Ⅰ与Ⅱ间的相互作用力就是构件在 m—m 截面上的内力。对于Ⅱ来说，外力 F 和 m—m 截面上的内力保持平衡，根据平衡方程就可以确定 m—m 截面上的内力。

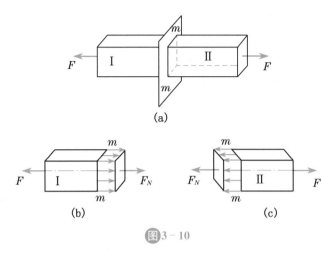

(a)

(b)　　　　　　　　　(c)

图3-10

2.3　应力的概念及其分类

1. 应力的概念

因为对一定尺寸的构件来说，从强度角度看，内力越大越危险，内力达到一定数值时构件就会破坏。但是，在确定了构件的内力后，还不能判断构件是否因强度不足而破坏，因为用截面法确定的内力，是截面上分布内力系的合成结果，它没有表明该力系在构件截面上的分布情况；特别是对一个不同尺寸的构件来说，其危险程度更难用内力的数值进行比较。例如，如图3-11所示的两个材料相同而截面面积不同的受拉杆，在相同拉力 F 作用下，二杆横截面上的内力相同，但是二杆的危险程度不同，显然细杆2比粗杆1更容易被拉断。

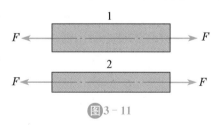

图3-11

因此，要判断构件是否因强度不足而破坏，不仅需要知道截面上内力的大小，而且还必须知道内力在截面上的分布情况，从而确定构件上的危险截面、危险点。这样就需进一步研究内力在截面上各点处的分布情况，为此力学中就引入了应力的概念来描述截面上分布内力的集度。"应力"一词对于初学者可能比较陌生，那么物理中的"压强"大家应该比较熟悉，两者是否一样呢？压强是物体受压时，单位面积上的力，也称为压应力；那么当物体受拉、受弯、受剪时，它们又该如何称呼？可见只用"压强"是有局限性的，而引入"应力"这一概念则具有普适性。在所研究的截面某一点附近单位面积上的内力称为应力，应力是度量内力在截面上分布的密集程度，它表示为内力在一点处的分布集度；应力是判断构件是否破坏的重要依据。

2. 应力的分类

物体由于外因(受力、温度场变化等)而变形时,在物体内部各部分之间产生相互作用的内力,在所研究的截面某一点附近单位面积上的内力称为应力,应力是矢量,一般情况下,应力的方向与截面既不垂直又不相切,为了研究分析方便,通常将应力正交分解为两个分量,如图3-12所示,一个是与截面垂直的法向应力分量称为正应力,用 σ 表示;另一个是与截面相切的切向应力分量称为切应力,又叫剪应力,用 τ 表示。

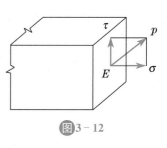

图 3 - 12

物体中一点附近的微元体在所有可能方向上的应力的全体称为一点的应力状态。应力是指受力构件某一截面上某一点处的应力,在研究应力时必须明确该应力是哪个截面哪个点处的应力。

3. 应力的单位

在国际单位制中,应力的基本单位是帕斯卡,简称帕,符号为"Pa",$1\ Pa = 1\ N/m^2$;工程实际中应力数值较大,应力的常用单位是兆帕(MPa),

$1\ MPa = 10^6\ Pa = 10^6\ N/m^2 = 1\ N/mm^2$;应力的备用单位是吉帕(GPa),

$1\ GPa = 1\ kN/mm^2$,三者的换算关系是:$1\ GPa = 10^3\ MPa = 10^9\ Pa$。

4. 生活和工程中的应力案例分析

在日常生活中,人们对应力的感受并不陌生,而且常常会有意或无意地增加或减小应力。例如,人的体重是不变的,但人的脚踩在地面上产生的应力,则可随着鞋与地面相接触的面积不同而改变,如图3-13所示。图3-13(a)中高跟鞋与地面接触的面积小,所以鞋子与地面接触处产生的应力就比较大;图3-13(b)中平底鞋与地面接触的面积大,鞋子与地面接触处产生的应力就比较小。

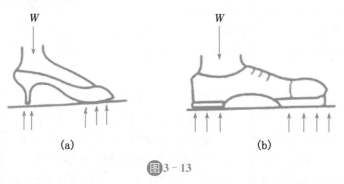

(a)   (b)

图 3 - 13

再如,坐在高背软椅上总比坐在座位面积小的硬板凳上舒适,如图3-14所示。因为高背软椅上提供的低应力使人感到舒适,而硬板凳所提供的高应力使人不舒服。

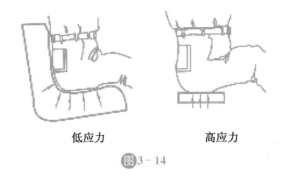

低应力　　　　　　　　高应力

图 3 - 14

从以上的例子可知,通过改变接触区域的几何形状或尺寸来改变应力的大小及分布情况是一种有效的途径,这在工程结构中也是如此。比如,支承在砖墙上的梁,如图 3 - 15 所示,为了防止梁对墙受压时发生的局部破坏,应减少其压应力,故在梁端的下部加一混凝土垫块,如图 3 - 15(a)所示;或直接在梁端现浇成垫块,如图 3 - 15(b)所示。因接触面积的增加,在压力不变的情况下,使得压应力大大减小。

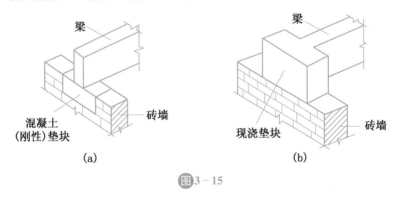

(a)　　　　　　　　　　　(b)

图 3 - 15

▌▶ 2.4　变形和应变

1. 变形

土木工程力学研究的主要问题是构件的强度、刚度和稳定性问题,这些都与构件在外力作用下的变形有关。因此,构件的变形已经成为土木工程力学所必须研究的重要内容。在外力作用下的杆件变形根据其变形特性可分为两种:一种是弹性变形,另一种是塑性变形。

弹性变形是指变形固体在外力去掉后能恢复原来形状和尺寸的变形。例如,一个弹簧在拉力的作用下,会伸长,当去掉外力后,弹簧还能恢复原来的形状,那么这种变形就是弹性变形。

塑性变形是指变形固体在外力作用下发生形变,但是去掉外力后,而不能恢复的变形。例如,很多小朋友小时候玩的橡皮泥,能捏成我们想要的形状,就是利用了材料具有塑性变形(也称残余变形)。

去掉外力后能完全恢复原状的物体称为理想弹性体。但是实际上,自然界中这种理想弹性体是并不存在的,然而,通过实验,我们可以观察到,金属、木材等材料当外力不超过某一限度时,其性质与理想弹性体相似,那么在材料力学上就可以将它们看成是理想弹性体。但是当外力超过了一个限度时,就会产生明显的塑性变形。在本书中谈论的问题中都把物体看成是理想弹性体。

2. 位移的概念及其分类

在受到外力作用后,整个构件及构件的每个局部一般都要发生形状与尺寸的改变,即发生变形,变形的大小是用位移与应变来度量的。图 3-16 所示的悬臂梁在自由端受到竖直向下的集中力作用时就发生了如图 3-16 中虚线所示的变形。

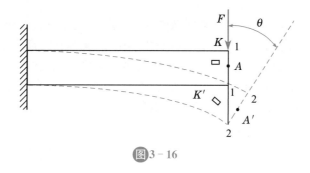

图3-16

位移是指位置的改变,即构件发生变形后,构件中各质点及各截面在空间位置上的改变。位移又可分为线位移和角位移,线位移是指自物体内某一点的原位置到新位置所连直线的距离;角位移是指物体上的某一直线段旋转的角度。例如,在图 3-16 中的 A 点变形后移到了 A' 点,那么 A 点与 A' 点的连线 AA' 就称为 A 点的线位移;在图 3-16 中的右端面 1-1 变形后移到了 2-2 的位置,其转过的角度 θ 就是 1-1 面的角位移(或称为转角)。

3. 应变的概念及其分类

物体受力产生变形时,一般情况下体内各点处的变形程度并不相同,用以描述物体内一点处变形程度的力学量是该点的应变。

不管是线位移还是角位移都是位置的函数,但是位移不足以说明构件的变形程度,为此力学中就引入了应变的概念。应变是指在外力或非均匀温度场等因素作用下物体局部发生的相对变形。与位移相对应,应变分为线应变和角应变。线应变又叫正应变,它是物体在某一方向上微小线段因变形而产生的长度增量(伸长时为正)与原长度的比值;角应变又叫剪应变或切应变,它是物体两个相互垂直方向上的微小线段在变形后夹角的改变量(以弧度表示,角度减小时为正)。应变与所研究的点的位置和所选取的方向有关。物体中一点附近的微元体在所有可能方向上的应变的全体称为一点的应变状态。

在图 3-16 中,围绕考察点 K 点截取一微小的正六面体(图 3-17a)来研究。就此微小正六面体来说,其变形为下面两种:

(1) 沿棱长方向的伸长或缩短 如沿 x 方向原长为 Δx,变形后为 $\Delta x + \Delta u$(图3-17b),因六面体非常微小,可认为其沿 x 方向的伸长是均匀的,那么 Δu 就是沿 x 方向的绝对伸长量。而用 $\dfrac{\Delta u}{\Delta x}$ 来度量沿 x 方向的变形,$\dfrac{\Delta u}{\Delta x}$ 实际上是在 Δx 范围上单位长度上的平均伸长量,

仍与所取的 Δx 的长短有关,为了消除尺寸的影响,取极限 $\varepsilon_x = \lim\limits_{\Delta x \to 0}\dfrac{\Delta u}{\Delta x}$,定义 ε_x 为 K 点处沿 x 方向的线应变(正应变)。

（2）棱边间夹角的变化　棱边 oa 与 ob 间的夹角变形前为直角,变形后该直角减小 γ,角度的改变量 γ 则称为角应变(切应变),如图 3-17(c)所示。

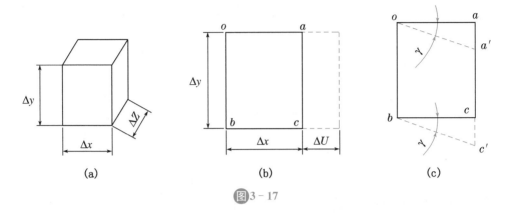

（a）　　　　　　　　（b）　　　　　　　　（c）

图3-17

线应变(正应变)在几何上表现为伸长或缩短,所以,线应变又叫伸长率或压缩率,属于无量纲数,没有单位;而角应变(切应变)表现为物体形状(角度)的改变。应力和应变之间存在一定的内在联系,其对应关系是:线应变和正应力对应,切应变和切应力对应。至于应力与应变之间的具体关系,我们将在后面的内容中继续讨论。

课后思考与讨论

1. 显示和确定杆件内力的基本方法是什么? 其步骤有哪些?
2. 构件的承载能力包括哪些方面?
3. 某建筑物在荷载作用下发生断裂,请问这是强度问题还是刚度问题?

▶ 任务3　平面图形的几何性质 ◀

案例引入

把一张纸竖立在桌子上如图 3-18(a)所示,我们看到这张纸在自重作用下就发生了明显的弯曲变形,更不要指望让它去承载其他重物了;如果我们把这张纸折成角钢的形状,就能立得住了;如果把这张纸卷成圆筒形如图 3-18(b)所示的形状,此时我们看到这张纸不仅在自重作用下不再发生明显的弯曲变形,而且还可以再承载一些粉笔等重物了。这是为什么呢?

在日常生活和工程实际中我们发现:用同一种材

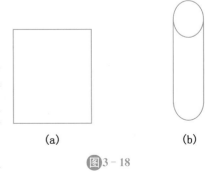

（a）　　　　　（b）

图3-18

料做成的长短一样、粗细不同的两个杆件承载能力不一样;用同一种材料做成的长短一样、横截面面积相同、横截面形状尺寸不同的两个杆件,承载能力也不一样;用相同的材料做成的一模一样的两个矩形截面杆件,由于杆件的放置方式不同,其承载能力也有明显的差异,例如,把一块砖平着放时就容易折断、立着放时就不容易折断。

上述案例说明杆件的承载能力与诸如杆件的横截面面积等几何数据有着很大的直接关系,我们要研究构件的承载能力就必须研究这些与构件横截面形状及尺寸有关的几何数据。

▐▶ 3.1 截面的形心与静矩

材料力学中把与杆件横截面形状、尺寸有关的几何量统称为截面的几何性质(因为杆件的横截面都是具有一定形状的平面图形,所以截面的几何性质又称为平面图形的几何性质),截面的几何性质指的是根据杆件的横截面形状尺寸经过一系列运算所得到的几何数据,如面积、形心、静矩、惯性矩、惯性积、极惯性矩等。

截面的几何性质是影响杆件承载能力的重要因素,杆件的应力和变形不仅与杆件的内力有关,而且还与杆件截面的横截面面积、静矩、惯性矩、抗弯截面模量、极惯性矩等截面的几何性质密切相关。截面的几何性质计算纯粹是一个几何问题,但它是计算杆件强度、刚度、稳定性等问题中必不可少的几何参数。研究截面的几何性质的目的就是要解决如何用最少的材料制作出能够承担较大荷载的杆件的问题,即合理解决安全与经济这一矛盾。

1. 形心

由几何学可知,任何形状的平面图形都有一个几何中心,这个完全由平面图形的形状和尺寸所决定的几何中心,称为几何图形的形心。规则几何图形的形心位置十分容易确定,如圆形的形心在圆心,矩形的形心在对角线的交点上。不规则几何图形形心位置的确定,可以借助于求匀质薄板重心位置的方法进行。由于匀质薄板的厚度极其微小,故可以近似地用平面图形来表示,其重心就是该薄板(平面图形)的形心。

形心是物体的几何中心,只与物体的几何形状和尺寸有关,与组成该物体的物质无关。如图3-19所示的平面图形的形心坐标公式为:

$$\left.\begin{array}{l} z_C = \dfrac{\sum(\Delta A_i \cdot z_i)}{A} \\[3mm] y_C = \dfrac{\sum(\Delta A_i \cdot y_i)}{A} \end{array}\right\} \qquad (3-1)$$

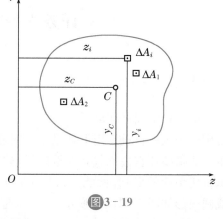

图3-19

在工程实践中,经常会遇到具有对称轴、对称面或对称中心的形体,这种形体的形心一定在对称轴、对称面或对称中心上。例如圆形的形心在圆心上,矩形、工字型的形心在两个对称轴的交点上,T形的形心在其对称轴上,球形的形心在其球心处等。

2. 静矩

面积为 A 的任意平面图形如图 $3-20$ 所示，在图形所在的平面内建立直角坐标系 yOz，围绕点 (z, y) 任取一微面积 dA，则微面积 dA 对 z 轴的静矩为 ydA，对 y 轴的静为 zdA；整个平面图形对 z 轴（或 y 轴）的静矩为平面图形上所有微面积对 z 轴（或 y 轴）的静矩之和，用 S_z（或 S_y）表示，定义

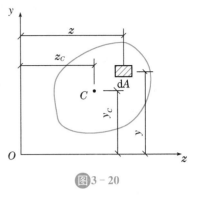

图 $3-20$

$$
\left.
\begin{aligned}
S_z &= \int_A dS_z = \int_A y \cdot dA \\
S_y &= \int_A dS_y = \int_A z dA
\end{aligned}
\right\} \quad (3-2)
$$

从上述定义公式可知，静矩是一个与图形、坐标轴有关的几何量，同一平面图形对不同的坐标轴，其静矩显然不同；静矩的数值可能为正、可能为负、也可能等于零。在计算静矩时必须明白要计算的是哪一个平面图形对哪一个坐标轴的静矩。

静矩又称面积矩，静矩的常用单位是 m^3 或 mm^3。

3. 静矩与形心坐标的关系

若平面图形的形心坐标为 (z_C, y_C)，在前面已经知道平面图形的形心坐标公式为

$$
\left.
\begin{aligned}
z_C &= \frac{\sum (\Delta A_i \cdot z_i)}{A} \\
y_C &= \frac{\sum (\Delta A_i \cdot y_i)}{A}
\end{aligned}
\right\}
$$

在上式中，面积 ΔA 取得越小，形心坐标计算结果就越精确。故在 $\Delta A \rightarrow 0$ 的极限情况下，图形形心坐标的精确计算公式用积分形式表示，则有

$$
\left.
\begin{aligned}
z_C &= \frac{\int_A z dA}{A} \\
y_C &= \frac{\int_A y dA}{A}
\end{aligned}
\right\} \quad (3-3)
$$

比较式 $(3-2)$ 和式 $(3-3)$ 可得平面图形的静矩与形心的关系式为

$$
\left.
\begin{aligned}
S_z &= A \cdot y_C \\
S_y &= A \cdot z_C
\end{aligned}
\right\} \quad (3-4)
$$

由式 $(3-4)$ 可见，平面图形对某轴的静矩等于该图形面积与形心坐标的乘积。对于形心位置已知的平面图形，如矩形、圆形及三角形等，可直接用式 $(3-4)$ 来计算静矩。当坐标轴通过平面图形的形心时，则平面图形对该坐标轴的静矩为零；反之，若平面图形对某轴的静矩为零，则该轴必通过平面图形的形心。

例 3 - 1　矩形截面尺寸如图 3 - 21 所示。试计算该矩形截面对 z_1 轴的静矩 S_{z_1} 和对形心轴 z 的静矩 S_z。

解　(1) 计算矩形截面对 z_1 轴的静矩

由式(3 - 4)可得：$S_{z1} = Ay_C = bh \times \dfrac{h}{2} = \dfrac{bh^2}{2}$

(2) 计算矩形截面对形心轴的静矩

由于 z 轴为矩形截面的对称轴，通过截面形心，所以矩形截面对 z 轴的静矩为 $S_z = 0$

图 3 - 21

4. 组合图形的静矩计算

可以划分为若干个简单图形的图形称为组合图形，常见的组合图形有 I 字形、L 形、T 字形、凵形、箱型等。由静矩的定义可知，组合图形对某轴的静矩等于各个简单图形对该轴静矩的代数和。组合图形的静矩表达式为

$$S_z = \sum_{i=1}^{n} S_z^i = \sum (A_i y_{Ci}), \quad S_y = \sum_{i=1}^{n} S_y^i = \sum (A_i z_{Ci}) \tag{3-5}$$

组合图形的形心坐标计算公式为

$$y_C = \frac{S_z}{A} = \frac{\sum (A_i y_{Ci})}{\sum A_i}, \quad z_C = \frac{S_y}{A} = \frac{\sum (A_i z_{Ci})}{\sum A_i} \tag{3-6}$$

例 3 - 2　如图 3 - 22 所示的 L 型截面，试确定该截面的形心位置。

解　(1) 如图 3 - 22 所示，L 型截面可以看作由矩形 I 和矩形 II 组成，C_I、C_{II} 分别为两矩形的形心，两矩形的截面面积和形心坐标分别为：

$A_I = 50\ mm \times 10\ mm = 500\ mm^2$　　$A_{II} = 40\ mm \times 10\ mm = 400\ mm^2$

$y_{CI} = 35\ mm$　　　　　　　　　　　　$y_{CII} = 5\ mm$

$z_{CI} = 5\ mm$　　　　　　　　　　　　　$z_{CII} = 20\ mm$

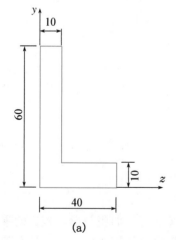

(a)

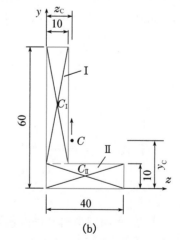

(b)

图 3 - 22

（2）根据形心公式求 y_C、z_C

$$y_C = \frac{\sum (A_i y_{G})}{\sum A_i} = \frac{A_{\mathrm{I}} y_{C\mathrm{I}} + A_{\mathrm{II}} y_{C\mathrm{II}}}{A_I + A_{\mathrm{II}}} = \frac{500 \times 35 + 400 \times 5}{500 + 400} = 21.67 \text{ mm}$$

$$z_C = \frac{\sum (A_i z_{G})}{\sum A_i} = \frac{A_{\mathrm{I}} z_{C\mathrm{I}} + A_{\mathrm{II}} z_{C\mathrm{II}}}{A_I + A_{\mathrm{II}}} = \frac{500 \times 5 + 400 \times 20}{500 + 400} = 11.67 \text{ mm}$$

（3）依据计算结果在图上标出 L 型截面的形心位置如图所示。

3.2　惯性矩

1. 惯性矩

任意平面图形如图 3 - 23 所示，其面积为 A，zOy 为平面图形所在平面内的坐标系。在平面图形内任取一微面积 $\mathrm{d}A$，微面积 $\mathrm{d}A$ 乘以它到 z 轴的坐标 y 的平方，称为微面积 $\mathrm{d}A$ 对 z 轴的惯性矩，即 $y^2 \mathrm{d}A$；同理，微面积 $\mathrm{d}A$ 对 y 轴的惯性矩为 $z^2 \mathrm{d}A$。整个图形上各微面积对 z 轴或 y 轴惯性矩的总和称为该平面图形对 z 轴或 y 轴的惯性矩，分别用 I_z 或 I_y 表示，定义

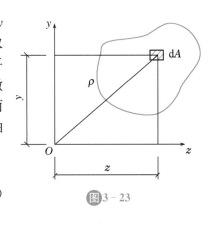

图 3 - 23

$$\left. \begin{array}{l} I_z = \int_A y^2 \mathrm{d}A \\ I_y = \int_A z^2 \mathrm{d}A \end{array} \right\} \qquad (3 - 7)$$

由惯性矩的定义可知，惯性矩也是一个与图形、坐标轴有关的一个几何量，其取值范围恒为正。惯性矩的常用单位为 m^4 或 mm^4。

例 3 - 3　试计算如图 3 - 24 所示的矩形截面图形对其形心轴 z、y 的惯性矩。

解　计算矩形截面对 z 轴和 y 轴的惯性矩

取平行于 z 轴的微面积 $\mathrm{d}A$，如图 3 - 24 所示，$\mathrm{d}A$ 到 z 轴的距离为 y，则

$$\mathrm{d}A = b\mathrm{d}y$$

由式（3 - 7），可得矩形截面对 z 轴的惯性矩为

$$I_z = \int_A y^2 \mathrm{d}A = \int_{-\frac{h}{2}}^{\frac{h}{2}} y^2 \cdot b\mathrm{d}y = \frac{bh^3}{12}$$

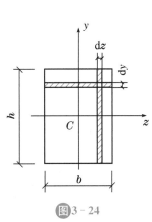

图 3 - 24

同理可得，矩形截面对 y 轴的惯性矩为

$$I_y = \int_A z^2 \mathrm{d}A = \int_{-\frac{b}{2}}^{\frac{b}{2}} z^2 \cdot h\mathrm{d}z = \frac{hb^3}{12}$$

2. 组合图形的惯性矩

组合图形对某轴的惯性矩等于组成它的各个简单图形对同一轴惯性矩之和，即

$$I_z = \sum_{i=1}^{n} I_z^i, I_y = \sum_{i=1}^{n} I_y^i \tag{3-8}$$

➤**特别提示:** 当把组合图形视为几个简单图形之和时,其惯性矩等于简单图形对同一轴惯性矩之和;当把组合图形视为几个简单图形之差时,其惯性矩等于简单图形对同一轴惯性矩之差。

例 3-4 一箱型截面如图 3-25 所示,z 轴过形心且平行于底边,试求截面对形心轴 z 轴的惯性矩。

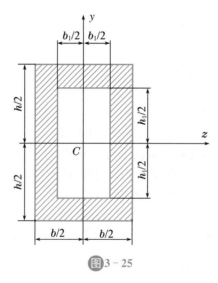

图 3-25

解 箱型截面图形实际上是一个组合图形,可以看作是在大矩形上挖去一个小矩形,此截面面积相当于整个矩形面积 $A_1(A_1=bh)$ 减去中间小矩形的面积 $A_2(A_2=b_1h_1)$,也就是说将被挖去部分的图形面积按照负的计算,这种方法通常称为负面积法。

因为对于矩形截面 $I_z = \dfrac{bh^3}{12}$

所以 $I_z = I_z^1 - I_z^2 = \dfrac{bh^3}{12} - \dfrac{b_1h_1^3}{12}$

3. 惯性矩的平行移轴公式

同一平面图形对不同的坐标轴,其惯性矩并不相同,但它们之间存在着一定的关系。常用的简单图形对其形心轴的惯性矩可在有关计算手册中查到,型钢截面的惯性矩可在型钢表中查找,而对于与形心轴平行的其他坐标轴的惯性矩该如何计算呢? 它们之间有关系吗?

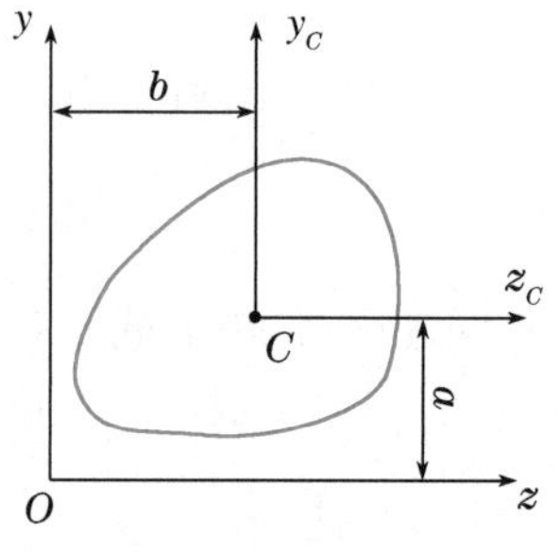

如图 3-26 所示,C 为任意平面图形的形心,z_C 轴和 y_C 轴是通过形心的坐标轴,z 轴与 z_C 轴平行,其间距为 a;y 轴与 y_C 轴平行,其间距为 b。图形对这两对平行的坐标轴的惯性矩之间的关系是

图 3-26

$$I_z = I_{z_C} + a^2 A, I_y = I_{y_C} + b^2 A \tag{3-9}$$

式(3-9)就是惯性矩的平行移轴公式,式(3-9)表明:在一系列互相平行的坐标轴中,平面图形对形心轴的惯性矩最小,而距离形心越远的坐标轴,其惯性矩越大。图形对任一轴的惯性矩,等于图形对与该轴平行的形心轴的惯性矩,再加上图形面积与两平行轴间距离平方的乘积。惯性矩计算的这一个重要结论称为惯性矩的平行移轴定理。

例 3-5 试计算如图 3-27 所示的矩形截面对 z_1 轴和 y_1 轴的惯性矩。

解 z_1 轴和 y_1 轴都不是图形的形心轴,其惯性矩则需要用平行移轴公式计算。

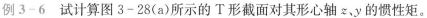

图 3-27

$$I_{z_1} = I_z + \left(\frac{h}{2}\right)^2 A = \frac{bh^3}{12} + \left(\frac{h}{2}\right)^2 bh = \frac{bh^3}{3}$$

$$I_{y_1} = I_y + \left(\frac{b}{2}\right)^2 A = \frac{hb^3}{12} + \left(\frac{b}{2}\right)^2 bh = \frac{hb^3}{3}$$

例 3-6 试计算图 3-28(a)所示的 T 形截面对其形心轴 z、y 的惯性矩。

解 (1)确定截面的形心位置(即确定截面形心轴的位置)。

取一对参考坐标 z_1、y_1 轴,其中 y_1 轴为截面的对称轴,形心位于 y_1 轴上,即 $z_C = 0$,只需计算坐标 y_C。

将截面分为如图 3-28(b)所示的两个矩形,它们的面积和形心坐标分别为:

$$A_1 = 0.12 \times 0.6 = 0.072 \text{ m}^2, A_2 = 0.2 \times 0.4 = 0.08 \text{ m}^2$$

$$y_{C1} = 0.4 + 0.06 = 0.46 \text{ m}, y_{C2} = 0.2 \text{ m}$$

根据形心坐标计算公式求得 y_C 为:

$$y_C = \frac{S_z}{A} = \frac{A_1 y_{C_1} + A_2 y_{C_2}}{A_1 + A_2} = \frac{0.072 \times 0.46 + 0.08 \times 0.2}{0.072 + 0.08} = 0.323 \text{ m}$$

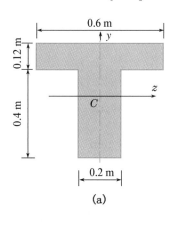

(a)

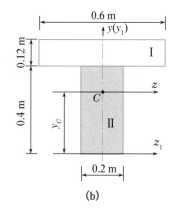

(b)

图 3-28

(2)分别计算截面对形心轴 y 轴、z 轴的惯性矩。

$$I_y = I_y^1 + I_y^2 = \frac{b_1^3 h_1}{12} + \frac{b_2^3 h_2}{12} = \frac{0.6^3 \times 0.12}{12} + \frac{0.2^3 \times 0.4}{12} = 0.244 \times 10^{-2} \text{ m}^4$$

分别计算每个矩形对 z 轴的惯性矩,二者之和即为截面对 z 轴的惯性矩。两矩形的形

心轴与 z 轴间的距离分别为

$$a_1 = y_{C1} - y_C = 0.46 - 0.323 = 0.137 \text{ m}, a_2 = y_C - y_{C2} = 0.323 - 0.2 = 0.123 \text{ m};$$

$$I_z = I_z^1 + I_z^2 = (I_{z_{C1}}^1 + a_1^2 \cdot A_1) + (I_{z_{C2}}^2 + a_2^2 \cdot A_2) = \left(\frac{b_1 h_1^3}{12} + a_1^2 A_1\right) + \left(\frac{b_2 h_2^3}{12} + a_2^2 A_2\right)$$

$$= \left(\frac{0.6 \times 0.12^3}{12} + 0.137^2 \times 0.072\right) + \left(\frac{0.2 \times 0.4^3}{12} + 0.123^2 \times 0.08\right)$$

$$= 0.372 \times 10^{-2} \text{ m}^4$$

注意：因为 T 形截面图形可以看成是由一个大矩形减去两个小矩形而得到的，所以本题也可采用"负面积法"计算，请读者自己计算。

➤**特别提示：**在计算组合图形对其形心轴的惯性矩时，首先应确定组合图形的形心位置，然后通过积分或查表计算出各简单图形对自身形心轴的惯性矩，再利用平行移轴公式，就可计算出组合图形对其形心轴的惯性矩。

例 3 - 7 试计算图 3 - 29 所示的由方钢和 20a 工字钢组成的组合图形对形心轴 z、y 的惯性矩。

解 （1）计算组合图形的形心位置

取 z' 轴作为参考轴，y 轴为组合图形的对称轴，组合图形的形心必在 y 轴上，故 $z_C = 0$。现只需计算组合图形的形心坐标 y_C。由附录的型钢表查得 20a 工字钢 $b = 100$ mm，$h = 200$ mm，其截面面积 $A_1 = 35.578 \text{ cm}^2$。

则有

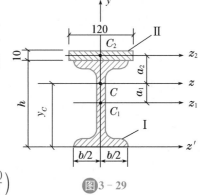

图 3 - 29

$$y_C = \frac{\sum A_i y_{C_i}}{\sum A_i} = \frac{A_1 y_{C_1} + A_2 y_{C_2}}{A_1 + A_2}$$

$$= \frac{35.578 \times 10^2 \times \frac{200}{2} + 120 \times 10 \times \left(200 + \frac{10}{2}\right)}{35.578 \times 10^2 + 120 \times 10}$$

$$= 126.48 \text{ mm}$$

（2）计算组合图形对形心轴 z、y 的惯性矩

首先计算 20a 工字钢和方钢截面各自对本身形心轴 z、y 的惯性矩。

查型钢表得：$I_{z_1}^1 = 2\,370 \text{ cm}^4$，$I_y^1 = 158 \text{ cm}^4$

$$I_{z_2}^2 = \frac{bh^3}{12} = \frac{120 \times 10^3}{12} \text{ mm}^4 = 1.0 \times 10^4 \text{ mm}^4$$

$$I_y^2 = \frac{hb^3}{12} = \frac{10 \times 120^3}{12} \text{ mm}^4 = 144 \times 10^4 \text{ mm}^4$$

由惯性矩平行移轴公式可得工字钢和方钢截面分别对 z 轴的惯性矩为

$$I_z^1 = I_{z_1}^1 + a_1^2 A_1 = 2\,370 \times 10^4 + (126.48 - 100)^2 \times 35.578 \times 10^2 = 26.19 \times 10^6 \text{ mm}^4$$

$$I_z^2 = I_{z_2}^2 + a_2^2 A_2 = 1.0 \times 10^4 + (205 - 126.48)^2 \times 120 \times 10 = 7.41 \times 10^6 \text{ mm}^4$$

整个组合图形对形心轴的惯性矩应等于工字钢和方钢截面对形心轴的惯性矩之和，故得

$$I_z = I_z^1 + I_z^2 = (26.19 + 7.41) \times 10^6 = 3.36 \times 10^7 \text{ mm}^4$$

$$I_y = I_y^1 + I_y^2 = (158 + 144) \times 10^4 = 3.02 \times 10^6 \text{ mm}^4$$

▶**特别提示**：在计算截面的几何性质时，一定要做到概念准确、条理清楚。注意，静矩、惯性矩等截面的几何性质表示符号，严格说起来都应该采用主要符号再配上上、下角标，只有这样才能表达清楚。例如，$I_z^{A_1}$ 表示面积为 A_1 的图形对坐标轴 z 轴的惯性矩，即第一块图形对坐标轴 z 轴的惯性矩，$I_z^{A_1}$ 常常简写为 I_z^1；I_z^A 表示面积为 A 的图形对坐标轴 z 轴的惯性矩，即整个图形对坐标轴 z 轴的惯性矩，I_z^A 通常简写为 I_z；$I_{z_{C_1}}^{A_1}$ 表示面积为 A_1 的图形对自身形心坐标轴 z_{C_1} 轴的惯性矩，即第一块图形对自身形心坐标轴 z_{C_1} 轴的惯性矩。

●●● ▶ 课后思考与讨论

1. 研究截面的几何性质的目的是什么？
2. 截面的几何性质主要有哪些？各有什么特点？
3. 对于不规则的图形，如何确定其形心位置？如何进行惯性矩的计算呢？
4. 矩形对通过其形心的对称轴的静矩是多少？为什么？

▶ 项目小结 ◀

本项目主要介绍了计算杆件内部效应必备的一些基础知识。

1. 计算杆件内部效应时都把研究对象看作是均匀的、连续的、各向同性的、只发生小变形的变形固体。

2. 杆件变形的基本形式有轴向拉伸和压缩、剪切、扭转、平面弯曲四种。

3. 我们需要计算的杆件在外力作用下产生的内部效应主要有内力、应力、变形、应变等。

4. 计算杆件内力的基本方法是截面法，截面法计算杆件内力的过程分为两个阶段、三个步骤、四个动作。

5. 构件的承载能力包括强度、刚度、稳定性三个方面。

6. 截面的几何性质是影响构件承载能力的重要因素之一，截面的几何性质主要包括截面形心、静矩、惯性矩等几个只与截面形状、尺寸有关的几何量。

▶ 项目考核 ◀

一、判断题

1. 计算杆件内力的基本方法是截面法。　　　　　　　　　　　　（　　）
2. 压弯变形是杆件的基本变形形式之一。　　　　　　　　　　　（　　）

二、填空题

1. 杆件变形的基本形式有＿＿＿＿＿、＿＿＿＿＿、＿＿＿＿＿和＿＿＿＿＿。

2. 截面法计算杆件内力的过程是_____。

三、简答题

1. 内力和应力有何区别？又有何联系？

2. 举例说明在荷载大小不变的条件下如何才能把应力减小。

四、计算题

1. 如图 3-30 所示的对称 ⊥ 形截面中，$b_1=0.3$ m，$b_2=0.3$ m，$h_1=0.5$ m，$h_2=0.14$ m。请计算：(1) 形心的位置；(2) 阴影部分对 z_0 轴的静矩。

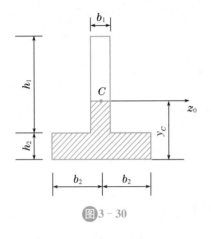

图 3-30

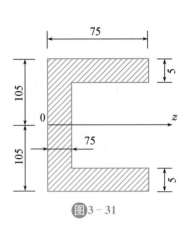

图 3-31

2. 试确定如图 3-31 所示截面的形心位置。

3. 试求如图 3-32 所示截面阴影线对 z 轴的面积矩。

4. 试计算如图 3-33 所示图形对形心轴 z、y 轴的惯性矩和惯性半径。

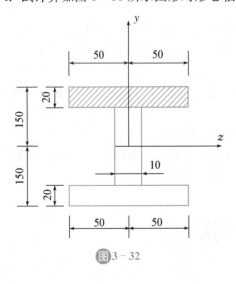

图 3-32

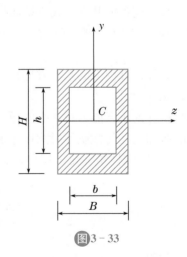

图 3-33

5. 试求如图 3-34 所示平面图形对形心轴的惯性矩。

6. 如图 3-35 所示为由两个 18a 号槽钢组成的组合截面,如欲使此截面对两个对称轴的惯性矩相等,问两根槽钢的间距 a 应为多少?

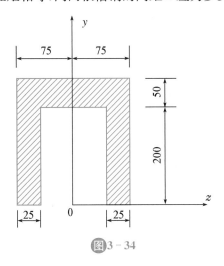

图 3-34

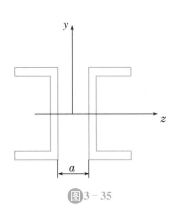

图 3-35

五、连线题

把下列相对应的应力单位连线。

A. 帕(Pa)   a. kN/mm²

B. 兆帕(MPa)   b. N/mm²

C. 吉帕(GPa)   c. N/m²

六、选择题

1. 下面四个假设中不属于变形固体基本假设的是( )。

  A. 均匀性假设   B. 各向同性假设

  C. 可塑性假设   D. 连续性假设

2. 计算杆件内力的基本方法是( )。

  A. 图乘法   B. 积分法

  C. 截面法   D. 直接观察法

项目自测

扫码作答

项目四
轴向拉压杆

◆ 本项目知识点

- 轴向拉压杆的概念
- 截面法、轴向拉压杆的内力计算及轴力的正负号规定
- 轴向拉压时的应力计算
- 轴向拉压时的变形、应变、胡克定律
- 材料在轴向拉压时的力学性能
- 轴向拉压杆的强度条件及其强度计算
- 应力集中

◆ 本项目学习目标

- ★ 理解轴向拉压杆的受力及变形特点
- ★ 理解内力、应力、应变、变形、胡克定律的概念
- ★ 熟练绘制轴向拉压杆的轴力图
- ★ 掌握轴向拉压杆的强度计算
- ★ 熟悉材料在轴向拉伸与压缩时的力学性能
- ★ 了解应力集中的概念

◆ 本项目能力目标

- ▲ 能计算轴向拉压杆的内力并正确地绘制轴力图
- ▲ 能利用胡克定律求解轴向拉压杆的变形问题
- ▲ 会描述塑性材料和脆性材料的力学性能
- ▲ 能熟练掌握轴向拉压杆的强度计算
- ▲ 能妥善处理应力集中的问题

◤◯◯◯▶▃ 项目导语

　　轴向拉伸或压缩变形是受力杆件中最简单的变形,如液压传动机构中的活塞杆、桁架结构中的杆件[如图 4−1(a)所示]、桥梁的桥墩(柱子)[如图 4−1(b)所示]、起吊重物时的钢丝绳等,这些受拉或受压的杆件虽外形各有差异、加载方式也并不相同,但它们都有如下的共同特点:作用于杆件各横截面上外力合力的作用线与杆件轴线重合,杆件变形是沿轴线方向的伸长或缩短。当杆件受力如图 4−2(a)所示时,杆件将产生沿轴向伸长的变形,这种变形称为轴向拉伸,这种杆件称为轴向拉杆,简称拉杆;当杆件受力如图 4−2(b)所示时,杆件

将产生沿轴向缩短的变形,这种变形称为轴向压缩,这种杆件称为轴向压杆,简称压杆;当杆件受力如图 4-2(c)所示时,杆件上一些杆段产生伸长变形,另一些杆段产生缩短变形,这种变形称为轴向拉伸与压缩,这种杆件称为轴向拉压杆。工程中有很多杆件受轴向力作用而产生拉伸或压缩变形。如图 4-3 所示的三铰架中,AB 杆受拉,BC 杆受压。本项目将重点介绍轴向拉压杆的内力、变形及其强度计算等问题。

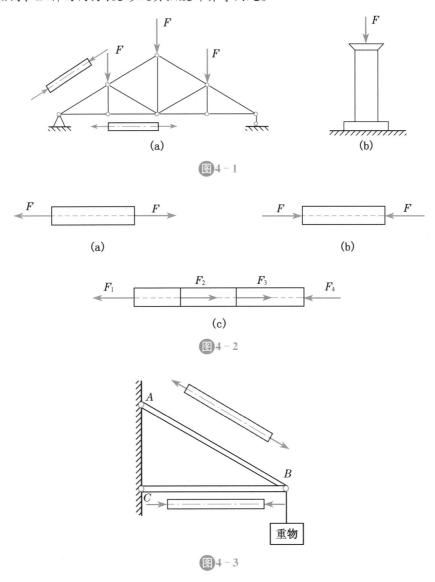

图4-1

图4-2

图4-3

▶ 任务 1　轴向拉压杆的内力 ◀

◉◉◉▶ 案例引入

　　拿一根橡皮条用手张拉,你有什么感觉? 当你加大对橡皮条的拉力时,你又感受到了什么? 你知道这是什么原因吗?

　　拿一根橡皮条用手张拉,你会感觉到一种反抗拉长的力,这就是内力;当你加大对橡皮条的拉力时,橡皮条会被拉长,你会感受到橡皮条反抗拉长的内力也在增大。这是因为当你用力张拉橡皮条时,橡皮条也在拉我们的手,也就是橡皮条在反抗你的手把它拉长。

▶ 1.1　轴向拉压杆横截面上的内力

1. 轴力

　　根据轴向拉压杆的受力特点及平衡常识可知,轴向拉压杆横截面上的内力一定与杆轴重合。我们把与杆轴重合的内力称为轴力,用 N 表示,轴力的正负号规定是:当杆件受拉而伸长时,轴力为拉力,其方向背离截面,取为正号;当杆件受压而缩短时,轴力为压力,其方向指向截面,取为负号;简记为"拉正压负"。

　　轴力的单位与集中力的单位相同,也是牛顿(N)或千牛顿(kN)。

　　计算杆件内力最基本、最常用的方法是截面法,截面法是先把内力转化为外力,然后利用静力平衡方程计算出内力。

　　由于内力是杆件内部各部分之间的相互作用力,从杆件的外部你是"看不见、摸不着"内力的,所以只有用一个平面将杆件截开,才有可能使内力暴露出来,也才能确定内力的大小和方向。这就是截面法。

　　▶**特别提示:**用截面法计算内力时要遵循预设为正的原则。内力正负号规定要认真理解,它保证了选取截面两侧不同的研究对象能够得到的内力计算结果相同,不至于因为内力方向的假设导致内力计算结果的不一致。

　　如图 4-4(a)所示,等截面直杆在轴向外力 F 作用下,欲求该杆件任一截面 $m-m$ 上的内力。假想用一横截面将杆件沿截面 $m-m$ 截开,杆件被分成左段和右段两部分,可以取其中任一部分为研究对象。若取左段部分为研究对象,如图 4-4(b)所示,由于杆件原来处于平衡状态,所以左段部分也保持平衡。由平衡条件 $\Sigma X=0$ 可得

$$N-F=0, N=F$$

同样,若取右段部分为研究对象,如图 4-4(c)所示,可得出相同的结果。

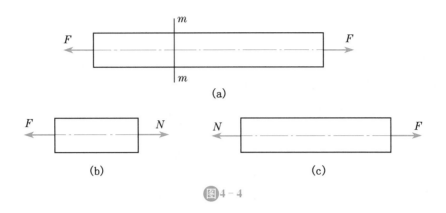

图 4 - 4

2. 用截面法计算轴力

用截面法计算轴向拉压杆横截面上轴力的步骤：

（1）用假想截面将杆件沿要求轴力的截面截开，取其中任一部分为研究对象，通常选取受力简单的部分为研究对象。

（2）画出研究对象的受力图。画受力图时，先假设截面上的轴力为拉力。

（3）根据平衡条件对研究对象建立平衡方程，求解内力。当计算结果为正时，说明截面轴力的实际方向与假设方向相同，也说明该截面的轴力为拉力；当计算结果为负时，说明轴力的实际方向与假设方向相反，也说明该截面的轴力为压力。

例 4 - 1　一等直杆受力情况如图 4 - 5(a)所示，求 1 - 1、2 - 2 截面上的轴力。

轴向拉压杆横截面上内力计算

解　（1）计算 1 - 1 截面轴力。

用假想截面沿 1 - 1 截面将杆件截开，取截面左侧部分为研究对象，画出其受力图如图 4 - 5(b)所示，由平衡方程 $\Sigma X=0$ 得

$$N_1+5=0, N_1=-5 \text{ kN（压力）}$$

结果为负，说明实际方向与假设方向相反，1 - 1 截面的轴力为压力。

（2）计算 2 - 2 截面轴力。

用假想截面沿 2 - 2 截面将杆件截开，取截面右侧部分为研究对象，画出其受力图如图 4 - 5(c)所示，由平衡方程 $\Sigma X=0$ 得

$$-N_2+7=0, N_2=7 \text{ kN（拉力）}$$

结果为正，说明实际方向与假设方向相同，2 - 2 截面的轴力为拉力。

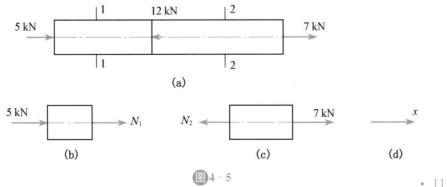

图 4 - 5

3. 用直接观察法计算杆件轴力

分析截面法计算杆件内力的过程可总结出杆件横截面上轴力的取值规律:杆件任一横截面上的轴力等于该截面一侧(左侧或右侧)杆件上所有轴向外力的代数和,即 $N = \sum F_{左}$ 或 $N = \sum F_{右}$。这种不列平衡方程直接根据杆件所受外力来计算杆件内力的方法称为直接观察法。

➤**特别提示**:在使用直接观察法计算杆件轴力所列的代数和计算式中,轴向外力背离截面时取正号,轴向外力指向截面时取负号。

例 4 - 2 用直接观察法计算例 4 - 1 中 1-1、2-2 截面上的轴力。

解 (1)计算 1-1 截面轴力:

观察点:1-1 截面;观察方向:1-1 截面左侧。也就是说,站在 1-1 截面位置向 1-1 截面左侧方向观察。则有:$N_1 = -5$ kN(压力)。

观察点:1-1 截面;观察方向:1-1 截面右侧,则有:$N_1 = -12 + 7 = -5$ kN(压力)。

(2)计算 2-2 截面轴力:

站在 2-2 截面向 2-2 截面右侧方向观察,则有:$N_2 = 7$ kN(拉力)。

站在 2-2 截面向 2-2 截面左侧方向观察,则有:$N_2 = 12 - 5 = 7$ kN(拉力)。

案例点评:直接观察法解题的关键是明确观察点的位置及观察方向。

▌▶ 1.2 轴力图

当杆件受到两个以上的轴向外力作用时,杆件不同的区段轴力将不相同。为了表明杆件各横截面上的轴力随横截面位置而变化的情况及确定轴力的最大值及其所在横截面的位置,工程中用平行于杆轴线的坐标轴(x 轴)表示杆件横截面的位置,垂直于杆轴线的坐标轴(N 轴)表示相应横截面上轴力的大小,按一定的比例绘制出表示轴力与横截面位置关系的图形,称为轴力图(N 图)。绘制轴力图时应注意:习惯上将正的轴力(拉力)画在 x 轴的上方,负的轴力(压力)画在 x 轴的下方。

通过轴力图可以一目了然地看出杆件各横截面上轴力的变化规律、最大轴力的大小及其所在横截面的位置。

➤**特别提示**:在力学中绘制杆件内力图的通常做法是坐标系不再画出来,也就是说绘制杆件内力图时的坐标轴处于隐身状态。

绘制轴力图的过程可简化为:先画出一条与杆件轴线平行且相等的直线,以该直线为基线,在垂直基线方向分别画出各控制截面的轴力竖标,并逐段连线便绘制出杆件的轴力图,最后对图形进行标注,标注内容包括四个方面,分别是:标图名、标控制值、标正负号、标单位。

例 4 - 3 已知杆件的受力情况如图 4 - 6(a)所示,试绘制该杆件的轴力图。

解 (1)杆件分段:依据杆件所受的外力作用情况将杆件分为 AB、BC 和 CD 三段。

(2)分别计算每一段杆件横截面上的轴力:(采用直接观察法计算各段的轴力)

$$N_{AB} = 15 - 20 + 10 = 5 \text{ kN(拉力)}$$

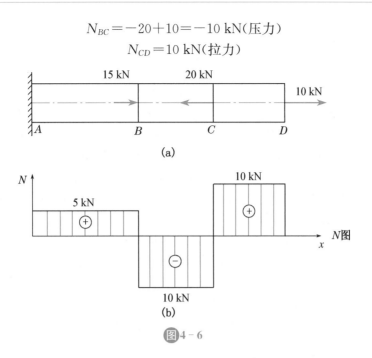

$$N_{BC}=-20+10=-10 \text{ kN(压力)}$$
$$N_{CD}=10 \text{ kN(拉力)}$$

图 4 - 6

（3）依据计算结果，按轴力图的绘制方法绘制出该杆件的轴力图，如图 4 - 6(b)所示。

▶▶ 课后思考与讨论

1. 分别说出力的投影的正负号、轴力的正负号、用直接观察法计算轴力时代数和中外力正负的规定。

2. 两根材料不同、横截面不同的杆，受到相同的轴向拉力作用，它们的内力是否相同？

▶ 任务 2　轴向拉压杆横截面上的应力 ◀

▶▶ 案例引入

两根杆材料相同、受力也相同（均为轴向拉伸），但是两根杆粗细不同，即两根杆横截面面积不同，一根粗一根细。受同样大小的轴向拉力作用，两根杆件横截面上的内力是相等的，随着外力的增加，截面积小的杆件先被拉断。这是为什么呢？

我们前面计算出来的内力实际上是杆件横截面上分布内力的合力，同样大小的内力在不同截面上分布的密集程度是不一样的。所以随着外力的增加，内力在横截面面积较小的杆件上密集程度比较大，所以横截面面积较小的杆件先断。

在工程设计中，仅仅知道杆件内力的大小，还不能解决杆件的强度问题。所以要研究杆件的强度问题，还必须要知道杆件内力在横截面上分布的情况。

2.1 轴向拉(压)时杆件横截面上的应力

轴向拉(压)杆横截面上的内力只有一种与横截面垂直的轴力,相应的横截面上的应力也只有与横截面垂直的正应力。下面通过试验方法研究一下正应力在横截面上是如何分布的。

取一根用橡胶制作的等直杆,在它的侧面任意画两条垂直于杆轴线的横向线 ab 和 cd 及两条平行于杆轴线的纵向线 ef 和 gh,如图 4-7(a)。然后在两端施加一对轴向外力 F,使杆件产生轴向拉伸变形,如图 4-7(b)所示,可观察到横向线 ab、cd 分别平行移到了位置 $a'b'$ 和 $c'd'$,但仍为直线,且仍然垂直于杆轴线;纵向线伸长到了 $e'f'$ 和 $g'h'$,且仍与杆轴线平行。

根据上述试验观察的现象可以做如下假设:ab、cd 在平行移动过程中一直保持为直线,且仍然互相平行并垂直于杆轴线。若将横向线看作是横截面,则变形前为平面的横截面,在变形后仍然为平面,且垂直于杆轴线,只是沿杆轴做了相对的平移。此假设通常称为平面假设。

假设杆件是由无数根纵向纤维组成,由平面假设可知,沿杆件各纵向纤维都伸长了相同的长度,亦即拉杆在任意两横截面间的伸长变形是均匀的。

根据材料的均匀连续性假设,当变形相同时,受力也相同,即轴力在横截面上的分布集度相同,如图 4-7(c)所示。

由此可以得出结论:轴向拉(压)杆横截面上只有正应力且均匀分布,即

$$\sigma=\frac{N}{A} \tag{4-1}$$

式中:σ 为杆件横截面上的正应力;N 为杆件横截面上的轴力;A 为杆件横截面面积。

轴向拉压杆横截面上的正应力与杆件轴力有相同的正负号规定,即拉正压负。

由公式(4-1)可以看出:当杆件的横截面面积一定时,轴力愈大则正应力也愈大;当轴力一定时,杆件的横截面面积愈大则正应力愈小。这就表明,轴向拉压杆的破坏不仅与杆件的内力(或外力)有关,而且还与杆件横截面面积有关。

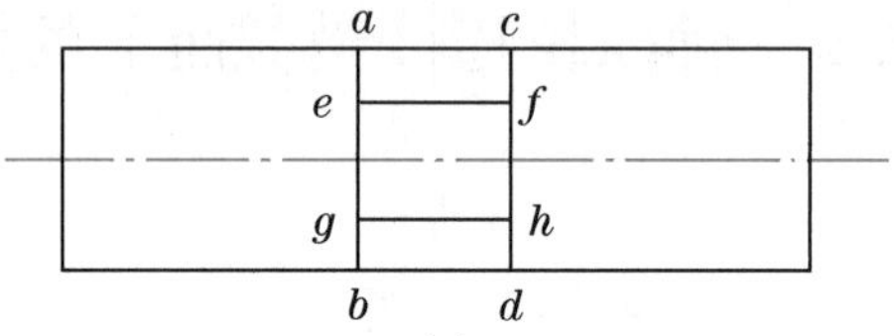

(a)

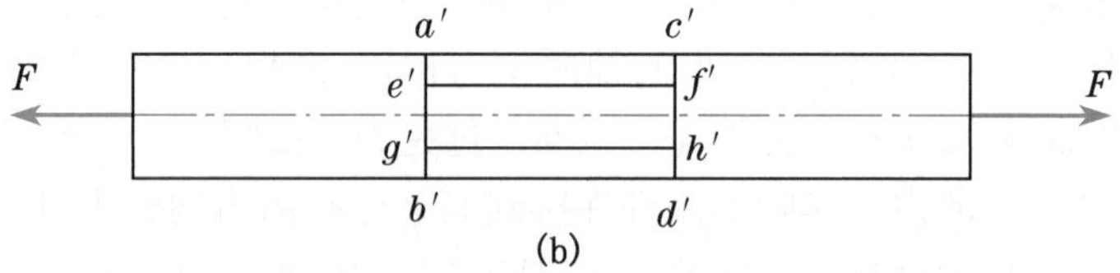

(b)

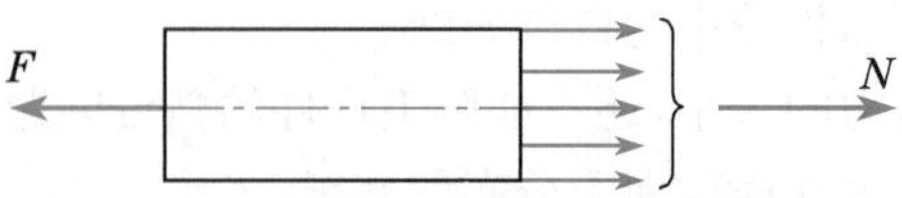

(c)

图4-7

例 **4－4**　一阶梯直杆受力情况如图 4－8(a)所示,已知横截面面积为 $A_1=1\,000\text{ mm}^2$,$A_2=500\text{ mm}^2$,试绘制杆件的轴力图,并计算杆件各段横截面上的应力。

解　(1)分段计算杆件的轴力,并绘制轴力图,如图 4－8(b)所示。

$$N_{AB}=N_{BC}=50\text{ kN(拉力)}$$

$$N_{CD}=-30\text{ kN(压力)}$$

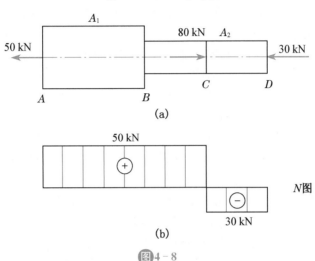

图 **4－8**

(2) 计算杆件各段的正应力。

AB 段：
$$\sigma_{AB}=\frac{N_{AB}}{A_1}=\frac{50\times10^3\text{ N}}{1\,000\text{ m}^2}=50\text{ MPa(拉应力)}$$

BC 段：
$$\sigma_{BC}=\frac{N_{BC}}{A_2}=\frac{50\times10^3\text{ N}}{500\text{ mm}^2}=100\text{ MPa(拉应力)}$$

CD 段：
$$\sigma_{CD}=\frac{N_{CD}}{A_2}=-\frac{30\times10^3\text{ N}}{500\text{ mm}^2}=-60\text{ MPa(压应力)}$$

例 **4－5**　等截面混凝土立柱,如图 4－9 所示,柱高 $h=8$ m,横截面是边长为 500 mm 的正方形,荷载 $F=500$ kN,混凝土容重 $\gamma=24\text{ kN/m}^3$,考虑立柱的自重,求立柱底部横截面上的应力。

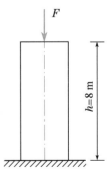

解　立柱横截面面积：$A=500\text{mm}\times500\text{ mm}=25\times10^4\text{ mm}^2$

(1) 计算立柱底部横截面上的轴力：
$$N=-F-h\cdot A\cdot\gamma$$
$$=-500\text{ kN}-8\times25\times10^{-2}\times24\text{ kN}=-548\text{ kN(压力)}$$

(2) 计算立柱底部横截面上的正应力：
$$\sigma=\frac{N}{A}=\frac{-548\times10^3\text{ N}}{25\times10^4\text{ mm}^2}=-2.192\text{ MPa(压应力)}$$

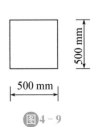

图 **4－9**

ⅠⅠ▶ 2.2 应力集中的概念

等截面直杆受轴向力作用产生拉伸或压缩变形时,横截面上的正应力是均匀分布的。但当横截面尺寸有突然变化时,则在横截面突变处应力就不再是均匀分布了。如图 4 - 10 和 4 - 11 所示的杆件,根据工程需要,在杆件上钻孔或开槽,导致截面发生突然变化,从而使截面突变附近的应力急剧加大;远离截面突变处一定距离后的截面应力逐渐趋于均匀。这种由于杆件外形的突然变化而引起的局部应力急剧增加的现象,称为**应力集中**。

应力集中对塑性材料和脆性材料的影响是不同的。

塑性材料具有屈服阶段,当最大应力达到材料的屈服极限时,若外力继续增大,孔边缘的应力保持不变而变形会继续增加,这样就将所增加的外力传递给相邻部分的材料,其余各点处的应力也逐渐达到材料的屈服极限,这种应力重新分布的现象实际上起着缓冲作用,避免了杆件突然破坏,降低了应力集中的不利影响。所以,在静荷载作用下,可不考虑应力集中对塑性材料的不利影响。

脆性材料没有屈服阶段,当应力集中处的最大应力达到材料的强度极限时,孔边最大应力处将出现局部裂纹,使其发生局部断裂,很快导致整个构件的破坏。因此对脆性材料必须考虑应力集中的不利影响。考虑到脆性材料的内部缺陷(杂质、气孔等)较为严重,缺陷处也有应力集中现象,为保证杆件安全正常地工作,设计时采取了加大安全系数的做法。

一般来说,应力集中对杆件的工作是不利的,在设计时应该尽量降低应力集中的影响。例如,在构件的截面突变部位采用渐变段或圆弧段连接,就可以使局部突变的应力数值大大降低。

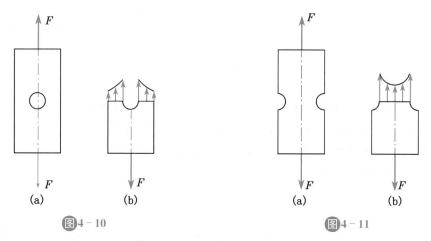

图 4 - 10   图 4 - 11

◖◖◗▶ 课后思考与讨论

1. 两根长度、截面和受荷情况相同的杆件,其材料不同,它们的内力和应力是否相同?
2. 杆件材料性质与应力集中有没有关系? 为什么?

▶ 任务 3　轴向拉压杆的变形 ◀

⚪⚪⚪▷⌐ 案例引入

取一长度为 l 的橡皮筋,让其伸长 Δl,如图 4-12(a)所示;若把橡皮筋长度缩短一半,同样让它伸长 Δl,如图 4-12(b)所示。那么当长短不一的两根橡皮筋,产生相同的伸长量时,它们的变形程度是否一样?

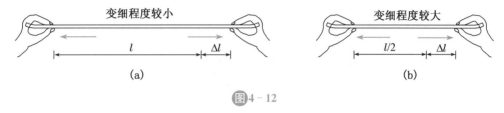

图 4-12

很明显,长度不一样的两根橡皮筋,虽然其纵向变形量相同,但变形程度却差别很大。由此可见,仅靠伸长量 Δl 尚不足以反映橡皮筋的变形程度,还需考虑橡皮筋长度 l 对杆件变形的影响。本任务将着重介绍杆件的变形计算。

▥▶ 3.1　轴向拉压杆的变形描述

1. 纵向变形

(1) 绝对纵向变形

杆件在轴向力作用下,沿杆轴方向长度的改变量,称为绝对纵向变形,用 Δl 表示。若杆件原长为 l,变形后的长度为 l_1,如图 4-13 所示,则杆件的绝对纵向变形为

$$\Delta l = l_1 - l \tag{4-2}$$

绝对纵向变形 Δl 的常用单位为 mm,当杆件伸长时,Δl 为正;杆件缩短时,Δl 为负。

(2) 相对纵向变形

显然,杆件的绝对纵向变形 Δl 与杆长 l 有关,在其他条件相同的情况下,杆件越长则杆件绝对纵向变形越大。杆件的绝对纵向变形 Δl 只反映了杆件的总变形量,而对杆件的变形程度却无法解释清楚。比如案例引入中拿两根橡皮筋做实验就说明了这一问题。为了消除杆件原长对变形的影响,常用单位长度的纵向变形来反映杆件的变形程度,这个量称为杆件的纵向线应变,简称线应变,用 ε 表示。杆件的纵向线应变就是杆件的相对纵向变形。

$$\varepsilon = \frac{\Delta l}{l} \tag{4-3}$$

ε 是一个无量纲的量,ε 的正负号与杆件纵向变形相同,拉伸时为正,压缩时为负。

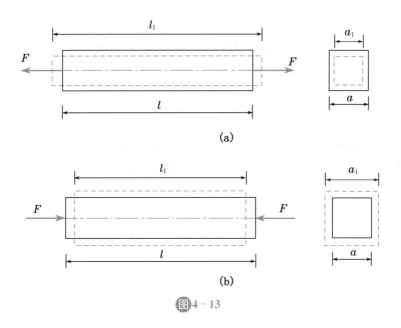

图 4 - 13

2. 横向变形

（1）绝对横向变形

杆件在轴向力作用下，在发生纵向变形的同时，横截面尺寸也相应地发生改变，称为绝对横向变形，如图 4 - 13 所示。若杆件变形前的横向尺寸为 a，变形后为 a_1，则杆件的绝对横向变形为：

$$\Delta a = a_1 - a \tag{4-4}$$

（2）相对横向变形

为了消除杆件原始横向尺寸对杆件横向变形的影响，我们引入单位长度的横向变形来反映杆件的变形程度，这个量称为杆件的相对横向变形，又叫横向线应变，用 ε' 表示。

横向线应变 ε' 为：

$$\varepsilon' = \frac{\Delta a}{a} \tag{4-5}$$

当杆件伸长时，横向尺寸变小，Δa、ε' 均为负；杆件缩短时，横向尺寸变大，Δa、ε' 均为正。

▶ 3.2 轴向拉压杆的变形计算

1. 泊松比

实验结果表明，在弹性范围内，横向线应变 ε' 和纵向线应变 ε 之比的绝对值是一个常数，这一常数称为泊松比或横向变形系数，用 ν 表示，即

$$\nu = \left| \frac{\varepsilon'}{\varepsilon} \right| \tag{4-6}$$

ν是一个无量纲的量,其数值随材料而异,可由试验测定,一些常用材料的 ν 值见表4-1。

由于纵向线应变 ε 和横向线应变 ε′ 的正负号总是相反,所以,式 4-6 也可写为:

$$\varepsilon' = -\nu\varepsilon \qquad (4-7)$$

表 4-1 常用材料的 E、ν 值

材料名称	弹性模量 E(GPa)	泊松比 ν
低碳钢(Q235)	200～210	0.24～0.28
16Mn 钢	200～220	0.25～0.33
铸铁	115～160	0.23～0.27
铝合金	71	0.33
混凝土	14.6～36	0.16～0.18
木材(顺纹)	10～120	0

2. 胡克定律

内力与变形同生共存——有内力存在,就一定有变形发生。前面我们研究轴向拉压杆的内力在杆件横截面上的分布规律就是先从观察分析杆件变形入手的。关于轴向拉压杆变形与内力的关系,英国科学家罗伯特·胡克建立了弹性体变形与力成正比的定律,即胡克定律。

试验表明,工程实际中常用的一些材料所制成的轴向拉压杆件,在杆上的外力不超过弹性范围的条件下,纵向变形 Δl 与轴力 N、杆长 l 成正比,与横截面面积 A 成反比,即

$$\Delta l \propto \frac{Nl}{A}$$

引入比例常数 E,上式可写为:

$$\Delta l = \frac{Nl}{EA} \qquad (4-8)$$

式(4-8)称为胡克定律的表达式,式中的比例常数 E 称为材料的弹性模量(又叫杨氏弹性模量),各种材料的弹性模量由试验测定,其常用单位为 GPa,一些常用材料的 E 值见表4-1。EA 称为杆件的抗拉压刚度,它反映了杆件抵抗拉压变形的能力,对长度相同,受力相等的杆件,EA 越大,杆件的纵向变形就越小。

知识延伸

杨氏弹性模量(简称杨氏模量)是表征在弹性限度内物质材料抗拉或抗压的物理量,它是因英国科学家托马斯.杨而得名,其值仅取决于材料本身的物理性质。杨氏模量的大小标志了材料的刚性,杨氏模量越大,材料越不容易发生变形。

将 $\varepsilon = \dfrac{\Delta l}{l}$,$\sigma = \dfrac{N}{A}$ 这两个关系式代入式(4-8)中,可得胡克定律的另一表达形式

$$\sigma = E\varepsilon \qquad (4-9)$$

式(4-9)可表述为:当应力不超过材料的比例极限时,正应力与线应变成正比。

知识窗

罗伯特·胡克(1635—1703),又译罗伯特·虎克(Robert Hooke),17 世纪英国最杰出的科学家之一。他在力学、光学、天文学等多方面都有重大成就。他所设计和发明的科学仪器在当时是无与伦比的。他本人被誉为英国的"双眼和双手"。

胡克在光学方面,是光的波动说的支持者。1655 年,胡克提出了光的波动说,他认为光的传播与水波的传播相似。1672 年胡克进一步提出了光波是横波的概念。在光学研究中,胡克更主要的工作是进行了大量的光学实验,特别是致力于光学仪器的创制。

胡克在力学方面的贡献尤为卓著。他建立了弹性体变形与力成正比的定律,即胡克定律。他还同惠更斯各自独立发现了螺旋弹簧的振动周期的等时性等。他曾协助玻意耳发现了玻意耳定律。他曾为研究开普勒学说做出了重大成绩。

胡克在机械制造方面,他设计制造了真空泵,显微镜和望远镜,并将自己用显微镜观察所得写成《显微术》一书,细胞一词即由他命名。

胡克在天文学、生物学等方面也有贡献。他曾用自己制造的望远镜观测了火星的运动。1663 年英国科学家罗伯特胡克有一个非常了不起的发现,他用自制的复合显微镜观察一块软木薄片的结构,发现它们看上去像一间间长方形的小房间,就把它命名为细胞。用自己制造的显微镜观察植物组织,于 1665 年发现了植物细胞(实际上看到的是细胞壁),并命名为"cell",至今仍被使用。

胡克的发现、发明和创造是极为丰富的。胡克制造过各种机械,包括万向接头在内。1666 年伦敦大火以后,他在重建城市中设计了一些重要建筑物。他曾发明过空气唧筒、发条控制的摆轮、轮形气压表等多种仪器。

例 4-6 短柱如图 4-14 所示,承受荷载 $F_1 = 200$ kN,$F_2 = 300$ kN,AB 段长度为 $l_1 = 0.5$ m,横截面面积 $A_1 = 1\ 000$ mm²;BC 段长度为 $l_2 = 0.8$ m,横截面面积 $A_2 = 2\ 000$ mm²。设弹性模量 $E = 200$ GPa,不考虑短柱的自重,请计算短柱的总变形量。

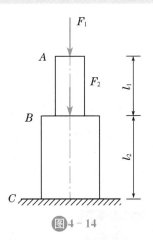

图 4-14

解 (1)计算各段横截面上的轴力。

AB 段:

$$N_{AB} = -F_1 = -200 \text{ kN(压力)}$$

BC 段:

$$N_{BC} = -F_1 - F_2 = -200 - 300 = -500 \text{ kN(压力)}$$

(2)计算杆件的总变形量。

AB 段的变形量:

$$\Delta l_{AB} = \frac{N_{AB} l_1}{EA_1} = \frac{-200 \times 10^3 \times 0.5 \times 10^3}{200 \times 10^3 \times 1\ 000} = -0.5 \text{ mm}$$

BC 段的变形量:$\Delta l_{BC} = \dfrac{N_{BC} l_2}{EA_2} = \dfrac{-500 \times 10^3 \times 0.8 \times 10^3}{200 \times 10^3 \times 2\ 000} = -1 \text{ mm}$

总变形量:$\Delta l = \Delta l_{AB} + \Delta l_{BC} = -0.5 - 1 = -1.5 \text{ mm}$

整个短柱被压缩了 1.5 mm。

轴向拉压杆
变形计算

◯◯◯▶▷ 课后思考与讨论

1. 变形和应变有何区别? 受拉杆件的总伸长若等于零,那么杆内的应变是否等于零?

2. 钢的弹性模量为 $200\,GPa$,铝的弹性模量为 $71\,GPa$,试比较在同一应力下,哪种材料的应变大? 同一应变下哪种材料的应力大? 为什么?

▶ 任务4 材料在轴向拉压时的力学性质 ◀

◯◯◯▶▷ 案例引入

某三角架如图 $4-15$ 所示,有低碳钢和铸铁两种材料可供选用,现采用低碳钢制作斜杆,用铸铁制作横杆,试问这样做出来的结构是否合理?

三角架中的斜杆和横杆在不考虑自身重力的情况下都是二力杆,对三角架结构进行受力分析可知斜杆受拉、横杆受压。拉压杆所用的材料就要根据材料不同的力学性质来选择。

材料的力学性质是材料在受力时所表现出来的强度与变形方面的性质。例如前面的变形计算中,涉及的弹性模量、泊松比等。研究材料的力学性质的目的是确定材料在变形和破

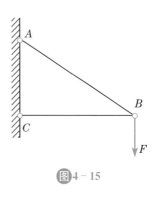

图 $4-15$

坏情况下的一些重要性能指标,并以此作为选用材料、进行材料强度及刚度计算的依据。材料在拉伸或压缩时的力学性质,是通过材料的拉伸实验、压缩实验来测定的。

根据试件在拉断时塑性变形的大小,将工程中使用的材料分为塑性材料和脆性材料。塑性材料在拉断之前会产生较大的塑性变形,如低碳钢、合金钢、铝、铅等;脆性材料在拉断时塑性变形很小,如铸铁、砖、混凝土、石料等。这两类材料的力学性质有非常明显的差别。

本任务主要介绍材料在常温(指室温)、静载(指在加载过程中不产生加速度)下,塑性材料和脆性材料在轴向拉伸和轴向压缩时的力学性质。

ⅢⅡⅣ 4.1 材料在轴向拉伸时的力学性质

1. 低碳钢的拉伸试验

低碳钢是含碳量较低(在 0.25% 以下)的普通碳素钢,例如 Q235 钢,是工程上广泛使用的材料,它在拉伸试验时的力学性质较为典型,因此将着重加以介绍。

材料的力学性质与试件的几何尺寸有关。

为了便于将试验结果进行比较,试验时采用国家规定的标准试件,如图 $4-16$ 所示,试件中间段是一段等直杆,两端稍粗一些,以便在试验机上夹紧。中间等直段为试件的工作段,试验时就是测量工作段的变形量。工作段的长度 l 称为标距,试验时用仪表测量该段的伸长。常用的标准试件规格有两种:圆形截面试件标距 l 与截面直径 d 的比例为 $l=10d$ 或

$l=5d$；矩形截面试件标距 l 与截面面积 A 的比例为 $l=11.3\sqrt{A}$ 或 $l=5.65\sqrt{A}$。试验时，将试件安装在万能试验机上，然后均匀缓慢地加载（应力速率在 $3\sim30$ MPa/s 之间），使试件拉伸直至断裂。

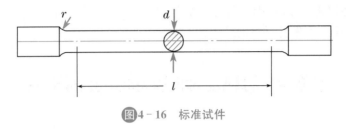

图 4-16　标准试件

试验机自动绘制的试件所受荷载与变形的关系曲线，即 $F-\Delta l$ 曲线，称为拉伸图，如图 4-17 所示。为了消除试件尺寸的影响，将拉力 F 除以试件的原横截面面积 A，纵向伸长量 Δl 除以原标距 l，得到材料的应力-应变图，即 $\sigma-\varepsilon$ 图，如图 4-18 所示。根据低碳钢的拉伸图和应力-应变图以及试件的变形现象，可确定低碳钢的力学性质。

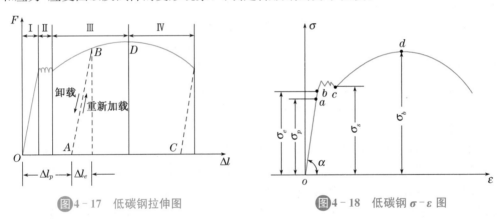

图 4-17　低碳钢拉伸图　　　　　图 4-18　低碳钢 $\sigma-\varepsilon$ 图

（1）低碳钢的拉伸过程分为四个阶段

① 弹性阶段（Ⅰ）——当试件中的应力不超过图 4-18 中 b 点的应力时，试件的变形是弹性的。在这个阶段内，当卸去荷载后，变形完全消失。b点对应的应力为弹性阶段的应力最高限，称为弹性极限，用 σ_e 表示。在弹性阶段内，线段 oa 是一条直线，这表示应力和应变（或拉力和伸长变形）成线性关系，即材料服从胡克定律。a 点的应力为线弹性阶段的应力最高限，称为比例极限，用 σ_p表示。既然在 oa 范围内材料服从胡克定律，那么就可以利用式（4-6）在这段范围内确定材料的弹性模量 E，直线 oa 的斜率 $\tan\alpha=\sigma/\varepsilon=E$ 就是材料的弹性模量。试验结果表明，材料的弹性极限和比例极限数值上非常接近，故工程上对它们往往不加区分。

② 屈服阶段（Ⅱ）——此阶段亦称为流动阶段。当增加荷载使应力超过弹性极限后，变形增加较快，而应力不增加或产生波动，在 $\sigma-\varepsilon$ 曲线上或 $F-\Delta l$ 曲线上呈锯齿形波纹线，这种现象称为材料的屈服或流动。在屈服阶段内，若卸去荷载，则变形不能完全消失。这种不能消失的变形即为塑性变形或称残余变形。材料具有塑性变形的性质称为塑性。试验表明，低碳钢在屈服阶段内所产生的应变约为弹性极限时应变的 15～20 倍。材料屈服时，在

低碳钢拉伸过程

光滑试件的表面将出现许多与轴线大致成 45°的倾斜条纹,如图 4-19 所示,称为滑移线。这种现象的产生,是由于拉伸试件中,与杆轴线成 45°角的斜面上,存在着数值最大的切应力。当拉力增加到一定数值后,最大切应力超过了某一临界值,造成材料内部晶格在 45°角斜面上产生相互间的滑移。由于滑移,材料暂时失去了继续承受外力的能力,因此变形增加的同时,应力不会增加甚至会减少。由试验得知,屈服阶段内最高点(上屈服点)的应力很不稳定,而最低点 c(下屈服点)所对应的应力较为稳定。故通常取最低点所对应的应力为材料屈服时的应力,称为屈服极限(屈服点)或流动极限,用 σ_s 表示。

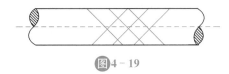

图4-19

③ 强化阶段(Ⅲ)——试件屈服以后,经过滑移内部组织结构发生了重组,材料重新获得了进一步承受外力的能力,因此要使试件继续增大变形,必须增加外力,这种现象称为材料的强化。在强化阶段中,试件主要产生塑性变形,而且随着外力的增加,塑性变形量显著地增加。这一阶段的最高点 d 所对应的应力称为材料的强度极限,用 σ_b 表示。

④ 颈缩破坏阶段(Ⅳ)——从 d 点开始,当应力达到强度极限后,试件在某一薄弱区域内的伸长急剧增加、截面尺寸显著减小。试件横截面在这薄弱区域内显著缩小,形成了"颈缩"现象,如图 4-20 所示。由于试件"颈缩",使试件继续变形所需的拉力迅速减小。因此,$F-\Delta l$ 和 $\sigma-\varepsilon$ 曲线出现下降现象,最后试件在最小截面处被拉断。

图4-20　试件颈缩

材料的比例极限 σ_p、弹性极限 σ_e、屈服极限 σ_s 及强度极限 σ_b 都是 $\sigma-\varepsilon$ 曲线上特征点对应的应力,它们在材料力学的计算中具有重要意义。

(2) 材料的塑性指标——试件拉断后,变形中的弹性部分消失了,而塑性变形残余了下来。试件的标距由原来的 L_o 变为 L_u,断口处横截面面积由原来的 S_o 变为 S_u。工程中常用试件拉断后保留的塑性变形大小作为衡量材料塑性性能的指标,工程中衡量材料塑性变形能力的两个指标分别为:

材料断后伸长率
$$A = \frac{L_u - L_o}{L_o} \times 100\% \tag{4-10}$$

断面收缩率
$$Z = \frac{S_o - S_u}{S_o} \times 100\% \tag{4-11}$$

但在试验测量 S_u 时,容易产生较大的误差,因而钢材标准中往往只采用断后伸长率这个指标。工程中通常把 $A \geqslant 5\%$ 的材料,称为塑性材料;把 $A < 5\%$ 的材料称为脆性材料。低碳钢的断后伸长率大约在 25% 左右,故为塑性材料,断面收缩率 $Z \approx 60\%$。

(3) 冷作硬化现象——在材料的强化阶段中,如果卸去荷载,则卸载时拉力和变形之间仍为线性关系,如图 4-17 中的虚线 BA。由图可见,试件在强化阶段的变形包括弹性

变形 Δl_e 和塑形变形 Δl_P。如卸载后重新加载，则拉力和变形之间大致仍按 AB 直线变化，直到 B 点后再按原曲线 BD 变化。将 OBD 曲线和 ABD 曲线比较后可以看出：① 卸载后重新加载时，材料的比例极限提高了（由原来的 σ_p 提高到 B 点所对应的应力），而且不再有屈服现象；② 拉断后的塑性变形减少了（即拉断后的残余伸长由原来的 OC 减小为 AC）。这种将材料预拉到强化阶段，然后卸载，当再加载时，比例极限和屈服极限得到提高，塑性降低的现象称为冷作硬化现象。材料经过冷作硬化处理后，其比例极限提高，表明材料的强度可以提高，这是有利的一面。例如钢筋混凝土梁中所用的钢筋，常预先经过冷拉处理，起重机用的钢索也常预先进行冷拉。但另一方面，材料经冷作硬化处理后，其塑性降低，这在许多情况下又是不利的。例如机器上的零件经冷加工后易变硬变脆，使用中容易断裂；在冲孔等工艺中，零件的孔口附近材料变脆，使用时孔口附近也容易开裂。因此需对这些零件进行"退火"处理，以消除冷作硬化的影响。

建筑工程中常利用冷作硬化来提高材料的屈服极限，从而达到节约钢材的目的，如冷拉钢筋、冷拔钢丝等。

2. 铸铁的拉伸试验

铸铁作为典型的脆性材料，其应力-应变图是一条微弯的曲线，如图 4-21 为灰口铸铁拉伸时的应力-应变曲线。从图中可以看出：

（1）铸铁拉伸时的应力-应变曲线上没有明显的直线段，即材料不服从胡克定律。但是铸铁从开始拉伸直至试件被拉断为止，曲线的曲率都很小。因此，在工程上，曲线的绝大部分可用一割线代替，如图 4-21 中虚线所示，在这段范围内，认为材料近似服从胡克定律。

（2）铸铁从受拉到断裂，拉伸时的变形很小，拉断后的残余变形只有 $0.5\% \sim 0.6\%$。

（3）铸铁在受拉过程中既无比例极限和屈服点，也无颈缩现象，破坏是突然发生的。断裂面接近垂直于试件轴线的横截面，其断裂时的应力就是强度极限 σ_b，但是铸铁的抗拉强度极限很低，所以铸铁不宜作为拉伸构件的材料使用。

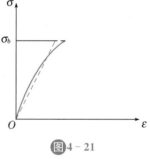

图 4-21

3. 其他材料拉伸时的力学性能

图 4-22 表示几种塑性材料的 σ-ε 曲线，它们的共同特点是断面伸长率 A 都比较大。图中有些金属材料没有明显的屈服点，对于这些没有明显屈服点的塑性材料，通常规定以产生 0.2% 应变时所对应的应力值作为材料的名义屈服极限，用 $\sigma_{0.2}$ 表示，如图 4-23 所示。

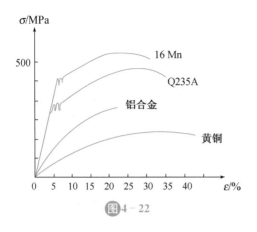

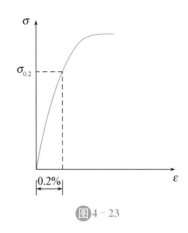

图 4 - 22

图 4 - 23

4.2　材料压缩时的力学性质

1. 低碳钢的压缩试验

低碳钢压缩试验采用短圆柱体试件,试件高度和直径关系为 $h_0 = (1.5 \sim 3.0)d_0$。试验得到低碳钢压缩时的应力-应变曲线如图 4 - 24(a)所示的实线,试验结果表明:

（1）低碳钢压缩时的比例极限 σ_p、屈服极限 σ_s 及弹性模量 E 都与拉伸时的基本相同。

（2）当应力达到屈服极限后,试件出现显著的塑性变形;加压时,试件明显缩短,横截面增大。由于试件两端面与压头之间摩擦的影响,试件两端的横向变形受到阻碍,试件被压成鼓形,如图 4 - 24(b)所示。随着外力增加,越压越扁,横截面面积不断增大,虽然名义应力不断增加,但实际应力并不增加,故试件不会断裂,无法得到低碳钢压缩时的强度极限。

由于低碳钢的力学性能指标,通过拉伸试验都可测得,因此,低碳钢一般不做压缩试验。

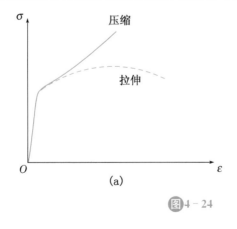

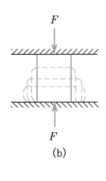

图 4 - 24

2. 铸铁的压缩试验

铸铁压缩试验也采用短圆柱体试件,灰口铸铁压缩时的应力-应变曲线和试件破坏情况如图 4-25(a)和(b)所示。试验结果表明:

(1)铸铁压缩试验与拉伸试验相似,铸铁压缩时的 σ-ε 仍然是条曲线,只是在压力较小时近似符合胡克定律。

(2)铸铁的压缩过程中没有屈服阶段。

(3)和拉伸试验相比,铸铁压缩破坏后的轴向应变较大,约为 $5\% \sim 10\%$。

(4)铸铁试件的压缩破坏断口是沿与轴线成 $45° \sim 55°$ 角的斜截面剪断。通常以试件剪断时横截面上的正应力作为强度极限 σ_b,脆性材料压缩时的力学性能与拉伸时有较大差别,铸铁压缩强度极限比拉伸强度极限高 $4 \sim 5$ 倍。

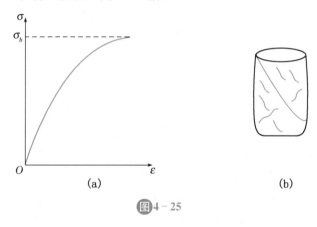

图 4-25

3. 混凝土的压缩试验

混凝土构件一般用以承受压力,故混凝土常需做压缩试验以了解其压缩时的力学性质。混凝土试件常用边长为 150 mm 的立方块。试件成型后,在标准养护条件下养护 28 天后进行试验。混凝土的抗压强度与试验方法有密切关系,在压缩试验中,若试件上下两端面不加减摩剂,由于两端面与试验机加力面之间的摩擦力,使得试件横向变形受到阻碍,提高了抗压强度。随着压力的增加,中部四周逐渐剥落,最后试件剩下两个相连的截顶角锥体而破坏,如图 4-26(a)所示。若在两个端面加润滑剂,则减少了两端面间的摩擦力,使试件易于横向变形,因而降低了抗压强度。最后试件沿纵向开裂而破坏,如图 4-26(b)所示。

标准的混凝土压缩试验是在试件的两端面之间不加减摩剂,试验得到混凝土的压缩应力-应变曲线如图 4-27 所示。但是一般在普通的试验机上做试验时,只能得到 OA 曲线。在这一范围内,当荷载较小时,应力-应变曲线接近直线;继续增加荷载后,应力-应变关系为曲线。直至加载到材料破坏,得到混凝土受压的强度极限 σ_b。根据近代的试验研究发现,若采用控制变形速率的加载装置、伺服试验机或刚度很大的试验机,可以得到应力-应变曲线上强度极限以后的下降段 AC。在 AC 段范围内,试件变形不断增大,但承受压力的能力逐渐减小,这一现象称为材料的软化。整个曲线 OAC 称为应力-应变全曲线,它对混凝土结构的应力和变形分析有重要意义。用试验方法同样可得到混凝土的拉伸强度以及拉伸应力-

应变全曲线,混凝土受拉时也存在材料的软化现象。

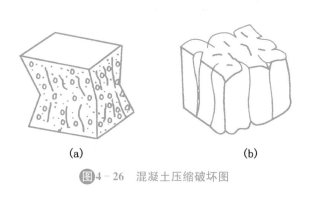

图4-26　混凝土压缩破坏图

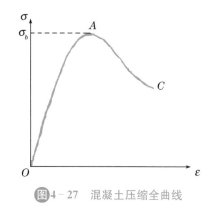

图4-27　混凝土压缩全曲线

砖、石、混凝土等其他材料都与铸铁类似,它们的抗压强度都远高于抗拉强度。因此,在工程中,这类材料适宜用作受压构件。

知识延伸

上面介绍的材料的力学性质都是常温、静载下的力学性质,材料的力学性质还受其他一些因素的影响,这些因素包括温度、加载速度、荷载的长时间作用、受力状态等。另外,材料的塑性与脆性也不是绝对的,例如低碳钢在常温下表现为塑性,但在低温下表现为脆性;石料通常认为是脆性材料,但在各向受压的情况下,却表现出很好的塑性。因此,将塑性材料与脆性材料说成材料的塑性状态与脆性状态更为确切。

➤**特别提示**:应力-应变图上的诸特征点 a、b、c、d 所对应的应力值,反映不同阶段材料的变形和破坏特性。其中屈服极限 σ_s 表示材料出现了显著的塑性变形;而强度极限 σ_b 则表示材料将失去承载能力,因此 σ_s、σ_b 是衡量材料强度的两个重要指标。

▶▶ **课后思考与讨论**

1. 已知三种材料的 $\sigma-\varepsilon$ 曲线如图 4-28 所示,哪一种材料刚度大? 哪一种材料强度高? 哪一种材料塑性好?

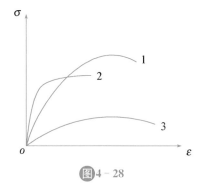

图4-28

2. 购买钢材时,应先查阅钢材的材质单,材质单上有哪两项强度指标和哪两项塑性指标? 试阐述其物理意义。

▶ **任务 5   轴向拉压杆的强度计算** ◀

⬤⬤⬤ ➤➤ **案例引入**

在建筑工地上起吊构件是常见的。而起吊较重的构件用的是钢丝绳而不是麻绳,这是为什么?

因为钢丝绳比麻绳的极限应力大,所以钢丝绳的承载能力比麻绳的承载能力高。

▮▶ 5.1   材料的极限应力与许用应力

1. 材料的极限应力

应力会随着外力的增加而增长,对于给定的某一种材料来说,应力的增长是有一定限度的,超过这一限度,材料就要破坏。对某种材料来说,应力可能达到的这个限度称为该种材料的极限应力,其极限应力值要通过材料的力学试验来测定。将测得的极限应力值做适当降低,规定出材料能够安全工作的应力最大值作为材料的许用应力。材料要想安全使用,在使用时其内的应力应该低于它的极限应力,否则,材料就会在使用过程中发生破坏。

根据对材料的力学性质的研究可知,当塑性材料达到屈服极限时,有较大的塑性变形发生;脆性材料达到强度极限时,会引起断裂。构件在工作时,这两种情况都是不允许的。我们把构件发生显著变形或断裂时的最大应力,称为极限应力,用 σ^0 表示。

塑性材料以屈服极限为极限应力,即 $\sigma^0 = \sigma_s$(或 $\sigma^0 = \sigma_{0.2}$);脆性材料以强度极限为极限应力,即 $\sigma^0 = \sigma_b$。

2. 材料的许用应力

为了保证构件在工作中有足够的强度,构件在荷载作用下的工作应力必须低于极限应力。因实际构件的工作条件受许多外界因素及材料本身性质的影响,许多不利因素无法预计,故必须把工作应力限制在更小的范围内,以保证构件有足够的安全储备。

我们把保证构件安全、正常工作所允许承受的最大应力,称为许用应力,用 $[\sigma]$ 表示。即

$$[\sigma] = \frac{\sigma^0}{n} \qquad (4-12)$$

式中:$[\sigma]$——材料的许用应力;

σ^0——材料的极限应力;

n——安全系数,$n > 1$。

在工程中安全系数 n 的取值范围,由国家标准规定,一般不能任意改变。对于一般常用材料的安全系数及许用应力数值,在国家标准或有关手册中均可以查到。一般构件在常温、静载条件下,塑性材料的安全系数取 $n_s = 1.2 \sim 2.5$,脆性材料的安全系数为 $n_b = 2.0 \sim 3.5$。安全系数的选取和许用应力的确定,关系到构件的安全与经济两个方面,这两个方面往往是

相互矛盾的,应该正确处理好它们之间的关系。

▶ 5.2　轴向拉压杆的强度计算

1. 轴向拉压杆的强度条件

为了保证构件安全可靠地工作,必须使构件的最大工作应力不超过材料的许用应力。因此,轴向拉(压)杆件的强度条件为:

$$\sigma_{\max} = \left| \frac{N}{A} \right|_{\max} \leqslant [\sigma] \qquad (4-13)$$

对于等截面拉压杆,其强度条件可表示为:

$$\sigma_{\max} = \frac{|N|_{\max}}{A} \leqslant [\sigma] \qquad (4-14)$$

式中:$\sigma_{\max}$——构件的最大工作应力;

$\quad$ $N_{\max}$——构件横截面上的最大轴力;

$\quad$ A——构件的横截面面积;

$\quad$ $[\sigma]$——材料的许用应力。

2. 轴向拉压杆的强度计算

在轴向拉压杆中,产生最大正应力的截面称为危险截面。对于轴向拉压的等直杆,其轴力最大的截面就是危险截面;对于变截面直杆,应找出最大应力及其相应的截面位置,进行强度计算。

利用强度条件,可解决工程实际中有关构件强度的三类问题:

(1) 强度校核

已知杆件的横截面形状及尺寸和所受荷载及材料的许用应力,校核构件能否安全工作,即比较 $\sigma_{\max}$ 与 $[\sigma]$ 的大小关系。如果 $\sigma_{\max} \leqslant [\sigma]$,则说明杆件满足正应力强度要求,能够安全工作;否则,杆件不满足正应力强度要求,不能安全工作。

(2) 设计截面尺寸

已知杆件承受的荷载及所用材料的许用应力,根据强度条件设计横截面的形状及尺寸。则有 $A \geqslant \dfrac{|N|_{\max}}{[\sigma]}$,由此式可算出构件横截面的最小面积,再根据截面形状确定其尺寸。

(3) 确定许用荷载

已知杆件形状及尺寸和材料的许用应力,计算杆件所能承受的许用轴力,即 $|N|_{\max} \leqslant A[\sigma]$,再根据此轴力进一步确定构件的许用荷载。

例 4-7　用绳索起吊钢筋混凝土预制板如图 4-29(a)所示。板重 $F_G = 20$ kN,绳索的直径 $d = 50$ mm,许用应力 $[\sigma] = 10$ MPa,试校核绳索的强度。

解　(1) 取整体为研究对象,由二力平衡公理可得

$$F_T = F_G = 20 \text{ kN}$$

(2) 取吊钩为研究对象,受力图如图 4-29(b)所示,则

轴向拉压杆强度计算

$$\sum X = 0, F_{TBC}\cos 45° - F_{TAC}\cos 45° = 0$$

$$\sum Y = 0, F_T - F_{TBC}\sin 45° - F_{TAC}\sin 45° = 0$$

解之得 $\qquad F_{TBC} = F_{TAC} = 14.14 \text{ kN}$

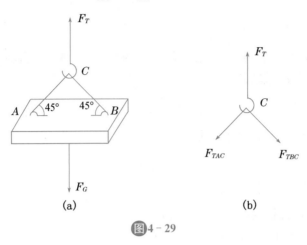

图 4-29

（3）校核强度。

绳索 AC 和 BC 工作时均处于二力平衡状态，其横截面上的轴力与绳索所受的拉力相等，即 $N_{BC} = N_{AC} = F_{TBC} = F_{TAC} = 14.14 \text{ kN}$

两根绳索的受力情况相同，校核其中的一根即可。

绳索内的最大工作应力为

$$\sigma_{AC} = \frac{N_{AC}}{A} = \frac{14.14 \times 10^3 \text{ N}}{\frac{1}{4}\pi \times 50^2 \text{ mm}^2} = 7.21 \text{ MPa} < [\sigma] = 10 \text{ MPa}$$

所以，绳索满足正应力强度要求。

例 4-8 图 4-30(a)所示三角形托架，AB 为钢杆，其横截面面积为 $A_1 = 400 \text{ mm}^2$，许用应力为$[\sigma]_1 = 170 \text{ MPa}$；$BC$ 杆为木杆，其横截面面积为 $10\,000 \text{ mm}^2$，许用应力$[\sigma]_2 = 10 \text{ MPa}$。试求荷载 F 的最大值 $F_{\max}$。

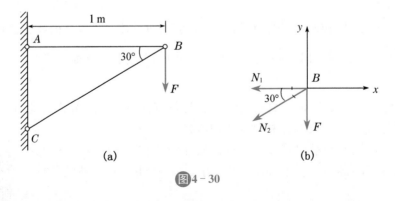

图 4-30

解 （1）求两杆的轴力与荷载的关系。假想用截面将 AB 杆、BC 杆截开，取节点 B 为研究对象并画出其受力图如图 4-30(b)所示。由平衡条件

$$\sum Y = 0, -N_2 \sin 30° - F = 0, N_2 = -\frac{F}{\sin 30°} = -2F(压力)$$

$$\sum X = 0, -N_2 \cos 30° - N_1 = 0, N_1 = -N_2 \cos 30° = -(-2F) \times \frac{\sqrt{3}}{2} = \sqrt{3}F(拉力)$$

（2）计算许可荷载

因 $\qquad |N_{\max}| \leqslant A[\sigma]$

① 由 AB 杆计算出的许可荷载为 $|N_1| = \sqrt{3}F \leqslant A_1[\sigma]_1$

$$F \leqslant \frac{A_1[\sigma]_1}{\sqrt{3}} = \frac{400 \text{ mm}^2 \times 170 \text{ MPa}}{\sqrt{3}} = 39\,300 \text{ N} = 39.3 \text{ kN}$$

② 由 BC 杆计算出的许可荷载为 $|N_2| = 2F \leqslant A_2[\sigma]_2$

$$F \leqslant \frac{A_2[\sigma]_2}{2} = \frac{10\,000 \text{ mm}^2 \times 10 \text{ MPa}}{2} = 50\,000 \text{ N} = 50 \text{ kN}$$

比较二者的计算结果可知荷载的最大值为 $F_{\max} = [F] = 39.3$ kN。

例 4－9　一轴心受压柱的基础如图 4－31 所示，已知轴心压力 $F = 470$ kN，基础埋深 $H = 1.8$ m，基础和土的平均容重 $\gamma = 19.6$ kN/m³，地基土的许用压力 $[\sigma] = 0.2$ MPa，试计算基础所需的底面尺寸。

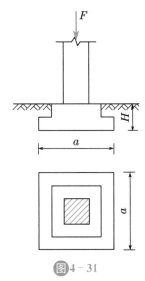

图 4－31

解　基础底面积所承受的压力为柱子传来的压力 F 和基础的自重 $F_W = \gamma HA$。

根据强度条件

$$\sigma = \frac{F + F_W}{A} = \frac{F}{A} + \gamma H \leqslant [\sigma]$$

即 $\qquad \dfrac{F}{a^2} + \gamma H \leqslant [\sigma]$

计算基础所需截面尺寸

$$a \geqslant \sqrt{\frac{F}{[\sigma] - \gamma H}} = \sqrt{\frac{470 \times 10^3}{0.2 - 19.6 \times 1.8 \times 10^{-3}}} = 1\,689 \text{ mm}$$

取 $a = 1\,700$ mm

●●● ▶ 课后思考与讨论

1. 极限应力与许用应力是如何确定的？

2. 强度条件的公式及意义是什么？

3. 在例题 4－8 中计算许用荷载时，分别计算杆 AB 和 BC 的许用荷载后，取二者的最小值。这是为什么呢？

▶ 项目小结 ◀

本项目主要介绍了轴向拉压杆件的内力、应力、变形、强度以及压杆稳定等方面的计算。

1. 计算轴向拉压杆的内力有截面法和直接观察法两种方法。

2. 轴向拉压杆的正应力 σ 在横截面上均匀分布,其计算公式为 $\sigma = \dfrac{N}{A}$。

3. 纵向线应变和横向线应变的关系为 $\varepsilon' = -\nu\varepsilon$。

4. 胡克定律建立了应力和应变之间的关系,其表达式为 $\sigma = E\varepsilon$ 或 $\Delta l = \dfrac{Nl}{EA}$。

5. 低碳钢的拉伸应力—应变曲线分为四个阶段:弹性阶段、屈服阶段、强化阶段和颈缩断裂阶段。强度指标有 σ_s 和 σ_b;塑性指标有 δ 和 ψ。

6. 轴向拉压杆的强度条件为 $\sigma_{max} = \left| \dfrac{N}{A} \right|_{max} \leqslant [\sigma]$,利用该式可以解决强度校核、设计截面尺寸和计算许用荷载这三个方面的问题。

▶ 项目考核 ◀

一、判断题

1. 低碳钢在轴向拉伸的全过程中,杆件的纵向变形始终遵守胡克定律。 （　　）

2. 两根材料不同,横截面面积不相等的拉杆,受相同的轴向拉力,那么它们的内力不相等。 （　　）

3. 轴力和截面面积相等,但截面形状和材料不同的拉杆,它们横截面上的正应力不相等。 （　　）

4. 在静载作用下,应力集中对塑性材料和脆性材料产生的影响是不同的。 （　　）

5. 轴向拉压杆的抗拉刚度只与材料有关。 （　　）

6. 外力越大,杆件横截面上的应力一定越大。 （　　）

二、填空题

1. 工程上通常把_____的材料称为塑性材料,_____的材料称为脆性材料。

2. _____和_____是衡量材料塑性性能的两个重要指标。

3. 当轴向拉压杆的应力不超过某一限度时,杆的纵向变形与_____和_____成正比,与杆件_____成反比,这一关系称为_____。

4. 低碳钢的轴向拉伸过程可以分成_____阶段、_____阶段、_____阶段和_____阶段。

三、选择题

1. 对于没有明显屈服阶段的塑性材料,许用应力 $[\sigma] = \dfrac{\sigma^0}{n}$,其中 σ^0 应取 （　　）

A. σ_s 　　　　　B. σ_b 　　　　　C. $\sigma_{0.2}$ 　　　　　D. σ_p

2. 经过抛光的低碳钢试件,在拉伸过程中表面会出现滑移线的阶段是 （　　）

A. 弹性阶段　　　B. 屈服阶段　　　C. 强化阶段　　　D. 颈缩断裂阶段

3. 杆件轴向拉压时横截面上的正应力_____分布 （　　）

A. 均匀　　　　　B. 线性　　　　　C. 假设均匀　　　　　D. 抛物线

4. 对于轴向拉压杆来说,杆件的应力与杆件的_____有关 （　　）

A. 外力　　　　　　　　　　　B. 外力、截面

C. 外力、截面、材料　　　　　D. 外力、截面、杆长、材料

5. 两根截面相同、材料不同的杆件,受相同的轴向外力作用,它们的纵向绝对变形

（　　　）

A. 相同　　　　B. 不一定　　　　C. 不相同　　　　D. 都不是

四、简答题

1. 已知低碳钢的比例极限 $\sigma_P = 200\text{ MPa}$,弹性模量 $E = 200\text{ GPa}$。现有一低碳钢试件,测得其应变 $\varepsilon = 0.03$,是否可由此计算 $\sigma = E\varepsilon = 200 \times 10^3 \times 0.002 = 400\text{ MPa}$,为什么?

2. 何谓冷作硬化现象? 它在工程上有什么应用?

3. 简述低碳钢轴向拉伸过程的四个阶段。

五、计算题

1. 试用截面法计算图 4-32 中各指定截面上的轴力。

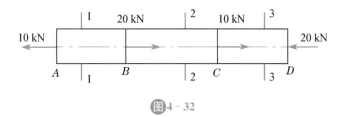

图 4-32

2. 试用简捷法计算图 4-33 中各指定截面上的轴力,并绘制杆件的轴力图。

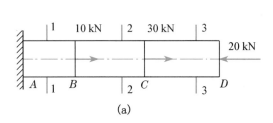

(a)　　　　　　　　　　　　　　　　(b)

图 4-33

3. 图 4-34 所示钢制阶梯形直杆,各段横截面面积分别为 $A_1 = 100\text{ mm}^2$, $A_2 = 80\text{ mm}^2$, $A_3 = 120\text{ mm}^2$,钢材的弹性模量 $E = 200\text{ GPa}$,试求:

(1) 各段的应力,指出最大应力发生在哪一段;

(2) 计算杆的总变形;

(3) 计算各段的应变。

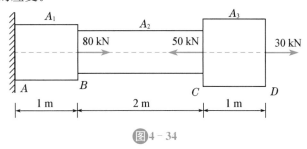

图 4-34

4. 一根直径 $d=20$ mm，长度 $l=1$ m 的轴向拉杆，在弹性范围内承受轴向拉力 $F=80$ kN，材料的弹性模量 $E=2.1\times10^5$ MPa，泊松比 $\nu=0.3$。试求该杆的纵向变形和横向变形。

5. 如图 4-35 所示，杆 1 为直径 $d=50$ mm 的圆截面钢杆，许用应力 $[\sigma]_1=140$ MPa；杆 2 为边长 $a=100$ mm 的正方形截面木杆，许用应力 $[\sigma]_2=5$ MPa。已知节点 B 处挂有一重物 $F_G=36$ kN，试校核两杆的强度。

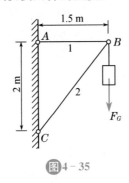

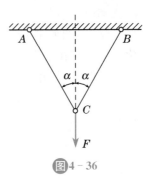

图 4-35　　　　　　　　　　图 4-36

6. 如图 4-36 所示，AC 是钢杆，直径 $d_1=35$ mm，许用应力 $[\sigma]_1=160$ MPa，BC 是铝杆，直径 $d_2=50$ mm，许用应力 $[\sigma]_2=60$ MPa。已知 $\alpha=30°$。试求结构的许可荷载 $[F]$。

六、连线题：把下列应力表示符号与其对应的应力名称连线。

A. σ_b　　　　　　a. 材料的极限应力

B. σ_e　　　　　　b. 材料的比例极限应力

C. σ_p　　　　　　c. 材料的弹性极限应力

D. σ_s　　　　　　d. 材料的屈服极限应力

E. $\sigma_{0.2}$　　　　　e. 材料的强度极限应力

F. σ^0　　　　　　f. 材料的名义屈服极限应力

项目自测

扫码作答

压杆的稳定性

◆ 本项目知识点

- 压杆稳定性的概念
- 柔度
- 压杆的分类
- 压杆的临界应力总图
- 欧拉公式
- 压杆的稳定性计算
- 提高压杆稳定性的措施

◆ 本项目学习目标

★ 理解压杆稳定性的基本概念
★ 了解压杆的分类情况
★ 深刻理解压杆的柔度与临界力、临界应力的关系
★ 深刻理解欧拉公式
★ 熟悉压杆的临界应力总图
★ 掌握压杆的稳定性计算
★ 理解并掌握提高压杆稳定性的措施

◆ 本项目能力目标

▲ 能够正确识别压杆的类型
▲ 能够正确确定压杆的临界力
▲ 能够正确计算压杆的稳定性

◀◀◀▶▶ 项目导语

　　在前面我们研究了直杆的轴向拉伸与压缩的强度计算,学过之后你是否产生了"轴向拉压杆只要满足强度条件就能正常工作"的想法?这个想法是正确的吗?为什么?还是让下面的实验告诉你正确答案吧。

　　我们取两根宽 25.3 mm,厚 17.7 mm 的矩形截面木杆件,其中一根长 150 mm,另一根长 700 mm,让它们同时承受轴向

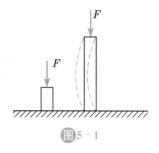

图 5-1

压力的作用,如图5-1所示。我们让力F由零开始缓慢增加,在实验过程中我们看到:在力F达到2 500 N时长杆突然发生弯曲,并且弯曲变形急剧增大,很快就折断了;而短杆在力F达到15.1 kN时才破坏。

观看了上述实验后,我们不得不思考一个问题:从强度角度来讲,两根杆的材料、截面都相同,它们所能承受的轴向压力也应该相同,也就是说两根杆件应该同时破坏,为什么长杆比短杆先破坏,而且长杆的承载能力比短杆小很多呢?欲知详情,请跟我一起学习项目五——压杆的稳定性吧!

项目五的核心内容就是要告诉大家如何合理解决细长压杆的安全问题,其主要内容包括:压杆稳定性的概念、压杆的分类、压杆临界力的确定、压杆稳定性的计算、提高压杆稳定性的措施等。

▶ 任务1 压杆稳定性的基础知识 ◀

◉◉◉▶ 案例引入

工程实践中,因为细长压杆丧失了保持其原有直线形式平衡状态的能力而酿成惨剧的案例也不少,1907年8月29日17时32分加拿大魁北克省圣劳伦斯河上,一座即将建成的长548 m的钢桁架结构大桥,如图5-2所示,在施工过程中就是因为桥中两根受压弦杆丧失了保持其原有直线形式平衡状态的能力,从而造成了整个大桥突然倒塌,造成了当场至少75人死亡、多人受伤的惨剧。1913年这座大桥的建设重新开始,然而不幸的是悲剧于1916年9月再次发生。直到1917年在经历了两次惨痛的悲剧后,魁北克大桥才终于竣工通车。

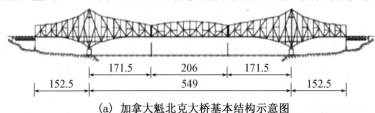

(a) 加拿大魁北克大桥基本结构示意图

(b) 坍塌的魁北克大桥

(c) 建成的魁北克大桥

图5-2 加拿大魁北克大桥

案例分析:1907 年 8 月 29 日发生在加拿大魁北克大桥上的惨剧是因受压杆件失稳而导致整个结构彻底破坏的典型案例。1907 年的第一次坍塌灾难极为深重,是一起强调强度设计而未知压杆屈曲失稳造成的桥梁倒塌。该桥梁倒塌事故的原因是设计师对结构构件的受压失稳机理没有认识。

对于这次事故,加拿大组成了包括蒙特利尔的亨利·霍尔盖特、贝尔福德的约翰·克里和多伦多的约翰乔治·盖尔克里等人的皇家委员会对事故的原因进行了调查,调查发现:导致大桥垮塌的直接原因是弦杆 A9L 和 A9R 屈曲,主要原因简述如下:

(1) 魁北克大桥坍塌是因为主桥墩锚臂附近的下弦杆设计不合理,发生失稳。

(2) 杆件采用的容许应力水平太高。

(3) 严重低估了自重,且未能及时修正错误。

(4) 魁北克桥梁和铁路公司与凤凰桥梁公司的权责不明。

(5) 魁北克桥梁和铁路公司过于依赖个别有名气和有经验的桥梁工程师,导致了桥梁施工过程中基本上没有监督。

(6) 凤凰桥梁公司的规划和设计、制造和架设工作都没有问题,钢材的质量也很好;不合理的设计是根本性错误。

(7) 当时的工程师不了解钢压杆的专业知识,没能力设计如魁北克大桥那样的大跨结构。

▮▶ 1.1　压杆稳定的概念

工程中把仅承受轴向压力作用的直杆称为轴向压杆,简称压杆。本任务将介绍压杆稳定的概念、压杆的分类情况。

1. 压杆稳定的概念

其实类似案例引入中这样的问题,力学及结构方面的专家在很多年前就发现了,并对此问题进行了大量的分析和研究,得出的结论是:长杆比短杆先破坏的原因不是长杆的抗压强度不够造成的,而是长杆在受力过程中突然发生了变形形式的转换(由轴向压缩转换成了弯曲变形),其真正原因是细长压杆丧失了保持其原有直线形式平衡状态的能力。

如图 5-3 所示的液压机构中的顶杆,如果承受的压力过大,或者顶杆过于细而长,就有可能突然由直变弯,发生稳定性失效。

液压缸顶杆

千斤顶

图 5-3　压杆的工作实例

为了很好地研究并解决这一问题,我们的专家提出了压杆稳定性的概念,并定义:轴向压杆保持其原有直线平衡状态的能力称为压杆的稳定性。上述实验中的长杆在一定轴向压力作用下不能保持其原有直线平衡状态而突然弯曲的现象称为压杆丧失稳定性,简称失稳。由于受压直杆失稳后将丧失继续承受原设计荷载的能力,从而引发整个结构的倒塌,所以,结构中受压直杆的失稳将会造成严重的后果,我们一定要高度重视压杆的稳定性问题。

2. 轴向压杆的三种平衡状态

要想解决压杆的稳定性问题,首先需要了解压杆平衡状态的稳定性。

为了便于读者了解压杆的平衡状态,我们先来研究小球的三种平衡状态。如图 5 - 4 所示,当小球分别在支承面上 A、B、C 三个位置处于平衡状态时,设想在一瞬间给小球施加一个微小的水平干扰力使小球产生运动。观察小球运动的终止状态,可以得知:A 位置的小球,小球在 A 点附近来回滚动,最后又停留在原来的位置上,我们称小球在 A 位置的平衡是稳定的平衡状态;C 位置的小球,小球受到干扰后将滚落下去,一去不复返,不再保持平衡,我们称小球在 C 位置的平衡是不稳定的平衡状态;B 位置的小球,小球受干扰后被推到 B' 点,它既不会回到原处,也不会继续运动,而是在新的位置保持新的平衡,我们称小球在 B 位置的平衡是随遇平衡状态,它是由稳定平衡过渡到不稳定平衡的一种平衡状态,因此把它称为临界平衡。

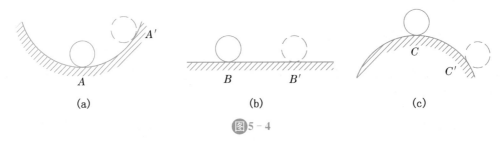

(a)　　　　　　　　　　(b)　　　　　　　　　　(c)

图 5 - 4

与上述小球的平衡状态类似,轴向压杆的平衡状态也可以分为三种。在研究压杆稳定时,通常将压杆抽象为由均质材料制成、轴线为直线且外加压力的作用线与压杆轴线重合的中心受压直杆(又称为理想压杆)。如图 5 - 5(a)所示为一根中心受压直杆,当压力 F 不太大时给压杆施加一微小的横向干扰力使压杆产生微小弯曲,如图 5 - 5(b)所示,解除干扰后压杆会如何呢? 我们发现压杆的变化因其所受的轴向压力的大小不同而有所差别:当轴向压力 F 小于某一特定界限值时,解除干扰力后压杆将恢复其原来的直线平衡状态,如图 5 - 5(c)所示,此时压杆直线形状的平衡是稳定的平衡状态;当轴向压力 F 超过某一特定界限值时,解除干扰力后压杆的弯曲将继续加大,直至发生弯折破坏,如图 5 - 5(e)所示,此时压杆直线形状的平衡是不稳定的平衡状态;当轴向压力 F 等于某一特定界限值时,解除干扰力后压杆维持微弯状态不变,如图 5 - 5(d)所示,此时压杆直线形状的平衡是临界平衡状态。压杆在临界平衡状态时所受的轴向压力称为压杆的临界力,用 F_{cr} 表示。

由此可见,压杆的稳定性与压杆所受的轴向压力的大小有关,要想保持压杆的稳定性,使压杆处于稳定的平衡状态,必须控制压杆所受的轴向压力,使其小于其临界力 F_{cr}。因此,解决压杆稳定问题的关键就是要首先确定压杆的临界力 F_{cr},然后在使用时控制压杆所受的轴向压力小于其临界力 F_{cr}。

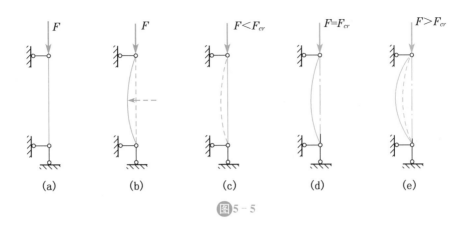

(a)　　　　(b)　　　　(c)　　　　(d)　　　　(e)

图5-5

1.2 压杆的分类

压杆的临界力越大,则其稳定性就越好。而一根压杆的临界力大小与其材料、杆件长度、横截面形状及尺寸、杆件两端的约束情况等因素有关,为此,力学专家引入了研究压杆稳定性问题中的一个重要概念:柔度。

1. 柔度

工程上用 μl 与 i 的比值来表示压杆的细长程度,并称其为压杆的柔度,柔度又称为长细比,用 λ 表示。柔度是一个无量纲的量,柔度是压杆稳定问题中一个极为重要的概念,柔度综合反映了构件两端的约束情况、构件的长度、构件的截面形状及尺寸等因素对压杆临界力的影响。杆件的截面尺寸越大,柔度越小;杆件长度越长,柔度越大;杆件端部用固定约束比滑动约束的柔度小,有约束比无约束的柔度小。其定义公式是

压杆的分类

$$\lambda = \frac{\mu \cdot l}{i} \tag{5-1}$$

式中: μ ——压杆的长度系数,其值与压杆的杆端约束情况有关,见表5-1;

$\quad\quad l$ ——压杆的实际长度, μl 称为压杆的计算长度;

$\quad\quad i$ ——压杆横截面的惯性半径, $i = \sqrt{\dfrac{I}{A}}$ 。

表5-1 压杆的长度系数

压杆两端的约束情况	两端固定	一端固定、一端铰支	两端铰支	一端固定、一端自由
长度系数 μ	0.5	0.7	1	2

2. 压杆的分类

根据压杆柔度 λ 的大小,通常把压杆分为大柔度杆、中等柔度杆和小柔度杆。

（1）大柔度杆

柔度 $\lambda \geqslant \lambda_p$ 的压杆称为大柔度杆,又叫细长杆,其中 λ_p 是杆件对应于材料比例极限 σ_p

时的柔度值(注: $\lambda_p = \pi\sqrt{\dfrac{E}{\sigma_p}}$)。

（2）中等柔度杆

柔度 $\lambda_p > \lambda > \lambda_s$ 的压杆称为中等柔度杆，又叫中长杆或一般杆，其中 λ_s 是杆件对应于材料屈服极限 σ_s 时的柔度值(注: $\lambda_s = \dfrac{a - \sigma_s}{b}$ ，其中 a、b 为与材料有关的常数)。

（3）小柔度杆

柔度 $\lambda < \lambda_s$ 的压杆称为小柔度杆，又叫粗短杆。

课后思考与讨论

1. 稳定性与强度有什么不同？
2. 什么是柔度？其值与哪些因素有关？

任务 2　压杆稳定性的确定

案例引入

奥运会有一个比赛项目——举重运动，正如大家所看到的一样，参加举重运动比赛的运动员大多都是矮胖型的。这是为什么呢？

举重运动员举起重物时的状态与一根竖直压杆承受轴向压力的状态是一样的，此时，举重运动员面临的问题也是保持原有竖直直线平衡状态的能力的问题。如果举重运动员举起的重物的重量超过了运动员保持原有竖直直线平衡状态的能力的临界力，运动员和压杆一样，也会失去稳定性。欲知其中的详情及奥秘，那就请你跟我一起学习本任务吧，本任务将介绍压杆的临界力、临界应力、压杆的稳定性等计算以及提高压杆稳定性的措施。

2.1　细长压杆的临界力计算及欧拉公式

细长轴向受压直杆在临界荷载作用下，处于不稳定的直线平衡状态，其材料仍然处于理想的线弹性范围内，这一类稳定问题称为线弹性稳定问题，它是压杆稳定问题中最简单、最基本的问题。临界力是维持压杆微弯平衡的最小轴向压力，在 1744 年瑞士数学家和物理学家欧拉研究出细长压杆的临界力计算公式，故将这一公式称为欧拉公式。

计算临界力的欧拉公式为

$$F_{cr} = \frac{\pi^2 EI}{(\mu l)^2} \tag{5-2}$$

式中：E——压杆材料的弹性模量；

　　　　I——压杆横截面的惯性矩；

　　　　μ——压杆的长度系数；

　　l——压杆的实际长度。

　　需要注意的是：在使用欧拉公式计算压杆的临界力时，由于杆件的弯曲将在其最小刚度平面内发生，故欧拉公式中的 *I* 应该是压杆横截面的最小形心主惯性矩。

　　例 5 - 1　试计算某建筑工地一根支撑钢筋混凝土楼板的木支柱的临界力。假设材料处于线弹性工作阶段，支柱是两端铰支的轴心受压直杆，杆长 $l = 4$ m，杆横截面为圆形，直径 $d = 120$ mm，材料的 $E = 10$ GPa。

　　解　（1）计算圆柱截面的惯性矩

$$I = \frac{\pi d^4}{64} = \frac{\pi \times 120^4}{64} \text{mm}^4 = 10.2 \times 10^{-6} \text{ m}^4$$

　　（2）柱两端铰支时 $\mu = 1$

　　（3）采用欧拉公式计算木支柱的临界力

$$F_{cr} = \frac{\pi^2 EI}{(\mu l)^2} = \frac{\pi^2 \times 10 \times 10^9 \times 10.2 \times 10^{-6}}{(1 \times 4)^2} = 63 \times 10^3 \text{ N} = 63 \text{ kN}$$

▐▶ 2.2　压杆的临界应力计算及临界应力总图

　　当压杆处于临界状态时杆件横截面上的平均应力称为压杆的临界应力，用 σ_{cr} 表示。其计算公式为 $\sigma_{cr} = \dfrac{F_{cr}}{A}$。

1. 压杆的临界应力计算

（1）大柔度杆件的计算

大柔度杆的临界力、临界应力用欧拉公式计算，计算压杆临界应力的欧拉公式为

$$\sigma_{cr} = \frac{F_{cr}}{A} = \frac{\pi^2 E}{\lambda^2} \tag{5-3}$$

　　由柔度的定义公式和计算临界力、临界应力的欧拉公式可知：柔度 λ 综合反映了压杆的几何长度、两端约束情况以及横截面形状和尺寸等因素对临界应力的影响。柔度 λ 越大，表示压杆越细长，临界应力 σ_{cr} 就越小，临界力也越小，压杆稳定性越差，压杆越容易发生失稳破坏；反之，柔度 λ 越小，表示压杆越粗短，临界应力 σ_{cr} 就越大，临界力也越大，压杆的稳定性越好，压杆越不容易发生失稳破坏。

　　（2）中等柔度杆的计算

　　工程中解决中等柔度杆的临界应力计算问题主要是使用以试验数据为基础的经验公式计算，目前常用的经验公式有直线型经验公式和抛物线型经验公式两种，本书只给出直线型经验公式：

$$\sigma_{cr} = a - b\lambda \tag{5-4}$$

　　式中 a、b——与材料性质有关的常数。常用材料的 a、b 取值详见表 5 - 2。

表 5-2　几种常用材料的 σ_p、σ_s、λ_p、λ_s、a、b

材料名称	σ_p(MPa)	σ_s(MPa)	λ_p	λ_s	a(MPa)	b(MPa)
Q235 钢	240	380	100	61.6	304	1.12
优质碳钢	306	470	100	60	460	2.57
硅钢	360	520	100	60	577	3.74
铬钼钢	380	560	55	40	980	5.3
硬铝			50		372	2.14
红松木材			50		39	0.20

（3）小柔度杆的计算

小柔度杆受压时不会出现失稳现象，也就是说小柔度杆不存在失稳问题，对于塑性材料来说，小柔度杆的临界应力就是材料的屈服极限 σ_s，应按强度问题处理，即按强度条件进行设计和计算。

2. 压杆的临界应力总图

反映临界应力与柔度之间关系的图形称为临界应力总图。由欧拉公式和直线型经验公式表示的理想压杆的临界应力总图如图 5-6 所示，它形象直观地显示了三类压杆所处的柔度范围以及其所适用的临界应力公式。

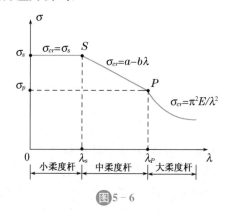

图5-6

例 5-2　两端铰支的轴心受压直杆，杆长 $l=800$ mm，杆横截面为圆形，直径 $d=16$ mm，材料为 Q235 钢，$E=200$ GPa，$\lambda_p=123$，试计算该杆的临界力和临界应力。

解　（1）计算柔度 λ

圆截面

$$I=\frac{\pi d^4}{64}, A=\frac{\pi d^2}{4}, i=\sqrt{\frac{I}{A}}=\frac{d}{4}=\frac{16}{4}=4 \text{ mm}$$

压杆两端铰支时 $\mu=1$

$$\lambda=\frac{\mu l}{i}=\frac{1\times800}{4}=200>\lambda_p=123$$

说明压杆属于大柔度杆，应采用欧拉公式计算临界力和临界应力。

（2）计算临界应力和临界力

$$\sigma_{cr} = \frac{\pi^2 E}{\lambda^2} = \frac{3.14^2 \times 200 \times 10^3}{200^2} = 49.35 \text{ MPa}$$

$$F_{cr} = \sigma_{cr} A = 49.35 \times \frac{3.14 \times 16^2}{4} = 9\ 917.38 \text{ N}$$

▐▶ 2.3　压杆的稳定性计算

1. 压杆的稳定条件

杆件的强度条件是以危险截面上的危险点的应力来建立的，而压杆的稳定条件却与之不同，它是从压杆的整体抗失稳的承载能力来衡量的，所以不需要寻找其危险截面和危险点，而是需要判断危险方面——失稳方向。当压杆的工作应力 σ 达到其临界应力 σ_{cr} 时，压杆就会因失稳而丧失工作能力，为了保证压杆具有足够的稳定性，就必须要求压杆具有一定的稳定储备，使压杆的工作应力 σ 不超过压杆稳定的许用应力 $[\sigma_{st}]$，则压杆的稳定条件为：

$$\sigma = \frac{N}{A} \leqslant [\sigma_{st}] \tag{5-5}$$

2. 折减系数法

根据压杆的稳定性条件就可以对压杆进行稳定性计算，在工程实际中，压杆的稳定性计算有安全系数法和折减系数两种方法。在土建工程中目前常用的方法是折减系数法，故本书只介绍折减系数法。

为了简化压杆的稳定性计算，引入一个折减系数 φ，从而把变化的稳定许用应力 $[\sigma_{st}]$ 与不变的强度许用应力 $[\sigma]$ 联系起来，表达为 $[\sigma_{st}] = \varphi[\sigma]$。

折减系数 φ 是一个随柔度 λ 而变化的量，φ 值介于 0 和 1 之间，表 5-3 列出了几种常见材料的折减系数。这种引入折减系数进行压杆稳定计算的方法称为折减系数法，折减系数法的稳定条件为：

$$\sigma = \frac{N}{A} \leqslant \varphi[\sigma] \tag{5-6}$$

表 5-3　压杆的折减系数 φ

λ	φ 值				
	Q235 钢	16 锰钢	铸铁	木材	混凝土
0	1.000	1.000	1.000	1.000	1.000
20	0.981	0.973	0.910	0.932	0.960
40	0.927	0.895	0.690	0.822	0.830
60	0.842	0.776	0.440	0.658	0.700
70	0.789	0.705	0.340	0.575	0.630

（续表）

λ	φ值				
	Q235 钢	16 锰钢	铸铁	木材	混凝土
80	0.731	0.627	0.260	0.460	0.570
90	0.669	0.546	0.200	0.371	0.460
100	0.604	0.462	0.160	0.300	
110	0.536	0.384		0.248	
120	0.466	0.325		0.209	
130	0.401	0.279		0.178	
140	0.349	0.242		0.153	
150	0.306	0.213		0.143	
160	0.272	0.188		0.117	
170	0.243	0.168		0.102	
180	0.218	0.151		0.093	
190	0.197	0.136		0.083	
200	0.180	0.124		0.075	

3. 压杆的稳定性计算

根据压杆的稳定条件,可以进行压杆稳定方面的三种计算,分别是稳定性校核、截面设计和确定许可荷载。

(1) 稳定性校核:已知压杆的材料、杆长、截面形状及尺寸、杆端约束情况及所受的轴向压力,先计算出压杆的柔度λ,再根据表 5-3 查得 φ,代入式(5-8)进行稳定性校核。

(2) 截面设计:已知压杆的材料、杆长、杆端约束情况及所受的轴向压力,需要进行压杆的截面尺寸设计。由于柔度λ或折减系数 φ 与截面尺寸都有关系,故通常采用试算法。

(3) 确定许可荷载:已知压杆的材料、杆长、截面形状及尺寸、杆端约束情况,求压杆所能承受的许用压力值。即已知 φ、[σ]、A,代入式(5-6)很容易求得压杆所能承受的最大压力值。

例 5-3 有一个圆形截面木柱,高为 3 m,直径 $d=240$ mm,两端铰支,承受的轴向压力 $F=60$ kN,材料的许用应力$[\sigma]=6$ MPa,试校核该木柱的稳定性。

解 (1) 计算柔度λ

圆截面的惯性半径 $i=\dfrac{d}{4}=\dfrac{240}{4}=60$ mm

压杆两端铰支时 $\mu=1$,所以压杆的柔度$\lambda=\dfrac{\mu l}{i}=\dfrac{1\times 3\,000}{60}=50$

(2) 查表 5-3 并采用直线插入法可得:$\varphi=0.740$

(3) 稳定校核

$$\sigma=\frac{N}{A}=\frac{60\times 10^3}{\dfrac{3.14\times 240^2}{4}}=1.33 \text{ MPa}<\varphi[\sigma]=0.740\times 6=4.44 \text{ MPa}$$

所以该木柱满足稳定性条件要求。

▋▶ 2.4　提高压杆稳定性的措施

提高压杆稳定
性的措施

每一根压杆都有一定的临界应力,压杆的临界应力越大,表示该压杆就越不容易失稳。提高压杆稳定性的关键,在于提高压杆的临界应力。压杆的临界应力值的大小取决于:压杆的长度、压杆的横截面形状及尺寸、压杆两端的约束情况、材料的力学性质等因素。因此,提高压杆稳定性也应从这四个方面入手。

1. 减小压杆的长度

在其他条件不变的情况下,减小压杆的长度,可以降低压杆的柔度,从而提高压杆的稳定性。

对于细长压杆来说,其临界力与杆件长度的平方成反比,因此,减少杆件长度可以显著地提高压杆的临界力。如果条件允许的话,可以通过改变结构或在压杆中间增加约束等方式达到减少压杆长度,从而提高压杆承载能力的目的。

案例分析

　　在建筑工程施工过程中,有一个很重要的工作程序——搭建脚手架。建筑工地上,因脚手架的失稳所造成的人员伤亡的案例屡见不鲜,怎么才能减少乃至杜绝类似事故的发生呢?通过对压杆稳定性问题的深入研究,我们发现:在搭建脚手架时,增加一定数量的横向支撑,就可以起到减小压杆计算长度的效果,从而达到提高压杆稳定性的目的。

2. 选择合理的截面形状

柔度 λ 与惯性半径 i 成反比,因此要提高压杆的稳定性,应尽量增大 i。

当压杆两端在各个方向弯曲平面内具有相同的约束条件时,压杆将在刚度最小的平面内弯曲,这时如果只增加杆件横截面某个方向的惯性矩,并不能提高压杆的承载能力,最经济的方法是将横截面设计为空心的,从而加大横截面的惯性矩,并使横截面对各个方向轴的惯性矩都相同。因此,对于横截面面积一定的压杆截面,正方形截面或圆形截面比矩形截面好,空心截面比实心截面好。

所以要选择合理的截面形状,就是选择 $\dfrac{I}{A}$ 较大的,即在横截面面积相同的条件下惯性矩愈大愈合理,例如选用如图 5-7 所示空心截面或组合截面等。

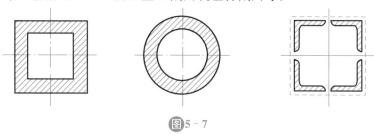

图 5-7

案例分析

（1）支撑人体重力的小腿，其骨骼形状是空心的，细小的骨骼却能承受人体较大的重力，其奥秘在于骨骼形状是管状形的，而且密实的骨质分布在四周，柔软的骨髓充满内腔。这一合理截面的形成，充分体现了动物进化过程中遵循"物竞天择、适者生存"的结果。

（2）奥运会有一个比赛项目——举重运动，正如大家所看到的一样，举重运动所选的运动员大多都是矮胖型的。矮者，则其计算长度就小；胖者，则其腰部粗壮而截面惯性矩就大。与瘦高型（苗条型）的人相比，矮胖型举重运动员自身所固有的临界力和所能举起的重量要大得多，其抗压性能和稳定性也要好很多。

3. 增强压杆的两端约束

因压杆两端约束愈强，长度系数 μ 就愈小，则柔度 λ 也愈小。因此加强压杆两端的约束，使压杆不容易发生弯曲变形，可以提高压杆的稳定性，如用固定端支座代替铰支座将使压杆的承载能力提高数倍等。

4. 合理选择材料

从欧拉公式可知，细长压杆的临界应力与材料的弹性模量 E 成正比。在其他条件均相同的条件下，选择弹性模量 E 值较大的材料，可以提高细长压杆的承载能力，例如钢压杆的临界荷载大于铜、铸铁或铝制压杆的临界荷载。

普通碳素钢、合金钢以及高强度钢的弹性模量数值相差不大，因此，对于细长杆，若选用高强度钢，对压杆的临界荷载影响甚微，意义不大，反而造成材料的浪费；但是，对于中长杆或粗短杆，其临界荷载与材料的比例极限或屈服极限有关，这时选用高强度钢会使压杆的临界荷载有所提高。

拓展视域

塔式起重机的安全与压杆的稳定性

塔式起重机简称塔机，亦称塔吊，如图 5 - 8 所示，起源于西欧，是动臂装在高耸塔身上部的旋转起重机。作业空间大，主要用于房屋建筑施工中物料的垂直和水平输送及建筑构件的安装。由金属结构、工作机构和电气系统三部分组成。金属结构包括塔身、动臂和底座等。工作机构有起升、变幅、回转和行走四部分。

图5 - 8

塔机分为上回转塔机和下回转塔机两大类。其中前者的承载力要高于后者,在许多的施工现场我们所见到的就是上回转式上顶升加节接高的塔机。按能否移动又分为:行走式和固定式。固定式塔机塔身固定不转,安装在整块混凝土基础上,或装设在条形或 X 形混凝土基础上,行走式可分为履带式、汽车式、轮胎式和轨道式四种。在房屋的施工中一般采用的是固定式的。按其变幅方式可分为水平臂架小车变幅和动臂变幅两种;按其安装形式可分为自升式、整体快速拆装和拼装式三种。应用最广的是下回转、快速拆装、轨道式塔式起重机和能够一机四用(轨道式、固定式、附着式和内爬式)的自升塔式起重机。

我国的塔机行业于 20 世纪 50 年代开始起步,相对于中西欧国家由于建筑业疲软造成的塔机业的不景气,我国的塔机业正处于一个迅速的发展时期。

塔式起重机是建设工地上应用最广、工作空间最大的起重机,因而,塔机已为我国的建设事业做出了重大贡献。然而,由于塔机安装的高、臂架伸得长、一般都是现场安装、施工中要经常顶升加高,因而塔机比较容易引发安全事故。尽管从上到下,已经一再强调要注意施工安全,有关单位也组织了培训。但是,不少单位和机构在培训时只重视文件、制度的学习,技术知识的学习并没有引起足够的重视,使得事故数量下降并不明显。

塔式起重机最严重的事故是出现倒塌,一旦发生这种事故,往往是机毁人亡、损失惨重。经过对塔式起重机发生的众多事故分析发现,由压杆失稳引起的塔式起重机安全事故并不少见,比原发性杆件受拉断裂还要多,所以,我们必须深入了解压杆失稳对塔式起重机的安全威慑。

一台塔机,不管其受力多么复杂,但对底架和机身来说,其上部的荷载都可以简化为一个正压力和一个弯矩,正压力使塔身的主弦杆均匀受压,而弯矩要靠主弦杆有拉有压来平衡。塔顶的受力主要来自平衡臂拉杆和起重臂拉杆,可以看出,平衡臂拉杆和起重臂拉杆的合力,对塔顶也构成一个正压力和一个弯矩。塔顶的受力与塔身类似,也是压弯联合作用,它的主弦杆的受力状态也是压力大于拉力。所以,塔机设计人员最关心的是主弦杆的压力,而一般人员往往以为拉断是最危险的,这是一种直观错觉,原因在于他们不了解细长杆件受压的危险性。起重臂的受力比较复杂,它与拉杆布置以及起吊位置有关,经过分析不难发现,起重臂仍然是处于压弯联合作用状态,毫无疑问,吊臂主弦杆的受力也是压力大于拉力。

通过对塔式起重机主要结构部件的受力分析我们得出结论:塔机主要结构部件的杆件所受的最大内力,往往都是压力大于拉力,所以,我们一定要高度重视压力对塔机安全的威慑。总之,一句话:塔机中压杆的稳定性问题是塔机安全问题中的一个至关重要的问题,我们必须高度重视。

◯◯◯ ▶▶ 课后思考与讨论

1. 欧拉公式的适用范围是什么? 如果超范围使用,则计算结果是偏于安全还是偏于危险? 为什么?

2. 用折减系数法进行稳定计算时,对压杆的柔度值有没有限制? 为什么?

3. "在材质、杆长、两端约束情况相同的条件下,压杆横截面面积越大,其临界应力就越大。"这种说法对吗？为什么？

4. 压杆的稳定性与哪些因素有关？如果某压杆的稳定性不够，可以采取哪些措施？

5. 如图 5-9 所示，举重运动员会发生失稳吗？怎么失稳，是前后弯曲、还是左右弯曲？为什么？

图 5-9

▶ 项目小结 ◀

本项目主要讨论了压杆稳定性的概念、压杆临界力及临界应力的计算、压杆稳定性计算及提高压杆稳定性的措施。

1. 轴向压杆保持其原有直线平衡状态的能力称为压杆的稳定性。

2. 杆件在一定轴向压力作用下不能保持其原有直线平衡状态而突然弯曲的现象称为压杆丧失稳定性，简称失稳。

3. 工程上用 μl 与 i 的比值来表示压杆的细长程度，并称其为压杆的柔度，柔度又称为长细比，用 λ 表示。

4. 压杆的临界力计算

根据压杆柔度 λ 的大小，通常把压杆分为大柔度杆、中等柔度杆和小柔度杆。

（1）大柔度杆（又叫细长杆）的临界力、临界应力用欧拉公式计算；

（2）中等柔度杆（又叫中长杆或一般杆）的临界应力用经验公式计算；

（3）小柔度杆（又叫短粗杆）不会出现受压失稳弯曲现象，应按强度条件进行设计和计算。

5. 压杆的稳定性计算

压杆的稳定条件为：$\sigma = \dfrac{N}{A} \leqslant [\sigma_{st}]$，根据压杆的稳定条件，可以进行压杆稳定方面的三种计算，分别是稳定性校核、截面设计和确定许用荷载。

6. 提高压杆稳定性的措施

提高压杆稳定性的措施有：减小压杆的长度、合理选择压杆的横截面形状及尺寸、增强压杆两端的约束、选择合适的材料等。

▶ 项目考核 ◀

一、判断题

1. 压杆的柔度愈小，就愈容易失稳。　　　　　　　　　　　　　　　（　　）

2. 两根材料、长度、截面面积和约束条件都相同的压杆，则其临界压力也必定相同。
　　　　　　　　　　　　　　　　　　　　　　　　　　　　　　（　　）

二、填空题

1. 欧拉公式的适用范围是＿＿＿＿＿＿＿。

2. 压杆的柔度综合反映了＿＿＿＿＿、＿＿＿＿＿、＿＿＿＿＿对临界应力的影响。

三、选择题

1. 压杆两端铰支时，计算临界应力，长度系数 μ 取　　　　　　　　（　　）

　　A. 0.7　　　　　B. 0.5　　　　　C. 1.0　　　　　D. 2.0

2. 材料和柔度相同的两根压杆　　　　　　　　　　　　　　　　　（　　）

　　A. 临界力一定相等，临界应力不一定相等

　　B. 临界力不一定相等，临界应力一定相等

　　C. 临界力和临界应力都一定相等

　　D. 临界力和临界应力都不一定相等。

四、简答题

1. 提高压杆稳定性的措施有哪些？

2. 如果压杆在 xy 平面和 xz 平面内的约束一样时，选择什么样的截面较合理？如果压杆在 xy 平面和 xz 平面内的约束不一样时，选择什么样的截面较合理？

五、计算题

1. 某细长压杆，两端铰支，材料用 Q235 钢、其弹性模量为 $E＝200\,GPa$，请用欧拉公式分别计算下列三种情况下该压杆的临界力：

（1）圆形截面，直径 $d＝25\,mm,l＝1\,m$；

（2）矩形截面，$h＝2b＝40\,mm,l＝1\,m$；

（3）16 号工字钢，$l＝2\,m$。

2. 如果压杆分别由下列材料制成：

（1）比例极限 $\sigma_p＝220\,MPa$，弹性模量 $E＝190\,GPa$ 的钢材；

（2）比例极限 $\sigma_p＝490\,MPa$，弹性模量 $E＝215\,GPa$ 的镍钢；

（3）比例极限 $\sigma_p＝20\,MPa$，弹性模量 $E＝11\,GPa$ 的松木；

请确定该压杆可用欧拉公式计算临界力的最小柔度。

3. 有一根两端铰支松木木柱，横截面为 $150×150\,mm$ 的正方形，杆件长度为 $l＝3.5\,m$，材料的强度许用应力为 $[\sigma]＝10\,MPa$，杆件承受的轴向压力为 $F＝80\,kN$。请问该木柱是否安全？

4. 有一个托架如图 5-10 图示,图中 AB 杆为 16 号工字钢,CD 杆由两根 50×6 的等边角钢组成,已知 $l=2$ m、$h=1.5$ m,材料为 Q235 钢,其许用应力为 $[\sigma]=160$ MPa,请确定该托架的许用荷载 $[F]$。

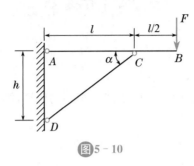

图 5-10

六、连线题:把下列压杆的长度系数值与其对应的压杆两端约束情况连线。

A 2   a. 两端固定

B 1   b. 一端固定、一端铰支

C 0.7   c. 一端固定、一端自由

D 0.5   d. 两端铰支

平面弯曲梁

◆ **本项目知识点**

- 梁的概念及其分类情况
- 计算平面弯曲梁上指定截面的内力
- 绘制平面弯曲梁的内力图
- 纯弯曲梁横截面上的应力计算
- 梁的弯曲正应力强度计算
- 梁的变形及刚度计算
- 提高梁承载能力的措施

◆ **本项目学习目标**

- ★ 理解平面弯曲、纯弯曲、横力弯曲、中性轴等概念
- ★ 掌握梁上指定截面的内力计算
- ★ 熟练掌握绘制梁的弯矩图和剪力图的方法及过程要点
- ★ 深刻理解梁上剪力图和弯矩图的变化规律
- ★ 熟悉梁横截面上的正应力分布规律
- ★ 熟练掌握梁横截面上的正应力强度计算
- ★ 了解梁的弯曲变形及刚度校核
- ★ 深刻理解提高梁承载能力的措施

◆ **本项目能力目标**

- ▲ 能描述工程实际中的弯曲变形问题、能够正确分析工程中的构件弯曲现象
- ▲ 能熟练地运用计算规律求出梁任意横截面上的剪力和弯矩
- ▲ 能利用内力图的规律和特征快速绘制梁的内力图
- ▲ 能够综合运用平面弯曲知识采用合理方式提高梁的承载能力

◗◗◗▶▶ **项目导语**

在外荷载作用下产生以弯曲变形为主要变形的非竖直杆件称为梁。梁是建筑工程中最重要的结构构件形式之一,梁的安全问题是关乎每个人的生命及财产安全的大问题,我们必须高度重视。项目六的核心目标就是要告诉大家如何合理解决平面弯曲梁的安全问题,其主要内容包括:平面弯曲变形的概念、梁上指定截面的内力计算、绘制梁内力图的方法、平面弯曲的分类、中性轴的概念、平面弯曲梁横截面上的正应力及其强度计算、梁横截面上的剪

应力及其强度计算、梁的变形及刚度校核、提高梁承载能力的措施等。欲知详情,请你跟我一起来学习项目六——平面弯曲梁吧。

任务1 平面弯曲梁的内力计算

案例引入

案例:如图6-1所示的钢筋混凝土梁在竖向均布荷载 q 作用下,将产生弯曲变形,试问在该梁中如何配置钢筋,才能保证在均布荷载 q 的作用下该梁不会发生弯曲破坏?

案例分析:要想知道如何配置钢筋才能保证图6-1所示的梁在竖向均布荷载的作用下不会发生弯曲破坏,我们还需要做很多工作,其中最关

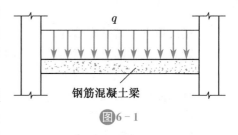

图 6-1

键、最重要的一项工作就是确定梁上最大内力的数值及其所在截面的位置,以配置相应的钢筋来满足钢筋混凝土梁的构造和强度要求。

本任务的主要内容就是计算梁上指定截面的内力、绘制平面弯曲梁的内力图,从而确定梁上最大内力的数值和位置。欲知详情,那就请你跟我一起来学习任务1吧。

1.1 梁

1. 梁的概念

在土木工程中经常遇到这样一类杆件,这类杆件所承受的荷载是作用线垂直于杆轴线的横向荷载,在这样的荷载作用下,杆件相邻横截面之间发生相对倾斜,杆件的轴线由直线变成曲线,我们定义这种变形为弯曲变形。我们把以弯曲变形为主要变形的非竖直杆件称为梁。弯曲变形是日常生活和工程实际中常见的一种变形形式,如房屋建筑中的楼板梁、门窗过梁、阳台挑梁、楼梯斜梁,还有交通工程中的各种桥梁等。

2. 梁的分类情况

梁的分类可谓是五花八门,站在不同的角度就会有不同的分类方式,力学中主要有以下两种:

(1) 按跨数把梁分为单跨梁和多跨梁

梁在两支座之间的部分称为跨,两支座之间的距离称为跨度。所谓单跨梁是指只用一个支座或两个支座支承的梁,如图6-2(a)、(b)所示;所谓多跨梁是指用两个以上支座支承的梁,如图6-2(c)、(d)所示。

(2) 按计算方法把梁分为静定梁和超静定梁

所谓静定梁是指只用静力平衡方程就可计算出全部反力和内力的梁,如图6-2(a)、

(c)所示;所谓超静定梁是指只用静力平衡方程无法计算出全部反力或内力的梁,如图 6-2 (b)、(d)所示。

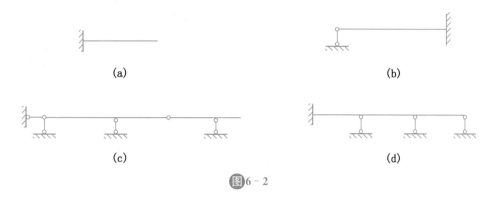

图 6-2

在力学研究中通常结合上述两种分类方式综合考虑把梁分为四大类型,分别是:单跨静定梁、单跨超静定梁、多跨静定梁、多跨超静定梁。

梁的其他分类方式还有:按梁的摆放方式把梁分为水平梁和斜梁两种,如图 6-3 所示;按梁轴线的形状把梁分为直梁、折梁和曲梁三种,如图 6-4 所示。

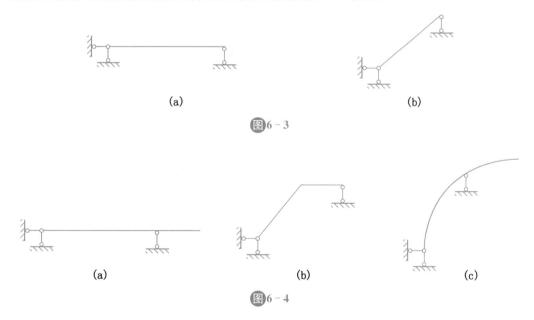

图 6-3

图 6-4

3. 平面弯曲梁的概念

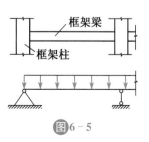

图 6-5

在工程中,梁是典型的受弯构件,如框架结构中的框架梁(图 6-5)和门窗洞口上的过梁(图 6-6)。工程中常用的梁,其横截面通常都具有一根或一根以上的对称轴,如圆截面、矩形截面、工字形截面、T 形截面、U 形截面等,由梁的轴线与梁横截面的纵向对称轴,两条相交直线所决定的平面称为梁的纵向对称平面。当梁上的所有外力(包括荷载和约束反力)的作用线都位于梁的纵向对称平面内,且组成一个平衡力系时,梁的轴线将发生弯曲变形成为一条位于该纵向对称平面内的光滑的平面曲线,这种弯曲变形称为平面弯曲,这种梁称为平面弯曲梁,如图 6 - 7 所示。平面弯曲是一种最基本、最简单、最常见的弯曲变形。

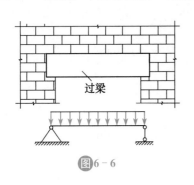

图 6 - 6

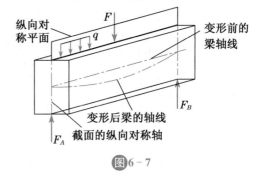

图 6 - 7

4. 单跨静定梁的形式

在本项目中我们只研究单跨静定梁,在本项目的例题和习题中除了题上给出梁自重外,其余各梁自重均忽略不计。在力学研究中通常把单跨静定梁按其支座情况分为悬臂梁、简支梁、外伸梁三种形式。

(1) 悬臂梁

一端是固定端支座、另一端自由的梁称为悬臂梁,如图 6 - 2(a)所示。

(2) 简支梁

一端是固定铰支座、另一端是可动铰支座的梁称为简支梁,如图 6 - 3(a)所示。

(3) 外伸梁

梁身的一端或两端伸出支座的简支梁称为外伸梁(又叫伸臂梁),如图 6 - 4(a)所示。

5. 梁横截面上的内力

(1) 梁的剪力和弯矩

图 6 - 8(a)所示为一简支梁,欲求距梁 A 端为 x 的任一横截面上的内力,可采用截面法。取 $m - m$ 截面左侧梁段作为研究对象,由于左侧梁段上有支座反力 F_A 作用,要使此梁段不产生移动,在 $m - m$ 截面上必定有一个与截面相切的内力存在;又由于 F_A 对 $m - m$ 截面形心 C 点产生力矩,要使此梁段不产生转动,在 $m - m$ 截面上必定存在一个内力偶。由此可见,产生平面弯曲的梁在其横截面上一般有两种内力:其一是与横截面相切的内力,称为剪力,用 V 表示;其二是在纵向对称平面内的内力偶,其力偶矩称为弯矩,用 M 表示,如图 6 - 8(b)所示。

剪力的单位是牛顿(N)或千牛顿(kN);弯矩的单位是牛顿·米(N·m)或千牛顿·米(kN·m)。

(2) 剪力和弯矩的正负号规定

剪力的正负号规定:使研究对象有顺时针方向转动或转动趋势的剪力取正号,反之取负号,如图 6 - 9(a)所示。

弯矩的正负号规定:使研究对象产生下凸变形(即上部受压、下部受拉)的弯矩取正号,反之取负号,如图 6 - 9(b)所示。

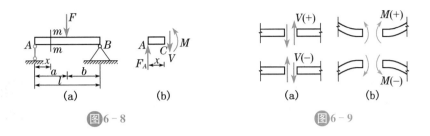

图6-8　　　　　　　　　　　　　　图6-9

▐▶ 1.2　计算梁上指定横截面的内力

计算梁上指定截面内力的方法有两种:截面法和直接观察法。

1. 用截面法计算梁上指定横截面的内力

(1) 用截面法计算梁上指定截面内力的步骤:

① 计算梁的支座反力;

② 用假想的截面将梁从需求内力的截面处截开;

③ 取截面的任一侧为隔离体(通常取受力简单的一侧),画出其受力图(截面上的 V 和 M 都按照正向假设);

④ 依据平衡条件列平衡方程计算出梁上指定截面的内力。

▶**特别提示**:用截面法计算梁上指定截面内力时,计算剪力时要用投影方程,且要选取与梁轴线垂直的坐标轴为投影轴;计算弯矩时要选用以切口形心为矩心的力矩平衡方程。

例6-1　试计算如图6-10(a)所示简支梁指定截面处的内力。

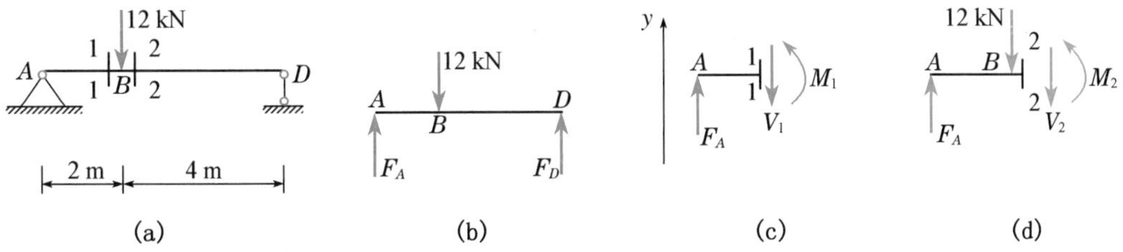

图6-10

解　(1) 计算支座反力

以梁 AD 为研究对象,画出梁的受力图如图6-10(b)所示。

列平衡方程　　　$\sum M_A = 0$　　　$-12 \times 2 + F_D \times 6 = 0$　　　$F_D = 4 \text{ kN}(\uparrow)$

　　　　　　　　$\sum M_D = 0$　　　$-F_A \times 6 + 12 \times 4 = 0$　　　$F_A = 8 \text{ kN}(\uparrow)$

(2) 计算 1-1 截面的内力

取 1-1 截面左侧部分为研究对象,画出其受力图如图6-10(c)所示,图中 1-1 截面上的剪力和弯矩都按照正向假定。

$$\sum Y = 0 \qquad F_A - V_1 = 0 \qquad V_1 = 8 \text{ kN}$$

$$\sum M_1 = 0 \qquad -F_A \times 2 + M_1 = 0 \qquad M_1 = 16 \text{ kN} \cdot \text{m}$$

（3）计算 2-2 截面的内力

取 2-2 截面左侧部分为研究对象，画出其受力图如图 6-10(d) 所示，图中 2-2 截面上的剪力和弯矩都按照正向假定。

$$\sum Y = 0 \qquad F_A - 12 - V_2 = 0 \qquad V_2 = -4 \text{ kN}$$

$$\sum M_2 = 0 \qquad -F_A \times 2 + M_2 = 0 \qquad M_2 = 16 \text{ kN} \cdot \text{m}$$

简支梁上指定
截面的内力计算

例 6-2 已知：$q = 10 \text{ kN/m}$，$F = 20 \text{ kN}$，试用截面法计算图 6-11(a) 所示悬臂梁 1-1、2-2 截面上的剪力和弯矩。

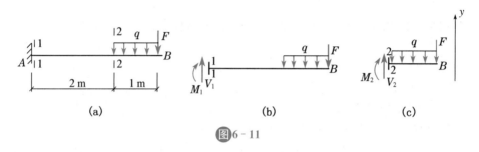

图6-11

解 图示梁为悬臂梁，由于悬臂梁具有一端为自由端的特征，所以在计算内力时可以不用求其支座反力；但在不求支座反力的情况下，只能取含有自由端的梁段进行计算。

（1）计算 1-1 截面的剪力和弯矩

用假想的截面将梁从 1-1 横截面位置截开，取 1-1 截面的右侧为隔离体，画出该段的受力图如图 6-11(b) 所示。图中 1-1 截面上的剪力和弯矩都按照正方向假定，列静力平衡方程求解剪力 V_1 和弯矩 M_1：

$$\sum Y = 0, V_1 - F - q \times 1 = 0, V_1 = F + q \times 1 = 20 + 10 \times 1 = 30 \text{ kN}$$

$$\sum M_1 = 0, -M_1 - q \times 1 \times 2.5 - F \times 3 = 0,$$

$$M_1 = -q \times 1 \times 2.5 - F \times 3 = -10 \times 1 \times 2.5 - 20 \times 3 = -85 \text{ kN} \cdot \text{m}$$

（2）计算 2-2 截面上的剪力和弯矩

用假想的截面将梁从 2-2 横截面位置截开，取 2-2 截面的右侧为隔离体，画出该段的受力图如图 6-10(c) 所示，列平衡方程求解剪力 V_2 和弯矩 M_2：

$$\sum Y = 0, V_2 - F - q \times 1 = 0, V_2 = F + q \times 1 = 20 + 10 \times 1 = 30 \text{ kN}$$

$$\sum M_2 = 0, -M_2 - q \times 1 \times 0.5 - F \times 1 = 0,$$

$$M_2 = -q \times 1 \times 0.5 - F \times 1 = -10 \times 1 \times 0.5 - 20 \times 1 = -25 \text{ kN} \cdot \text{m}$$

例 6-3 用截面法计算图 6-12(a) 所示外伸梁上指定截面的内力。

解 （1）计算支座反力

以外伸梁整体为研究对象，画出梁的受力图如图 6-12(b) 所示。

$$\sum M_C = 0 \qquad -F_A \times 4 + 30 - 10 \times 2 = 0 \qquad F_A = 2.5 \text{ kN}(\uparrow)$$

$$\sum M_A = 0 \qquad 30 + F_C \times 4 - 10 \times 6 = 0 \qquad F_C = 7.5 \text{ kN}(\uparrow)$$

悬臂梁上指定
截面内力计算

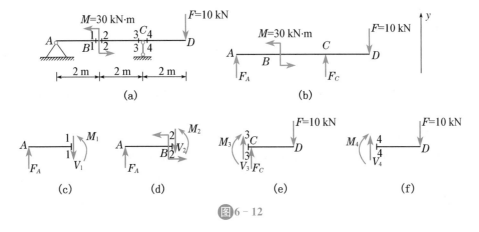

图 6 - 12

（2）计算 1 - 1 截面上的剪力和弯矩

取 1 - 1 截面左侧梁段为隔离体，画出其受力图如图 6 - 12（c）所示。

$$\sum Y = 0 \qquad F_A - V_1 = 0 \qquad V_1 = 2.5 \text{ kN}$$

$$\sum M_1 = 0 \qquad -F_A \times 2 + M_1 = 0 \qquad M_1 = 5 \text{ kN} \cdot \text{m}$$

（3）计算 2 - 2 截面上的剪力和弯矩

取 2 - 2 截面左侧梁段为隔离体，画出其受力图如图 6 - 12（d）所示。

$$\sum Y = 0 \qquad F_A - V_2 = 0 \qquad V_2 = 2.5 \text{ kN}$$

$$\sum M_2 = 0 \qquad -F_A \times 2 + 30 + M_2 = 0 \qquad M_2 = -25 \text{ kN} \cdot \text{m}$$

（4）计算 3 - 3 截面上的剪力和弯矩

取 3 - 3 截面右侧梁段为隔离体，画出其受力图如图 6 - 12（e）所示。

$$\sum Y = 0 \qquad V_3 + F_C - 10 = 0 \qquad V_3 = 2.5 \text{ kN}$$

$$\sum M_3 = 0 \qquad -M_3 - 10 \times 2 = 0 \qquad M_3 = -20 \text{ kN} \cdot \text{m}$$

（5）计算 4 - 4 截面上的剪力和弯矩

取 4 - 4 截面右侧梁段为隔离体，画出其受力图如图 6 - 12（f）所示。

$$\sum Y = 0 \qquad V_4 - 10 = 0 \qquad V_4 = 10 \text{ kN}$$

$$\sum M_4 = 0 \qquad -M_4 - 10 \times 2 = 0 \qquad M_4 = -20 \text{ kN} \cdot \text{m}$$

（2）用截面法计算梁上指定截面内力时的注意事项：

截面法是计算杆件内力的基本方法，通过上面几个例题的学习，大家已经掌握了用截面法计算梁横截面上内力的基本过程，但是在使用截面法计算梁上指定截面内力时需要注意以下几点：

① 用截面法计算梁的横截面内力时，可取截面任一侧作为研究对象进行计算，通常做法是哪侧能算就选取那一侧，如果两侧都能计算则是哪一侧简单那就选取那一侧。

② 在画出所取隔离体的受力图时，在切开的截面上未知内力的假设必须遵循预设为正的原则，即未知的剪力和弯矩均按正号方向假定。这样能够把计算结果的正、负号和剪力、

外伸梁上指定
截面内力计算

弯矩的正负号相统一,即计算结果的正负号就表示内力的正负号。

③ 在列梁段的静力平衡方程时,要把剪力、弯矩当作隔离体上的外力来看待,因此,平衡方程中剪力、弯矩的正负号应按静力学中的计算规定执行,不要与剪力、弯矩本身的正、负号规定相混淆。

④ 在集中力作用处,剪力值发生突变,没有固定数值,应分别计算该处稍偏左及稍偏右两个截面上的剪力;而弯矩在该处有固定数值,稍偏左及稍偏右截面上的数值相同,只需要计算该截面处的一个弯矩即可。

⑤ 在集中力偶作用处,弯矩值发生突变,没有固定数值,应分别计算该处稍偏左及稍偏右两个截面上的弯矩;而剪力在该处有固定数值,稍偏左及稍偏右截面上的数值相同,只需要计算该截面处的一个剪力即可。

2. 用直接观察法计算梁上指定横截面的内力

用截面法计算梁上指定截面的内力是学生必须掌握的一种基本技能,但从例题分析可以看出:我们在用截面法计算梁横截面上的内力时只用到了该截面一侧的外力,因此,我们可以总结出一种直接根据截面的任一侧梁段上的外力来计算出该截面上的剪力和弯矩的简便方法——直接观察法。这种方法省去了画梁段的受力图和列平衡方程等工作,而是在梁上外力已知的情况下看着梁横截面任一侧的外力就可以写出梁横截面的内力,从而使计算内力的过程简单化,我们称这种方法为直接观察法。

(1) 计算梁上指定截面的剪力

梁内任一截面上的剪力 V,在数值上等于该截面任一侧(左侧或右侧)梁段上所有外力在垂直于梁轴线方向投影的代数和,即

$$V = \sum F^L \text{ 或 } V = \sum F^R \tag{6-1}$$

由于力偶在任何坐标轴上的投影都等于零,因此在使用直接观察法计算梁上的剪力时不用考虑力偶。

为了便于读者记忆及运用,笔者总结出了用直接观察法计算梁横截面剪力时的口诀,式中各外力取值正负的口诀是:左上剪力正,左下剪力负;右上剪力负,右下剪力正。口诀中"左上剪力正"的含义是横截面左侧向上的外力引起的剪力取正号。也就是说:在左侧梁段上所有向上的外力会在截面上产生正剪力,而所有向下的外力会在截面上产生负剪力;在右侧梁段上所有向下的外力会在截面上产生正剪力,而所有向上的外力会在该截面上产生负剪力。

(2) 计算梁上指定截面的弯矩

梁内任一截面上的弯矩 M,等于该截面一侧(左侧或右侧)所有外力对该截面形心力矩的代数和,即

$$M = \sum M_C(F^L) \text{ 或 } M = \sum M_C(F^R) \tag{6-2}$$

为了便于读者记忆及运用,笔者总结出了用直接观察法计算梁横截面弯矩时的口诀,式中各外力矩(包含外力偶矩)取值正负的口诀是:左顺弯矩正,左逆弯矩负;右顺弯矩负,右逆弯矩正。口诀中"左顺弯矩正"的含义是横截面左侧对切口顺时针的力矩引起的弯矩取正号。也就是说:在左侧梁段上的外力(包括外力偶)对截面形心的力矩为顺时针时,在截面上产生正弯矩,为逆时针时在截面上产生负弯矩;在右侧梁段上的外力(包括外力偶)对截面形

心的力矩为逆时针时,在截面上产生正弯矩,为顺时针时在截面上产生负弯矩。

例 6－4　已知:$m＝4$ kN・m,$q＝8$ kN/m,请用直接观察法计算图 6－13(a)所示简支梁上指定截面的剪力和弯矩。

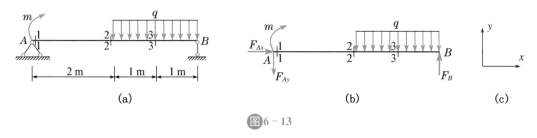

图 6－13

解　(1) 计算支座反力:

取梁 AB 为隔离体,画出其受力图如图 6－13(b)所示。列平衡方程计算支座反力

$$\sum X = 0 \qquad F_{Ar} = 0$$

$$\sum M_B = 0, F_{Ay} \times 4 - 4 + 8 \times 2 \times 1 = 0, F_{Ay} = -3 \text{ kN}(\uparrow)$$

$$\sum M_A = 0, F_B \times 4 - 4 - 8 \times 2 \times 3 = 0, F_B = 13 \text{ kN}(\uparrow)$$

(2) 计算 1－1 截面上的剪力和弯矩:

站在横截面 1－1 位置处向该截面的左侧观看,则有

$$V_1 = -F_{Ay} = 3 \text{ kN}$$

$$M_1 = M = 4 \text{ kN・m}$$

(3) 计算 2－2 截面上的剪力和弯矩:

站在横截面 2－2 位置处向截面的右侧观看,则有

$$V_2 = q \times 2 - F_B = 8 \times 2 - 13 = 3 \text{ kN}$$

$$M_2 = -q \times 2 \times 1 + F_B \times 2 = -8 \times 2 \times 1 + 13 \times 2 = 10 \text{ kN・m}$$

(4) 计算 3－3 截面上的剪力和弯矩:

站在横截面 3－3 位置处向截面的右侧观看,则有

$$V_3 = q \times 1 - F_B = 8 \times 1 - 13 = -5 \text{ kN}$$

$$M_3 = -q \times 1 \times 0.5 + F_B \times 1 = -8 \times 1 \times 0.5 + 13 \times 1 = 9 \text{ kN・m}$$

当然在计算 1－1 截面的剪力和弯矩时也可以取该截面右侧计算,在计算 2－2、3－3 截面的剪力和弯矩时也可以取该截面左侧计算,请同学们自己练习。

例 6－5　用直接观察法再解例 6－3。

解　(1) 计算支座反力

以外伸梁整体为研究对象,画出梁的受力图如图 6－12(b)所示。

列静力平衡方程,求支座反力

$$\sum M_C = 0 \qquad -F_A \times 4 + 30 - 10 \times 2 = 0 \qquad F_A = 2.5 \text{ kN}(\uparrow)$$

$$\sum M_A = 0 \qquad 30 + F_C \times 4 - 10 \times 6 = 0 \qquad F_C = 7.5 \text{ kN}(\uparrow)$$

(2) 计算 1－1 截面上的剪力和弯矩:

$$V_1 = F_A = 2.5 \text{ kN}; M_1 = F_A \times 2 = 5 \text{ kN・m}$$

（3）计算 2-2 截面上的剪力和弯矩：

$$V_2 = F_A = 2.5 \text{ kN}; M_2 = F_A \times 2 - 30 = -25 \text{ kN} \cdot \text{m}$$

（4）计算 3-3 截面上的剪力和弯矩：

$$V_3 = F_A = 2.5 \text{ kN}; M_3 = F_A \times 4 - 30 = -20 \text{ kN} \cdot \text{m}$$

（5）计算 4-4 截面上的剪力和弯矩：

$$V_4 = 10 \text{ kN}; M_4 = -10 \times 2 = -20 \text{ kN} \cdot \text{m}$$

例 6-6 如图 6-14 所示的悬臂梁，试计算 1-1、2-2、3-3、4-4 横截面上的内力。

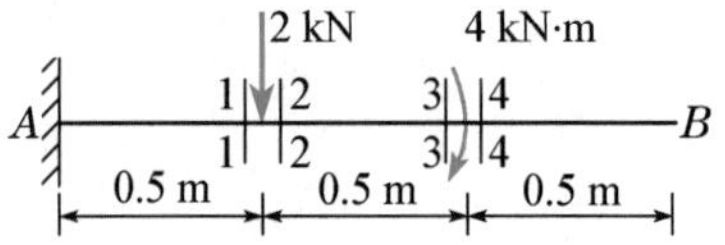

图 6-14

解 （1）1-1 横截面 $\quad V_1 = 2 \text{ kN}, M_1 = -4 \text{ kN} \cdot \text{m}$
（2）2-2 横截面 $\quad V_2 = 0, M_2 = -4 \text{ kN} \cdot \text{m}$
（3）3-3 横截面 $\quad V_3 = 0, M_3 = -4 \text{ kN} \cdot \text{m}$
（4）4-4 横截面 $\quad V_4 = 0, M_4 = 0$

对比上述各个例题中的计算结果我们发现了梁上所受外力对内力的影响：梁上集中力作用处，其左右两侧横截面上的剪力值发生突变，突变量的绝对值等于该集中力的大小；集中力作用处左右两侧横截面上的弯矩值不变。梁上集中力偶作用处左右两侧横截面上的剪力值不变；集中力偶作用处左右两侧横截面上的弯矩值发生突变，其突变量的绝对值等于该集中力偶的力偶矩大小。

▮▶ 1.3 绘制平面弯曲梁的内力图

1. 梁内力图的概念及其绘图要求

由上面的例题可知：一般情况下，梁横截面上的剪力和弯矩都是随横截面的位置变化而变化的。反映梁横截面上的内力随梁横截面位置变化规律的图形称为梁的内力图，梁的内力图包括剪力和弯矩图两种。绘制平面弯曲梁内力图的方法主要有三种：内力方程法、控制截面法、叠加法。绘制梁内力图的目的是研究梁的内力（剪力和弯矩）沿梁轴线的变化规律，从而确定梁上最大内力（特别是最大弯矩）的数值和位置。

绘制梁内力图的一般做法是：

（1）用与梁轴线平行的 x 轴表示梁横截面的位置，与梁轴线垂直的 V 轴或 M 轴表示相应横截面的剪力值或弯矩值，并且要按比例绘图。

（2）绘制剪力图时，将正剪力绘于 x 轴上侧，负剪力绘于 x 轴下侧，并标明正负号。

（3）绘制弯矩图时，将正弯矩绘于 x 轴下侧，负弯矩绘于 x 轴上侧，可不注明正负号。土建工程中把正弯矩绘于梁的受拉侧，是为了便于确定钢筋混凝土梁中受拉钢筋的位置。

2. 内力方程法

梁横截面上的剪力和弯矩一般是随横截面的位置变化而变化的，若梁横截面在梁轴线

上的位置用横坐标 x 表示,则梁内各横截面上的剪力和弯矩就都可以表示为坐标 x 的函数,即

$$V=V(x),M=M(x) \tag{6-3}$$

以上两式统称为梁的内力方程,它们分别是梁的剪力方程和弯矩方程。根据梁的内力方程绘制梁内力图的方法称为**内力方程法**,内力方程法是绘制梁内力图的基本方法。

➤**特别提示**:列梁的内力方程,就是写出梁上任意截面的内力表达式,实质上就是用截面法或用直接观察法计算梁上任意截面的内力。

例 6 - 7　请绘制出图 6 - 15(a)所示悬臂梁在集中力作用下的剪力图和弯矩图。

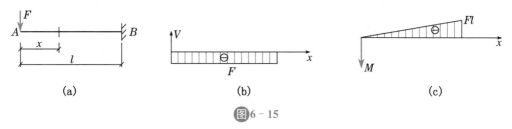

(a)　　　　　　　　　(b)　　　　　　　　　(c)

图6 - 15

解　因为图示梁为悬臂梁,所以可以不求支座反力。

(1)列剪力方程和弯矩方程

选取梁的左端点 A 处为坐标 x 的原点,则梁上距 A 端为 x 的截面内力可表示为

剪力方程:$V(x)=-F(0<x<l)$

弯矩方程:$M(x)=-Fx(0\leqslant x<l)$

(2)绘制剪力图和弯矩图

剪力方程为 x 的常函数,所以不论 x 取何值剪力恒等于$-F$,说明该梁的剪力图为一条与 x 轴平行的直线,而且在 x 轴的下侧,绘制出梁的剪力图如图 6 - 15(b)所示。

弯矩方程为 x 的一次函数,说明该梁的弯矩图为一条斜直线。

当 $x=0$ 时,$M_A^R=0$;当 $x=l$ 时,$M_B^l=-Fl$

绘制出梁的弯矩图如图 6 - 15(c)所示。

悬臂梁上集中力
作用时的内力图

例 6 - 8　请绘制出图 6 - 16(a)所示简支梁在集中力作用下的剪力图和弯矩图。

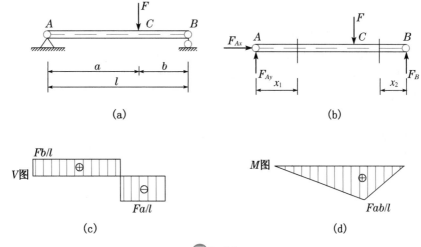

(a)　　　　　　　　　　　　(b)

(c)　　　　　　　　　　　　(d)

图6 - 16

解 （1）计算梁的支座反力

取梁 AB 为研究对象，画出其受力图如图 6-16(b)所示，则有

$$\sum X = 0 \qquad F_{Ax} = 0$$

$$\sum M_B = 0 \qquad -F_{Ay} \cdot l + F \cdot b = 0 \qquad F_{Ay} = Fb/l(\uparrow)$$

$$\sum M_A = 0 \qquad F_B \cdot l - F \cdot a = 0 \qquad F_B = Fa/l(\uparrow)$$

（2）列剪力方程和弯矩方程

经过观察注意到：该梁在 C 截面上作用一个集中力，使 AC 段和 CB 段的剪力方程和弯矩方程不同，因此列方程时要将梁从 C 截面处分成两段。

AC 段：选取梁的左端点 A 处为坐标 x_1 的原点，则在 AC 段上距 A 端为 x_1 的任意截面处梁的内力可表示为：

$$V(x_1) = F_A = \frac{Fb}{l}(0 < x_1 < a)$$

$$M(x_1) = F_A \cdot x_1 = \frac{Fb \cdot x_1}{l}(0 \leqslant x_1 \leqslant a)$$

CB 段：选取梁的右端点 B 处为坐标 x_2 的原点，则在 CB 段上距 B 端为 x_2 的任意截面处梁的内力可表示为

$$V(x_2) = -F_B = -Fa/l(0 < x_2 < b)$$

$$M(x_2) = F_B \cdot x_2 = Fa \cdot x_2/l(0 \leqslant x_2 \leqslant b)$$

（3）绘制剪力图和弯矩图

根据梁内力方程的情况判断剪力图和弯矩图的形状，确定控制截面的个数及内力值。

剪力图：AC 段、CB 段的剪力方程均是 x 的常函数，所以 AC 段、CB 段的剪力图都是与 x 轴平行的直线，每段上只需要计算一个控制截面的剪力值。AC 段：剪力值为 $\frac{Fb}{l}$，图形在 x 轴的上方；CB 段：剪力值为 $\frac{-Fa}{l}$，图形在 x 轴的下方。绘制出梁的剪力图如图 6-16(c)所示。

弯矩图：AC 段的弯矩方程、CB 段的弯矩方程均是 x 的一次函数，所以 AC 段、CB 段的弯矩图都是一条斜直线，每段上分别需要计算两个控制截面的弯矩值。

AC 段：当 $x_1 = 0$ 时，$M_A = 0$；当 $x_1 = a$ 时，$M_C^L = Fab/l$；根据计算结果找点连线即可以画出 AC 段的弯矩图。

CB 段：当 $x_2 = 0$ 时，$M_B = 0$；当 $x_2 = b$ 时，$M_C^R = Fab/l$；根据计算结果找点连线即可以画出 CB 段的弯矩图。最后得到全梁的弯矩图如图 6-16(d)所示。

➢**特别提示：**在力学中绘制杆件内力图的通常做法是坐标系不再画出来，也就是说绘制杆件内力图时的坐标轴处于隐身状态。

在绘制梁的内力图时，最好是将梁的内力图与梁的结构计算简图上下对齐，绘制梁内力图的过程可简化为：先画出一条与梁轴线平行且相等的直线，以该直线为基线，在垂直基线

方向分别画出各控制截面的内力竖标,并逐段连线便绘制出杆件的内力图,最后对图形进行标注,标注内容包括四个方面,分别是:图名、控制值、正负号、单位。

例 6 - 9 简支梁的受力如图 6 - 17(a)所示,试建立梁的内力方程,并绘制其内力图。

解 (1)计算支座反力。

画出梁的受力图如图 6 - 17(b)所示,由对称性可知:

$$F_{Ay}=F_B=\frac{ql}{2}(\uparrow)$$

(2)列剪力方程和弯矩方程。

以 A 点为坐标原点建立坐标系,计算距 A 点为 x 处截面上的剪力和弯矩:

$$V(x)=F_{Ay}-qx=\frac{ql}{2}-qx(0<x<l)$$

$$M(x)=F_{Ay}\cdot x-qx\cdot\frac{x}{2}=\frac{ql}{2}x-\frac{qx^2}{2}(0\leqslant x\leqslant l)$$

(3)绘制剪力图

剪力方程为 x 的一次函数,其剪力图为一斜直线。

因此,只需确定两个截面的剪力值:

当 $x=0$ 时,$V_A^R=\frac{ql}{2}$;当 $x=l$ 时,$V_B^L=-\frac{ql}{2}$;绘制出剪力图如图 6 - 17(c)所示。

(4)绘制弯矩图

弯矩方程为 x 的二次函数,弯矩图为一条光滑的二次抛物线。因此,至少需确定三个截面的弯矩值才能画弯矩图,一般都是选择左、中、右三个截面的弯矩值来画弯矩图。

当 $x=0$ 时,$M_A=0$;当 $x=\frac{l}{2}$ 时,$M_{跨中}=\frac{ql^2}{8}$;当 $x=l$ 时,$M_B=0$;

绘制出梁的弯矩图如图 6 - 17(d)所示。

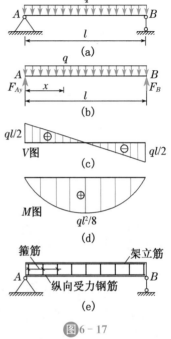

图6 - 17

从绘制出的内力图可知:① 简支梁在均布荷载作用下,最大的剪力发生在梁端支座处,其值为 $|V_{max}|=\frac{ql}{2}$,为防止梁发生受剪破坏,在结构设计中,以 $|V_{max}|=\frac{ql}{2}$ 作为配置箍筋的依据;最大弯矩发生在梁的跨中截面,其值为 $|M_{跨中}|=\frac{ql^2}{8}$,为防止梁在跨中截面下边缘因受拉而破坏,以 $|M_{跨中}|=\frac{ql^2}{8}$ 作为配置纵向受力钢筋的依据。梁的配筋图如图 6 - 17(e)所示。

② 承受均布荷载作用的梁在剪力为零的截面上弯矩图有极值。

例 6 - 10 简支梁的受力如图 6 - 18(a)所示,试建立梁的内力方程,并绘制其内力图。

简支梁上均布荷载
作用时的内力图

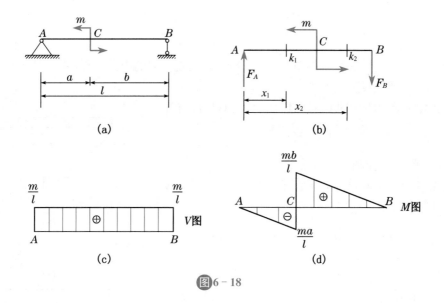

图 6 - 18

解 （1）计算支座反力。

依据约束的性质、力偶的定义及性质可以画出该梁的受力图如图 6 - 18(b)所示,再根据力偶的平衡条件可以求得：

$$F_A = \frac{m}{l}(\uparrow); F_B = \frac{m}{l}(\downarrow)$$

（2）列剪力方程和弯矩方程。

以梁上集中力偶作用点为分段点把梁分为 AC 和 CB 两段,以 A 点为坐标 x_1 和 x_2 的原点,建立坐标轴,计算距 A 点为 x_1、x_2 处截面上的剪力和弯矩：

① AC 段的内力方程,取截面以左为研究对象可得：

$$V(x_1) = F_A = \frac{m}{l}(0 < x_1 < a);$$

$$M(x_1) = F_A \cdot x_1 = \frac{m}{l} \cdot x_1 (0 \leqslant x_1 < a);$$

② CB 段的内力方程,取截面以左为研究对象可得：

$$V(x_2) = F_A = \frac{m}{l}(a < x_2 < l)$$

$$M(x_2) = F_A \cdot x_2 - m = \frac{m}{l} \cdot x_2 - m = \frac{m(x_2 - l)}{l}(a \leqslant x_2 \leqslant l)$$

（3）根据内力方程的情况判断剪力图和弯矩图的形状,确定控制截面的个数及内力值,绘制剪力图和弯矩图：

① 剪力图：AC 段的剪力方程为常数,剪力值为 $\frac{m}{l}$,剪力图是一条在 x 轴上方,平行于 x 轴的水平直线;CB 段的剪力方程为常数,剪力值为 $\frac{m}{l}$,剪力图是一条在 x 轴上方,平行于 x 轴的水平直线;画出剪力图如图 6 - 18(c)所示。

② 弯矩图：

AC 段的弯矩方程为 x_1 的一次函数,所以弯矩图是一条斜直线,需要计算两个控制截面的弯矩值,就可画出弯矩图;当 $x_1 = 0$ 时,$M_A = 0$;当 $x_1 = a$ 时,$M_C^l = \frac{ma}{l}$。

　　CB 段的弯矩方程为 x_2 的一次函数,所以弯矩图是一条斜直线,需要计算两个控制截面的弯矩值,就可画出弯矩图;当 $x_2=a$ 时,$M_C^R=-\dfrac{mb}{l}$;当 $x_2=l$ 时,$M_B=0$;画出弯矩图如图6-18(d)所示。

外伸梁上集中力作用时的内力图

　　由例6-8可以看出:在梁上无荷载作用的区段,其剪力图都是平行于 x 轴的直线。在集中力作用处,剪力图是不连续的,我们称之为剪力图突变,突变的绝对值等于集中力的数值;在梁上无荷载作用的区段,其弯矩图是直线,在集中力作用处,弯矩图发生转折,出现尖角现象。

　　由例6-9可以看出:在水平梁上有向下均布荷载作用的区段,剪力图为从左向右的下斜直线,弯矩图为开口向上(下凸)的二次抛物线;在剪力为零的截面处,弯矩存在极值。

　　由例6-10可以看出:在集中力偶作用处,剪力图无变化;弯矩图不连续,发生突变,突变的绝对值等于集中力偶的力偶矩数值。

　　通过上述几个典型例题总结出的这些规律具有普遍意义,对于今后快速作图、检查剪力图和弯矩图的正确性都非常有用,应该重点掌握。

　　➤**特别注意**:在建立内力方程时,在集中力作用处的横截面、集中力偶作用处的横截面、均布荷载起止点处的横截面、支座处及梁端处等内力分布规律将发生变化,我们把这些横截面称为梁上内力变化的控制截面,在控制截面处必须对梁进行分段从而分段列出梁的内力方程。

3. 控制截面法

（1）控制截面法概述

　　内力方程法是绘制梁内力图的基本方法,如果梁上荷载变化复杂,梁分段就多,用内力方程法绘制内力图就比较繁琐,且易出错。通过以上例题可以发现,荷载、剪力、弯矩三者之间存在一定的内在联系,并具有规律性,我们可以利用这些规律来绘制梁的内力图。这种运用荷载、剪力和弯矩三者之间的内在关系来绘制梁内力图的方法称为控制截面法,又叫简捷法或规律法。控制截面法绘制梁的内力图,不需要列内力方程,只需要计算一些控制截面的内力,再按内力图的规律画图即可。所谓控制截面是指对梁的内力图形能起控制作用的截面,控制截面一般取在梁的端点、支座、集中力、集中力偶等梁上荷载变化处。

（2）控制截面法绘制梁内力图的步骤

　　用控制截面法(简捷法)绘制梁的剪力图和弯矩图的步骤:

　　① 计算支座反力(注:对于悬臂梁由于其一端为自由端,所以可以不求支座反力)。

　　② 对梁进行分段(注:梁端截面、集中力、集中力偶的作用截面、分布荷载起止截面都是梁分段时的界线截面,并以这些截面的位置作为分段点把梁划分成若干段)。

　　③ 定性判断(注:根据各梁段上的荷载情况判断出其对应的剪力图和弯矩图的形状)。

　　④ 定量计算(注:确定控制截面并计算出各个控制截面的剪力值、弯矩值)。

　　⑤ 依据③、④两个步骤的结果分别绘制出梁的剪力图和弯矩图。

（3）梁内力及内力图的几条重要规律

　　对梁进行分段后则可以把梁看成为点与段交替的点段结合体,梁内力的变化规律表现为点的规律和段的规律两大类。

① 点的规律

梁上集中力作用处,其左右两侧横截面上的剪力值发生突变,突变量的绝对值等于该集中力的大小;集中力作用处左右两侧横截面上的弯矩值不变。

在梁上集中力作用处,其剪力图发生跳跃现象,跳跃的差值的绝对值等于该集中力的大小;弯矩图发生转折现象,形成一个尖角,尖角的指向与该集中力的指向一致。

梁上集中力偶作用处左右两侧横截面上的剪力值不变;集中力偶作用处左右两侧横截面上的弯矩值发生突变,其突变量的绝对值等于该集中力偶的力偶矩大小。

在梁上集中力偶作用处,其剪力图仍然按照原来的规律不变;其弯矩图发生跳跃现象,跳跃的差值的绝对值等于该集中力偶的力偶矩的大小。

只受到与杆轴垂直的集中力作用的杆件端点处,其内侧截面的剪力值数值上等于该集中力的大小,弯矩值等于零。

只受到集中力偶作用的杆件端点处,其内侧截面的剪力值等于零,弯矩值数值上等于该集中力偶的力偶矩的大小。

在梁上剪力等于零的截面处,弯矩图有极值。

② 段的规律

对于水平梁来说,在无均布荷载作用的区段,其剪力图是一条平行于梁轴线的直线;弯矩图为一条直线。

对于水平梁来说,在受有均布荷载作用的区段,其剪力图为一条斜直线;弯矩图为二次抛物线,并且其凸向与均布荷载指向一致;弯矩图在剪力等于零的截面处有极值。

为了便于读者掌握和运用这些规律,现将梁上的荷载与内力的关系列于表 6-1。

表 6-1 梁上的荷载与内力关系一览表

荷载	剪力图	弯矩图
无荷载	水平线	$V>0$ 从左向右下斜线(\) $V<0$ 从左向右上斜线(/)
$q<0$ 均布荷载	斜直线(从左向右下斜线\)	下凸的二次抛物线(⌣)
$q>0$ 均布荷载	斜直线(从左向右上斜线/)	上凸的二次抛物线(⌢)
F 集中力	集中力作用处发生突变,突变绝对值等于集中力	集中力作用处发生转折
m 集中力偶	集中力偶处无变化	集中力偶作用处发生突变,突变绝对值等于集中力偶的力偶矩

（4）使用控制截面法时的注意事项

在使用控制截面法绘制梁的内力图时，请注意以下几点：

① 控制截面的确定：集中力作用处的截面、集中力偶作用处的截面、均布荷载的起止截面、梁的支座及梁的端部截面均为绘制梁内力图的控制截面。

② 受均布荷载作用的梁段剪力图中剪力为零处，弯矩有极值，但此极值不一定是绝对值最大的弯矩值。

③ 绘制出的剪力图、弯矩图若自行封闭，说明绘图正确，否则绘图有错误。

例 6 - 11 请用控制截面法绘制如图 6 - 19(a)所示简支梁的内力图。

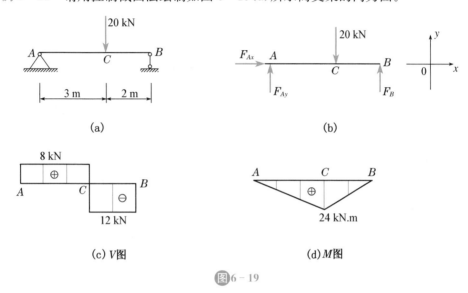

图6 - 19

解 （1）计算支座反力。

画出梁的受力图、建立平面直角坐标系如图 6 - 19(b)所示。

$$\sum X = 0, F_{Ax} = 0;$$

$$\sum M_A = 0, -20 \times 3 + F_B \times 5 = 0, F_B = 12 \text{ kN}(\uparrow);$$

$$\sum Y = 0, F_{Ay} - 20 + F_B = 0, F_{Ay} = 8 \text{ kN}(\uparrow)$$

（2）绘制剪力图。

A 点有支座反力，A 支座处剪力图向上突变，$V_A^R = 8$ kN；AC 段内无荷载，剪力图为水平线，$V_C^L = 8$ kN；

C 点有集中力作用，剪力图向下突变，$V_C^R = -12$ kN；CB 段内无荷载，剪力图为水平线；B 支座剪力图向上突变，B 点有支座反力，$V_B^L = -12$ kN，图形封闭，绘制的剪力图如图 6 - 19(c)。

（3）绘制弯矩图。

梁上无外力偶作用，只需确定 A、C、B 三点的截面弯矩，并依次连接即可。

A 点：$M_A = 0$；C 点：$M_C = 24$ kN·m；B 点：$M_B = 0$，图形封闭，绘制梁的弯矩图如图 6 - 19(d)所示。

例 6 - 12　用控制截面法绘制图 6 - 20(a)所示外伸梁的剪力图和弯矩图。

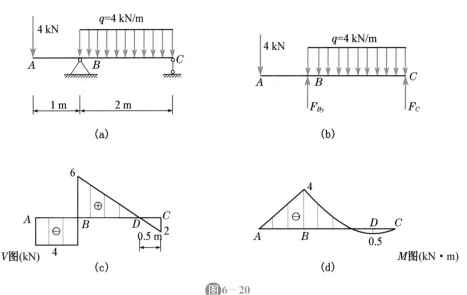

图 6 - 20

解　(1) 依据经验画出梁的受力图如图 6 - 20(b)所示,计算梁的支座反力如下:

$$\sum M_B = 0 \qquad 4\times1 - 4\times2\times1 + F_C\times2 = 0 \qquad F_C = 2 \text{ kN}(\uparrow)$$

$$\sum M_C = 0 \qquad 4\times3 - F_{By}\times2 + 4\times2\times1 = 0 \qquad F_{By} = 10 \text{ kN}(\uparrow)$$

(2) 将梁进行分段:

根据梁上的外力情况将梁分成两段:AB 段、BC 段。

(3) 由各梁段上的荷载情况,根据规律确定其对应的剪力图和弯矩图的形状:

梁段名称	剪力图的形状	弯矩图的形状
AB 段	水平直线	斜直线
BC 段	斜直线	开口向上的二次抛物线

(4) 确定控制截面,分别计算出各控制截面的剪力值、弯矩值:

梁段	控制截面				
	剪力值		弯矩值		
AB 段	$V_A^R = -4 \text{ kN}$	$V_B^L = -4 \text{ kN}$	$M_A = 0$	$M_B = -4 \text{ kN·m}$	
BC 段	$V_B^R = 6 \text{ kN}$	$V_C^L = -2 \text{ kN}$	$M_B = -4 \text{ kN·m}$	$M_{max} = 0.5 \text{ kN·m}$	$M_C = 0$

(5) 依据(3)(4)的结果绘制出梁的剪力图如图 6 - 20(c)所示、弯矩图如图 6 - 20(d)所示。

分析:从剪力图我们以看出 BC 段 D 点剪力为零,对应弯矩图 D 点应有极值。根据相似三角形知识可计算出弯矩极值点的位置:极值点 D 距支座 C 为 0.5 m,距梁的左端点 A 处为 2.5 m,根据截面法,取 D 截面以右分析得 $M_D = 2\times0.5 - 4\times0.5\times0.25 = 0.5 \text{ kN·m}$。

例 6‐13 一悬臂梁其受力图如图 6‐21(a)所示,试用控制截面法绘制该梁的内力图。

解 (1)计算控制截面的剪力,绘制剪力图。

用截面法或直接观察法可计算出梁上两个控制截面的剪力为:$V_A=0$,$V_B^L=-ql$;据此可绘制出梁的剪力图如图 6‐21(b)所示。

(2)计算控制截面的弯矩,绘制弯矩图。

用截面法或直接观察法可计算出梁上三个控制截面的弯矩为:$M_A=0$,$M_{AB/2}=-\dfrac{ql^2}{8}$,

$M_B=-\dfrac{ql^2}{2}$;据此可绘制出梁的弯矩图如图 6‐21(c)所示。

由梁的内力图可知,该梁的最大剪力值为 $|V_{max}|=ql$,最大弯矩值为 $|M_{max}|=\dfrac{ql^2}{2}$,它们都发生在梁支座截面,此截面就是该梁的危险截面。

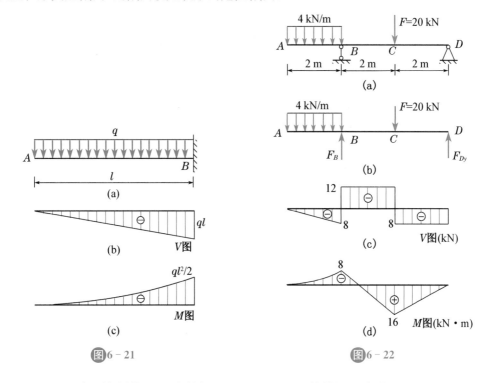

图6‐21

图6‐22

例 6‐14 请用控制截面法绘制如图 6‐22(a)所示外伸梁的内力图。

解 (1)依据经验画出梁的受力图如图 6‐22(b)所示,计算其支座反力:

$$\sum M_D=0,4\times2\times5-4F_B+20\times2=0 \qquad 得\ F_B=20\ \text{kN}(\uparrow),$$

$$\sum M_B=0,4\times2-20\times2+4F_{Dy}=0 \qquad 得\ F_{Dy}=8\ \text{kN}(\uparrow)$$

(2)根据梁上的外力情况将梁分为 AB、BC 和 CD 段。

(3)计算控制截面的剪力,绘制剪力图:

$$V_A^R=0,V_B^L=-4\times2=-8\ \text{kN},V_B^R=-4\times2+20=12\ \text{kN},V_D^L=-F_{Dy}=-8\ \text{kN}$$

绘制出梁的剪力图如图 6‐22(c)所示。

（4）计算控制截面的弯矩，绘制弯矩图：

$$M_A=0, M_B=-4\times2\times1=-8\text{ kN}\cdot\text{m}, M_{AB跨中}=-4\times1\times\frac{1}{2}=-2\text{ kN}\cdot\text{m};$$

$$M_C=8\times2=16\text{ kN}\cdot\text{m}, M_D=0$$

绘制出梁的弯矩图如图 6 - 22(d)所示。

例 6 - 15　请用控制截面法绘制如图 6 - 23(a)所示简支梁的内力图，并确定梁上的最大内力。

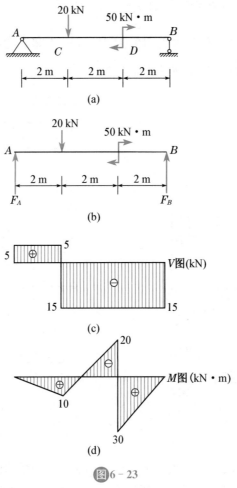

图 6 - 23

解法一（记流水账式）：

（1）计算梁的支座反力：

$$F_A=\frac{20\times4-50}{6}=5\text{ kN}, F_B=\frac{20\times2+50}{6}=15\text{ kN}(\uparrow)$$

（2）分段：梁上作用有集中力和集中力偶，因此，可将梁分为 AC、CD、DB 三段。

（3）定性判断：全梁没有均布荷载作用，剪力图应为水平直线，弯矩图应为直线。

（4）定量计算：各控制截面剪力和弯矩如下：

AC 段：$V_A^R=F_A=5\text{ kN}, V_C^L=5\text{ kN}, M_A=0\text{ kN}\cdot\text{m}, M_C=10\text{ kN}\cdot\text{m}$

CD 段：$V_C^R=-15\ \text{kN}$，$M_D^L=5\times4-20\times2=-20\ \text{kN}\cdot\text{m}$

DB 段：$V_D^R=-15\ \text{kN}$，$M_D^R=15\times2=30\ \text{kN}\cdot\text{m}$，$M_B=0\ \text{kN}\cdot\text{m}$。

（5）画图：由左至右绘制出剪力图和弯矩图如图 6 – 23(c)、(d)所示。

解法二（表格式）：

（1）计算梁的支座反力

取梁 AB 为研究对象，绘制出梁的受力图如图 6 – 23(b)所示。

$$\sum M_B(F)=0,\ -F_A\times6+20\times4-50=0,\ F_A=5\ \text{kN}(\uparrow)$$

$$\sum M_A(F)=0,\ F_B\times6-50-20\times2=0,\ F_B=15\ \text{kN}(\uparrow)$$

（2）列表

段名	q 情况	剪力图情况		弯矩图情况	
		线形	控制值（kN）	线形	控制值（kN·m）
AC	$q=0$	平直线	$V_{AC}=V_{CA}=5$	直线	$M_{AC}=0$ $M_{CA}=10$
CD	$q=0$	平直线	$V_{CD}=V_{DC}=-15$	直线	$M_{CD}=10$ $M_{DC}=-20$
DB	$q=0$	平直线	$V_{BD}=V_{DB}=-15$	直线	$M_{DB}=30$ $M_{BD}=0$

注：在外力作用处，可能会出现截面两侧的某些内力分量产生突变，为了使内力的表示符号不致出现混淆，我们采用双字母下标来表示内力，其中第一个下标表示内力所处的位置，第二个下标和第一个下标一起来表示内力所属的杆段，如 M_{AC} 表示梁上 AC 杆段 A 端的弯矩，M_{CA} 表示梁上 AC 杆段 C 端的弯矩。

（3）绘制内力图

① 根据计算结果画出梁的剪力图如图 6 – 23(c)所示。

② 根据计算结果画出梁的弯矩图如图 6 – 23(d)所示。

（4）确定最大内力值

由弯矩图可知：最大正弯矩发生在 D 右截面，其值为 $M_{\max}=30\ \text{kN}\cdot\text{m}$，最大负弯矩发生在 D 左截面处，其值为 $|M_{\max}|=20\ \text{kN}\cdot\text{m}$。

由剪力图可知：最大剪力发生在 CB 段内各个截面，其值为 $|V_{\max}|=15\ \text{kN}$。

用控制截面法绘制梁的内力图，如果采用记流水账的方式需要五个步骤，若采用表格式则只需要三个步骤。采用表格式的好处是把一个大的计算题变成了填空题，而且计算结果清楚明了。

不论采用哪种方式、方法绘制梁的内力图一般都需要经过"先计算梁的支座反力，再将梁分段，计算控制截面处的剪力值和弯矩值，最后绘制内力图"这个流程，绘制梁内力图的目的就是找到梁上最大内力的数值和位置。

4. 叠加法

（1）叠加原理与叠加法

由于在小变形条件下，梁的内力、支座反力、应力和变形等参数均与荷载呈线性关系，每一荷载单独作用时引起的某一参数不受其他荷载的影响。因此，梁在 n 个荷载共同作用时所引起的某一参数(内力、支座反力、应力和变形等),等于梁在各个荷载单独作用时所引起同一参数的代数和,这种关系称为叠加原理。

根据叠加原理来绘制梁内力图的方法称为叠加法。其具体做法为:先将每个荷载单独作用下梁的剪力图和弯矩图分别绘出,然后再将相应的纵坐标值叠加起来,从而得到全部荷载作用下梁的剪力图和弯矩图。

为了便于读者用叠加法绘制梁的内力图,现将单跨静定梁在常用的简单荷载单独作用下的内力图汇总于表 6-2,供读者查用。

(2) 使用叠加法时的注意事项

在使用叠加法绘制梁的内力图时,需要注意以下几点:

① 内力图的叠加是指内力图的纵坐标值代数相加,并不是内力图的简单拼合。

② 若在单个荷载单独作用下的内力图均为直线,则叠加后的内力图仍为直线。

③ 若在各单个荷载单独作用下的内力图有的是直线,有的是曲线或均为曲线时,则叠加后的内力图为曲线图形。

表 6-2 单跨静定梁在简单荷载作用下的内力图一览表

梁的形式		集中荷载	均布荷载	集中力偶
简支梁	梁的计算简图	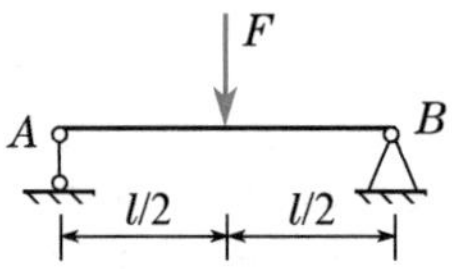	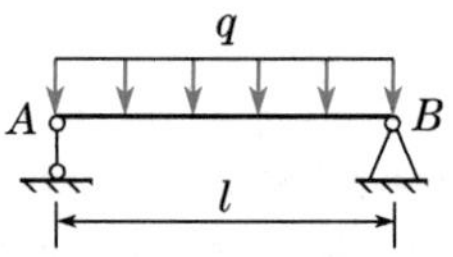	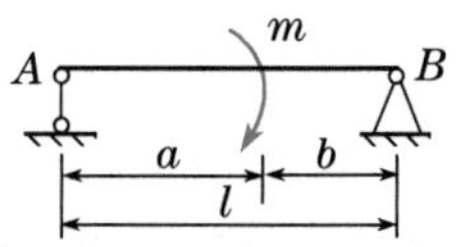
	V 图	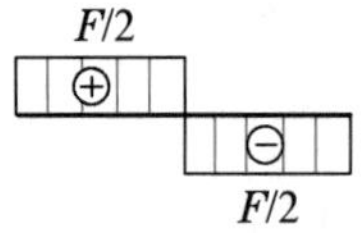	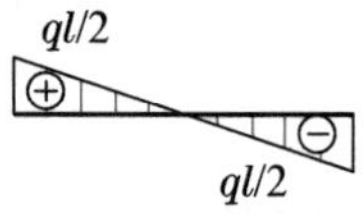	
	M 图	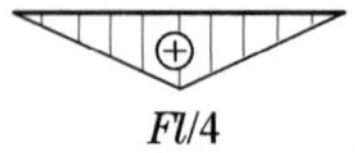	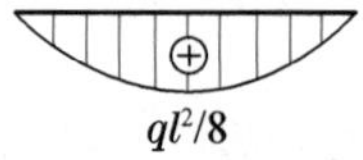	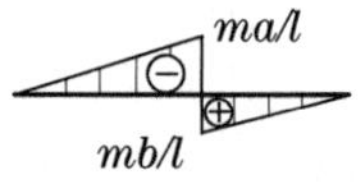
悬臂梁	梁的计算简图	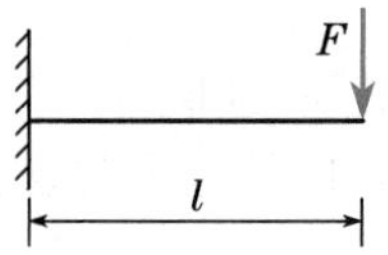	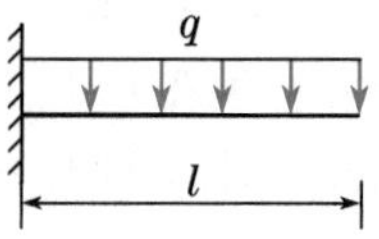	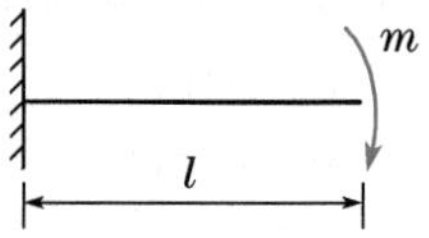
	V 图	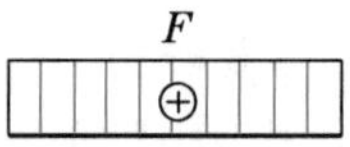	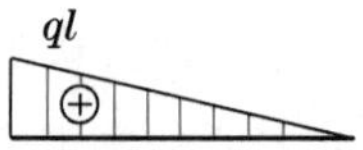	
	M 图	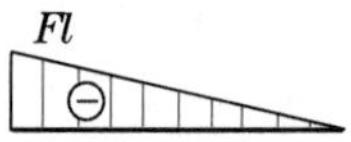	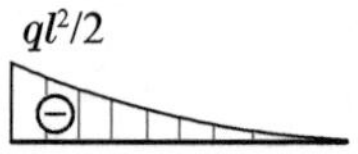	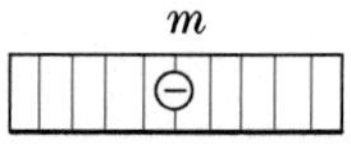

（续表）

梁的形式		集中荷载	均布荷载	集中力偶
外伸梁	梁的计算简图			
	V 图			
	M 图			

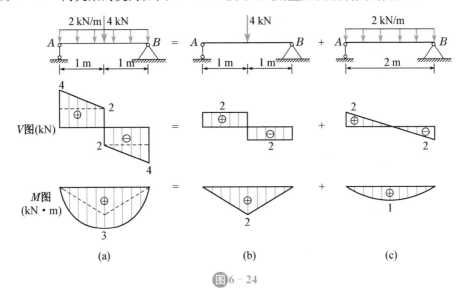

例 6-16 简支梁的受力如图 6-24(a)所示,试用叠加法绘制其内力图。

图 6-24

解 先分别绘制简支梁在集中力和均布荷载单独作用下的内力图,如图 6-24(b)、(c)所示,然后再将它们各自内力图中的相应纵坐标值叠加起来,得到简支梁在集中力和均布荷载共同作用下的内力图,如图 6-24(a)所示。

拓展视域

区段叠加法画弯矩图

上面介绍了利用叠加原理绘制整个梁弯矩图的方法,下面将介绍在梁的局部区域使用叠加原理绘制梁弯矩图的方法,这种方法称为区段叠加法。其解题要点是:将梁划分成若干个梁段,分段运用叠加原理绘制梁的弯矩图。其中分段运用叠加原理绘制梁的弯矩图就是把这段梁看成是与其同跨度同荷载的简支梁,将该段梁两端的弯矩作为外力偶加在简支梁上,然后用叠加法绘制出该简支梁的弯矩图,即为这段梁的弯矩图。因此,区段叠加法又称为相应简支梁法。

区段叠加法绘制梁弯矩图的步骤:

(1) 计算梁的支座反力。

(2) 根据梁的受力情况对梁进行适当的分段,使每段梁上所受的荷载都是简单荷载。

简单荷载包括四种情况:① 该段梁内没有任何荷载;② 该段梁内受分布集度相同的满布均布荷载作用;③ 该段梁内只受一个集中力作用;④ 该段梁内只受一个集中力偶作用。

(3) 计算控制截面的弯矩。选择外力不连续点处(如集中力、均布荷载的起止点、集中力偶处等)作为控制截面,用截面法或直接观察法求出各控制截面的弯矩。

(4) 分段画弯矩图。当两相邻控制截面间无荷载作用时,根据控制截面的弯矩值画出直线弯矩图,即为该区段弯矩图;当相邻两控制截面间有荷载作用时,先画出直线弯矩图(虚线),然后再叠加相应简支梁承受该荷载单独作用时的弯矩图,即为该区段梁的弯矩图。

例 6-17 试用区段叠加法绘制图 6-25(a)所示简支梁的弯矩图。

解 (1) 求支座反力

画出梁的受力图如图 6-25(b)所示。

由 $\sum M_B = 0, -8F_A + 4 \times 6 + 3 \times 4 \times 2 = 0$ 得：$F_A = \dfrac{4 \times 6 + 3 \times 4 \times 2}{8} = 6 \text{ kN}(\uparrow)$

由 $\sum M_A = 0, -4 \times 2 - 3 \times 4 \times 6 + F_{By} \cdot 8 = 0$ 得：$F_{By} = \dfrac{4 \times 2 + 3 \times 4 \times 6}{8} = 10 \text{ kN}(\uparrow)$

(2) 计算控制截面的弯矩。

以 A、D、B 三处截面为控制截面,将 AB 梁分为 AD 和 DB 两段,计算出各控制截面的弯矩值为：$M_A = M_B = 0, M_D = 6 \times 4 - 4 \times 2 = 16 \text{ kN} \cdot \text{m}$。

(3) 绘制弯矩图。

以上述弯矩值作为控制截面弯矩立标杆,并画出直线弯矩图如图 6-25(c)中虚线所示。

AD 段上有集中荷载作用,其弯矩图应在直线图形的基础上再叠加相应简支梁承受该集中荷载的弯矩图;简支梁在集中荷载作用下的跨中截面的弯矩值为：$\dfrac{F \cdot l}{4} = \dfrac{4 \times 4}{4} = 4 \text{ kN} \cdot \text{m}$;用直线依次连接 A、C、D 截面的弯矩竖标,得到 AD 段的弯矩图。

DB 段上有均布荷载作用,其弯矩图应在直线图形的基础上再叠加相应简支梁在该均布荷载作用下的弯矩图;简支梁在均布荷载作用下的跨中截面的弯

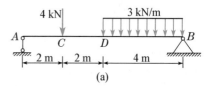
(a)

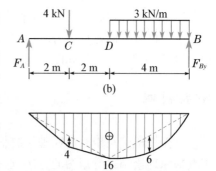
(b)

M 图(kN·m)
(c)

图 6-25

矩值为:$\dfrac{ql^2}{8}=\dfrac{3\times4^2}{8}=6$ kN·m;用光滑曲线依次连接 D、DB 段中点和 B 截面的弯矩值,得到 DB 段的弯矩图。最后得到 AB 梁的弯矩图如图 6-25(c)所示。

课后思考与讨论

1. 梁横截面上剪力和弯矩的正负号是如何规定的?
2. 集中力、集中力偶作用截面的剪力和弯矩各有什么特征?
3. 通过本任务的学习,你掌握了绘制梁内力图的哪些方法和技巧?

任务 2　平面弯曲梁的承载能力计算

案例引入

一悬臂梁如图 6-26(a)所示,准备采用 $b=300$ mm、$h=600$ mm 矩形截面,你知道是将梁竖放[如图 6-26(b)所示]好还是平放[如图 6-26(c)所示]好吗? 为什么?

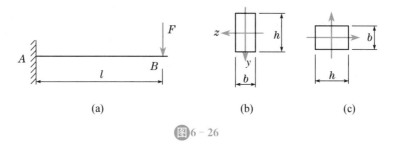

图6-26

梁的强度包括正应力强度和剪应力强度两种,一般情况下梁的强度是由正应力控制的,即提高梁的强度主要是通过提高梁的正应力强度来实现的。等直梁的正应力强度条件为 $\sigma_{\max}=\dfrac{M_{\max}}{W_z}\leqslant[\sigma]$,从梁的正应力强度条件不难看出:降低梁上的最大弯矩、提高梁的抗弯截面系数,都能降低梁上的最大正应力,从而提高梁的弯曲正应力强度,使梁的设计更为合理。对于宽为 b,高为 h 的矩形截面梁,竖向放置时的抗弯截面系数是 $W_z=\dfrac{bh^2}{6}=\dfrac{300\times600^2}{6}=18\times10^6$ mm³,横向放置时的抗弯截面系数为 $W_z=\dfrac{hb^2}{6}=\dfrac{600\times300^2}{6}=9\times10^6$ mm³,比较两种放置方式的抗弯截面系数可知,竖放比横放好。欲知更多有关梁抗弯强度方面的知识,请跟我一起学习任务 2。

▌▶ 2.1　平面弯曲梁横截面上的应力

通过前面的学习可知,梁发生平面弯曲变形时,其横截面上一般有两种内力,即剪力 V 和弯矩 M。我们知道内力和应力是相对应的,如图 6-27(a)所示,在梁横截面上各点一般也同时存在有两种应力,即剪应力 τ 和正应力 σ,与剪力对应的是剪应力,与弯矩对应的是正应力,也就是说我们所求的剪力是横截面上切向分布内力 τdA 的合力,即 $V = \int_A \tau dA$,弯矩是横截面上法向分布内力 σdA 对中性轴 z 的合力矩,即 $M = \int_A \sigma y dA$。

1. 中性轴

设想梁是由无数层纵向纤维组成的,梁发生平面弯曲变形时,靠近凹入一侧的纤维缩短,靠近凸出一侧的纤维伸长。由于材料是均匀连续的,所以变形也是连续的,由凹入一侧的缩短过渡到凸出一侧的伸长,中间必有一层纤维的长度保持不变,我们把梁内既不拉伸也不压缩、长度不变的层称为中性层,中性层与横截面的交线称为中性轴(又叫中和轴),如图6-27(b)所示。中性轴通过横截面的形心并与横截面的竖向对称轴垂直。在梁发生弯曲变形时,中性轴把横截面分为受拉和受压两个区域,梁上各横截面都绕各自的中性轴转过一个角度。

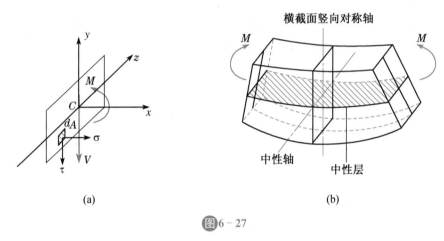

(a)   (b)

图6-27

2. 梁横截面上的正应力

在研究梁的平面弯曲问题时,通常根据剪力是否为零把平面弯曲分为纯弯曲和横力弯曲两种,剪力等于零的弯曲称为纯弯曲,剪力不等于零的弯曲称为横力弯曲(又叫剪切弯曲)。利用变形几何关系、应力与应变的物理关系以及静力平衡关系等三个方面的知识可推导出纯弯曲梁横截面上各点的正应力计算公式为

$$\sigma = \frac{|M|}{I_z} \cdot y \tag{6-4}$$

式中:M——横截面的弯矩,常用单位:kN·m;

$\quad\quad I_z$——横截面对中性轴的惯性矩,常用单位:mm⁴;

$\quad\quad y$——所求应力点到中性轴的距离,常用单位:mm。

公式(6-4)表明:平面弯曲梁横截面上各点的正应力与所在截面的弯矩成正比,与截面对中性轴的惯性矩成反比;正应力沿截面高度方向成直线规律分布,中性轴上各点的正应力等于零,离中性轴愈远正应力愈大,在离中性轴最远的上、下边缘处分别达到最大拉应力或最大压应力,如图6-28所示。

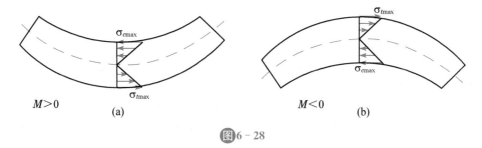

$M>0$　　　　(a)　　　　　　　$M<0$　　　　(b)

图6-28

> **特别提示:** 利用公式(6-4)计算横截面上各点的正应力时,应分为大小的计算和拉压的判断两个阶段,首先是把M和y均用绝对值代入公式计算出正应力的大小,至于正应力的拉压判断则是根据弯矩的正负和所求应力点的位置来直接判断:当$M>0$时,中性轴以上区域各点均为压应力,中性轴以下区域各点均为拉应力;当$M<0$时,中性轴以上区域各点均为拉应力,中性轴以下区域各点均为压应力。

平面弯曲梁横截面
上正应力分布规律

公式(6-4)是梁在纯弯曲情况下推导出来的,而工程中最常见的却是横力弯曲。对横力弯曲的梁,当其跨度l与横截面高度h之比大于5时,计算出来的正应力误差不超过1%,已经能够满足工程上的精度要求;而且工程实际中大多数梁的高跨比是大于5的,所以公式(6-4)也一样适用于横力弯曲的梁。

例6-18　请计算如图6-29所示的矩形截面悬臂梁C截面上a、b、c三点的正应力。

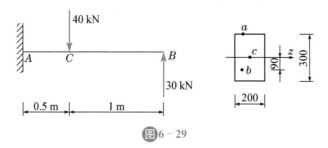

图6-29

解　① 计算C截面的弯矩
$$M_C=30\times1=30 \text{ kN·m(下部受拉)}$$

② 计算惯性矩
$$I_z=\frac{bh^3}{12}=\frac{200\times300^3}{12}=4.5\times10^8 \text{ mm}^4$$

③ 计算正应力

由图可知a、b、c三点到中性轴的距离分别为$y_a=150 \text{ mm}$,$y_b=90 \text{ mm}$,$y_c=0$,代入公式(6-4)得:

$$\sigma_a=\frac{M_C}{I_z}y_a=\frac{30\times10^6}{4.5\times10^8}\times150=10 \text{ MPa(压应力)}$$

$$\sigma_b=\frac{M_C}{I_z}y_b=\frac{30\times10^6}{4.5\times10^8}\times90=6 \text{ MPa(拉应力)}$$

$$\sigma_c = \frac{M_C}{I_z} y_c = 0$$

3. 梁横截面上的剪应力

梁发生横力弯曲变形时,其横截面上不仅有正应力,而且还有剪应力,下面我们首先来讨论梁横截面上剪力与剪应力的对应关系。

为便于研究和公式推导,我们对梁横截面上剪应力的分布做如下假设:① 梁横截面上各点处的剪应力方向与剪力的方向一致;② 梁横截面上至中性轴等距离各点的剪应力大小相等,即沿横截面宽度均匀分布。

根据以上假设,应用静力平衡条件,可导出梁横截面上各点的剪应力计算公式为

$$\tau = \frac{|V| \cdot S_z^*}{I_z \cdot b} \tag{6-5}$$

式中:V——横截面上的剪力,常用单位:kN;

I_z——横截面对中性轴的惯性矩,常用单位:mm^4;

b——所求应力点处截面的宽度,常用单位:mm;

S_z^*——所求应力点所在水平线一侧(上侧或下侧)的截面面积 A^*[如图 6-30(a)所示阴影部分的面积]对截面中性轴的静矩,常用单位:mm^3。

使用公式(6-5)计算时各量均以绝对值代入公式计算出剪应力的大小,剪应力的方向根据剪力的方向进行确定。

由公式(6-5)可知,在横截面的上、下边缘各点剪应力为零,中性轴上各点的剪应力最大。工程中常用的矩形截面梁、工字形截面梁横截面上的剪应力分布规律如图 6-30 所示。

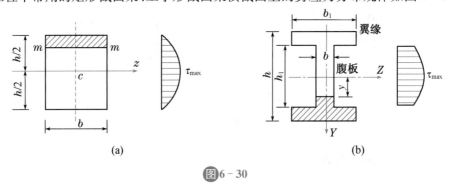

图 6-30

▮▶ 2.2 平面弯曲梁的正应力强度计算

1. 梁上的最大正应力

在进行梁的正应力强度计算时,必须知道梁上的最大正应力发生的位置和数值,产生最大正应力的截面称为危险截面,对于等直梁,最大弯矩所在的截面就是危险截面;危险截面上的最大正应力所在的点称为危险点,它发生在危险截面的上、下边缘处。

(1) 对于中性轴是截面对称轴的梁

此类梁上的最大拉应力 σ_{tmax} 和最大压应力 σ_{cmax} 相等,其值为

$$\sigma_{t\max} = \sigma_{c\max} = \sigma_{\max} = \frac{M_{\max}}{I_z} y_{\max} = \frac{M_{\max}}{W_z} \tag{6-6}$$

式中 $W_z = \dfrac{I_z}{y_{\max}}$ 称为抗弯截面系数（又称抗弯截面模量），其值只与截面的形状和尺寸有关，它是衡量截面抗弯能力的一个几何量，其常用单位为 mm^3 和 m^3。宽为 b、高为 h 的矩形截面 $W_z = \dfrac{bh^2}{6}$，直径为 d 的圆形截面 $W_z = \dfrac{\pi d^3}{32}$，各种型钢截面的抗弯截面系数可从型钢表中查得。

（2）对于中性轴不是截面对称轴的梁

此类梁上的最大拉应力 $\sigma_{t\max}$ 和最大压应力 $\sigma_{c\max}$ 不相等，需要分别计算最大正弯矩和最大负弯矩所在截面的最大拉应力和最大压应力，最后通过比较才能确定梁上的最大拉应力和最大压应力的数值和位置。

2. 梁的正应力强度条件

为了保证梁能安全可靠地工作，必须使梁上的最大工作应力不超过材料的许用应力。

（1）当材料的抗拉和抗压能力相同时，即 $[\sigma_t] = [\sigma_c] = [\sigma]$，则梁的正应力强度条件为

$$\sigma_{\max} = \frac{M_{\max}}{W_z} \leqslant [\sigma] \tag{6-7}$$

（2）当材料的抗拉和抗压能力不同时，即 $[\sigma_t] \neq [\sigma_c]$，则梁的正应力强度条件为

$$\left. \begin{aligned} \sigma_{t\max} &= \frac{M_{t\max}}{W_{z1}} \leqslant [\sigma_t] \\ \sigma_{c\max} &= \frac{M_{c\max}}{W_{z2}} \leqslant [\sigma_c] \end{aligned} \right\} \tag{6-8}$$

式中：$M_{t\max}$——梁上最大拉应力所在截面的弯矩；

　　　$M_{c\max}$——梁上最大压应力所在截面的弯矩；

　　　W_{z1}——与 $\sigma_{t\max}$ 对应的抗弯截面系数；

　　　W_{z2}——与 $\sigma_{c\max}$ 对应的抗弯截面系数。

3. 梁的正应力强度计算

根据梁的正应力强度条件，可以解决梁的三类强度计算问题。

（1）强度校核

在已知梁的材料、横截面形状与尺寸和所受荷载的情况下，检验梁的最大正应力是否满足强度条件。

（2）截面设计

在已知梁的材料和所受荷载的情况下，根据梁的正应力强度条件，先计算出所需的抗弯截面系数 $W_z \geqslant \dfrac{M_{\max}}{[\sigma]}$，再根据梁的截面形状进一步确定截面的具体尺寸。

（3）确定许可荷载

在已知梁的材料和截面形状与尺寸的情况下，根据梁的正应力强度条件，先计算出梁所能承受的最大弯矩 $M_{\max} \leqslant W_z \cdot [\sigma]$，再由 $M_{\max}$ 与荷载之间的关系进一步确定许可荷载。

例 6-19 如图 6-31(a)所示的简支梁采用 36bI 字钢制成,梁所受的均布荷载 $q=$ 20 kN/m,梁的跨度 $l=8$ m,梁的自重不计,型钢的许用应力 $[\sigma]=160$ MPa,试校核该梁的正应力强度。

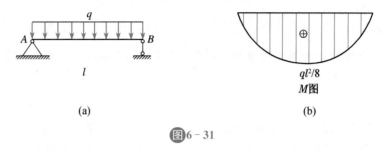

图 6-31

解 (1) 绘制梁的 M 图如图 6-31(b)所示,由图可知,梁上最大弯矩为

$$M_{max}=\frac{ql^2}{8}=\frac{20\times8^2}{8}=160 \text{ kN}\cdot\text{m}$$

(2) 查型钢表得:36bI 字钢的 $W_z=919$ cm³

(3) 计算梁的最大正应力并校核梁的正应力强度

$$\sigma_{max}=\frac{M_{max}}{W_z}=\frac{160\times10^6}{919\times10^3}=174.1 \text{ MPa}>[\sigma]=160 \text{ MPa}$$

经校核可知该梁不满足正应力强度要求,需进行重新设计。

例 6-20 如图 6-31(a)所示的简支梁,梁所受的均布荷载 $q=20$ kN/m,梁的跨度 $l=$ 8 m,梁的自重不计,梁所用材料的许用应力 $[\sigma]=160$ MPa,请选择该梁分别选用(1) 圆形截面、(2) 高度是宽度 2 倍的矩形截面、(3) 工字形型钢截面所需的截面尺寸,并比较这三种方案的用料有何不同。

解 简支梁承受满跨均布荷载作用时的最大弯矩为

$$M_{max}=\frac{ql^2}{8}=\frac{20\times8^2}{8}=160 \text{ kN}\cdot\text{m}$$

根据梁的正应力强度条件可计算出该梁所需的抗弯截面系数为

$$W_z\geqslant\frac{M_{max}}{[\sigma]}=\frac{160\times10^6}{160}=1.0\times10^6 \text{ mm}^3$$

(1) 选用圆形截面

$$W_z=\frac{\pi d^3}{32}\geqslant1.0\times10^6 \text{ mm}^3, d\geqslant216.81 \text{ mm},取 d=220 \text{ mm},$$

其横截面面积为:$A_1=37\ 994$ mm²

(2) 选用矩形截面

$$W_z=\frac{bh^2}{6}=\frac{h^3}{12}\geqslant1.0\times10^6 \text{ mm}^3, h\geqslant228.94 \text{ mm},取 h=230 \text{ mm},其横截面面积为}$$

$$A_2=34\ 500 \text{ mm}^2$$

(3) 选用工字形型钢截面

查表可知应选用 40a 工字钢,其抗弯截面系数 $W_z=1.09\times10^6$ mm³,满足该梁的正应力强度要求,查表得其横截面面积为 $A_3=8\ 611.2$ mm²。

（4）用料比较

由于材料相同,故圆形截面、高度是宽度 2 倍的矩形截面、工字形型钢截面三种方案所用的材料之比等于相应横截面面积之比,即

$$A_1 : A_2 : A_3 = 4.41 : 4.01 : 1.00$$

从这个比较中可以看出:梁在完成同一工作的条件下,采用型钢工字形截面比矩形截面省材料,采用矩形截面比圆形截面省料,所以说型钢工字形截面比矩形截面合理,矩形截面比圆形截面合理。

▶ 2.3　平面弯曲梁的剪应力强度计算

1. 梁上的最大剪应力

等直梁的最大剪应力发生在剪力最大的横截面的中性轴上,其计算公式为

$$\tau_{max} = \frac{|V_{max}| \cdot S_{zmax}^*}{I_z \cdot b} \tag{6-9}$$

式中:S_{zmax}^*——中性轴任一侧的半个横截面面积对中性轴的静矩。

下面给出工程中几种常用截面梁的最大剪应力计算公式:

（1）矩形截面梁上的最大剪应力为:$\tau_{max} = \frac{3}{2} \cdot \frac{V_{max}}{A}$;

（2）圆形截面梁上的最大剪应力为:$\tau_{max} = \frac{4}{3} \cdot \frac{V_{max}}{A}$;

（3）I 字形截面梁上的最大剪应力为:$\tau_{max} = \frac{V_{max}}{A_{腹}}$。

2. 梁的剪应力强度条件及其强度计算说明

梁的剪应力强度条件为

$$\tau_{max} = \frac{|V_{max}| \cdot S_{zmax}^*}{I_z \cdot b} \leqslant [\tau] \tag{6-10}$$

根据梁的剪应力强度条件,可进行三种强度计算:强度校核、截面设计和确定许可荷载。

在梁的强度计算中,必须同时满足弯曲正应力强度条件和剪应力强度条件,但在一般情况下,梁的强度计算是由正应力强度条件控制的。因此,在工程中通常是先按正应力强度条件设计出截面尺寸,然后再对剪应力强度条件进行校核。对于细长梁,按正应力强度条件设计的梁,一般都能满足剪应力强度要求,不必进行剪应力强度校核。但在下列三种特殊情况下,需进行剪应力强度校核:

（1）梁的最大弯矩较小,而最大剪力却很大;

（2）在焊接或铆接的组合截面(例如工字形)钢梁中,当其横截面腹板部分的厚度与梁高之比小于型钢截面的相应比值;

（3）对于木梁,其顺纹方向抗剪强度较差,木梁在发生横力弯曲时,可能因中性层上的剪应力过大而使梁沿中性层发生剪切破坏。

▐▶ 2.4 平面弯曲梁的变形和刚度条件

1. 平面弯曲梁的变形描述

当荷载作用在梁的纵向对称平面内时,梁就会发生平面弯曲变形,梁的轴线由直线弯曲成一条光滑的平面曲线,这条曲线称为梁的挠曲线,如图 6-32 所示。

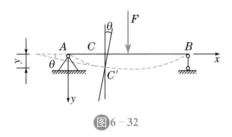

图6-32

弯曲变形的梁上每个横截面都发生了移动和转动,因为梁上各横截面沿轴线方向的线位移很微小,可忽略不计,所以通常用如下两个位移量来描述梁的变形:

(1) 挠度

梁横截面的形心在垂直于梁轴线方向上的线位移称为挠度,用 y 表示,并规定向下为正,其单位与长度单位一致,常用单位是 mm。

(2) 转角

梁的横截面绕其中性轴转动的角度称为转角,用 θ 表示,并规定顺时针的转角为正,其单位是弧度(rad)。

2. 平面弯曲梁的变形计算

(1) 梁的挠曲线方程

在材料力学中计算梁的变形时,通常选梁的左端点为坐标原点,以变形前的梁轴线为 x 轴,x 轴以向右为正,y 轴以向下为正,建立平面直角坐标系,如图 6-32 所示。一般来说,梁的挠度 y 和转角 θ 都随截面位置 x 的变化而变化,它们都是截面位置 x 的函数,$y=f(x)$ 称为梁的挠曲线方程,$\theta=\theta(x)$ 称为梁的转角方程。

由平面假设和小变形条件可知梁的挠度与转角的关系为:$\theta=\tan\theta=\dfrac{\mathrm{d}y}{\mathrm{d}x}=y'$

上式表明,梁的挠曲线方程对 x 的一阶导数就是梁的转角方程。因此,计算梁变形的关键就是确定梁的挠曲线方程。

(2) 梁的挠曲线近似微分方程

略去了剪力对梁弯曲变形的影响,并且在推导过程中略去了高阶微量,利用力学及数学知识可推导出梁的挠曲线近似微分方程为

$$\frac{\mathrm{d}^2 y}{\mathrm{d}x^2}=-\frac{M(x)}{EI} \tag{6-11}$$

求解这一微分方程,就可以得到梁的挠曲线方程,从而可求得梁上任一横截面的挠度和

转角。

（3）平面弯曲梁的变形计算

工程中计算梁变形的方法很多，在材料力学中计算梁变形的方法主要有二次积分法和叠加法两种，其中二次积分法是最基本的方法，叠加法是较为简便的实用方法。

由于二次积分法的计算过程过于繁杂，故本书将其省略，下面着重介绍叠加法。对于小变形及线弹性材料来说，梁的挠度和转角都与梁上的荷载呈线性关系，满足叠加法的适用条件。所以，当梁在几个荷载同时作用时，其任一截面处的挠度（或转角）等于各个荷载单独作用时梁在该截面处的挠度（或转角）的代数和。

梁在简单荷载作用下的挠度和转角可用二次积分法计算出来，并将计算结果绘制成表6-3。

表6-3　单跨静定梁在简单荷载作用下的挠度和转角

序号	梁的简图	梁端转角	最大挠度
1		$\theta_B = \dfrac{Fl^2}{2EI}$	$y_B = \dfrac{Fl^3}{3EI}$
2		$\theta_B = \dfrac{Fa^2}{2EI}$	$y_B = \dfrac{Fa^2}{6EI}(3l-a)$
3		$\theta_B = \dfrac{ql^3}{6EI}$	$y_B = \dfrac{ql^4}{8EI}$
4		$\theta_B = \dfrac{ml}{EI}$	$y_B = \dfrac{ml^2}{2EI}$
5		$\theta_A = -\theta_B = \dfrac{Fl^2}{16EI}$	$y_C = \dfrac{Fl^3}{48EI}$
6		$\theta_A = \dfrac{Fab(l+b)}{6lEI}$ $\theta_B = -\dfrac{Fab(l+a)}{6lEI}$	设 $a > b$ 在 $x = \sqrt{\dfrac{l^2-b^2}{3}}$ 处，$y_{max} = \dfrac{\sqrt{3}Fb}{27lEI}(l^2-b^2)^{3/2}$ 在 $x = \dfrac{l}{2}$ 处，$y_{l/2} = \dfrac{Fb}{48EI}(3l^2-4b^2)$

（续表）

序号	梁的简图	梁端转角	最大挠度
7		$\theta_A = -\theta_B = \dfrac{ql^3}{24EI}$	在 $x = \dfrac{l}{2}$ 处，$y_{\max} = \dfrac{5ql^4}{384EI}$
8		$\theta_A = \dfrac{ml}{3EI}$ $\theta_B = -\dfrac{ml}{6EI}$	在 $x = \left(1 - \dfrac{1}{\sqrt{3}}\right)l$ 处，$y_{\max} = \dfrac{ml^2}{9\sqrt{3}\,EI}$ 在 $x = \dfrac{l}{2}$ 处，$y_{l/2} = \dfrac{ml^2}{16EI}$
9		$\theta_A = \dfrac{ml}{6EI}$ $\theta_B = -\dfrac{ml}{3EI}$	在 $x = \dfrac{1}{\sqrt{3}}l$ 处，$y_{\max} = \dfrac{ml^2}{9\sqrt{3}\,EI}$ 在 $x = \dfrac{l}{2}$ 处，$y_{l/2} = \dfrac{ml^2}{16EI}$
10		$\theta_A = -\dfrac{Fal}{6EI}$ $\theta_B = \dfrac{Fal}{3EI}$ $\theta_C = \dfrac{Fa(2l+3a)}{6EI}$	$y_C = \dfrac{Fa^2}{3EI}(l+a)$
11		$\theta_A = -\dfrac{qa^2 l}{12EI}$ $\theta_B = \dfrac{qa^2 l}{6EI}$ $\theta_C = \dfrac{qa^2(l+a)}{6EI}$	$y_C = \dfrac{qa^3}{24EI}(4l+3a)$
12		$\theta_A = -\dfrac{ml}{6EI}$ $\theta_B = \dfrac{ml}{3EI}$ $\theta_C = \dfrac{m}{3EI}(l+3a)$	$y_C = \dfrac{ma}{6EI}(2l+3a)$

例 6 - 21　简支梁受荷载作用如图 6 - 33(a)所示，已知梁的 EI 为常数，试用叠加法计算梁中点 C 的挠度和两端截面 A、B 的转角。

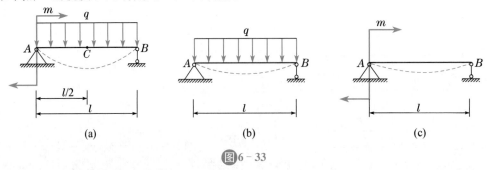

图 6 - 33

解　① 梁的变形是均布荷载和集中力偶共同作用引起的，把梁上的荷载分为两种简单的荷载,如图 6-33(b)、(c)所示。

② 查表可知

梁在均布荷载单独作用下

$$y_{Cq} = \frac{5ql^4}{384EI}, \theta_{Aq} = \frac{ql^3}{24EI}, \theta_{Bq} = -\frac{ql^3}{24EI}$$

梁在集中力偶单独作用下

$$y_{Cm} = \frac{ml^2}{16EI}, \theta_{Am} = \frac{ml}{3EI}, \theta_{Bm} = -\frac{ml}{6EI}$$

③ 根据叠加原理可得

$$y_C = y_{Cq} + y_{Cm} = \frac{5ql^4}{384EI} + \frac{ml^2}{16EI}$$

$$\theta_A = \theta_{Aq} + \theta_{Am} = \frac{ql^3}{24EI} + \frac{ml}{3EI}$$

$$\theta_B = \theta_{Bq} + \theta_{Bm} = -\frac{ql^3}{24EI} - \frac{ml}{6EI}$$

3. 梁的刚度条件

在实际工程中,根据强度条件对梁进行设计后,常常还要对梁进行刚度校核,即核查梁的位移是否在规定的范围内。在土建工程中通常只校核梁的挠度,其许用值通常以最大挠度 f 与梁跨度 l 的比值作为标准。梁的刚度条件可表示为

$$\frac{f}{l} \leqslant \left[\frac{f}{l}\right] \tag{6-12}$$

例 6-22 有一承受满跨均布荷载作用的简支梁,已知该梁采用 28b 工字钢制作,材料弹性模量为 $E = 2.1 \times 10^5$ MPa,分布荷载集度 $q = 30$ kN/m,许用挠跨比为 $\left[\dfrac{f}{l}\right] = \dfrac{1}{500}$,请校核该梁的刚度。

解 (1) 查型钢表得:$I_z = 7\,480$ cm^4 = $7\,480 \times 10^{-8}$ m^4

(2) 查表 6-3 知该梁的最大挠度为

$$f = y_{\max} = \frac{5ql^4}{384EI} = \frac{5 \times 30 \times 10^3 \times 4^4}{384 \times 2.1 \times 10^{11} \times 7\,480 \times 10^{-8}} = 0.006 \text{ m} = 6 \text{ mm}$$

(3) 校核梁的刚度:$\dfrac{f}{l} = \dfrac{6 \text{ mm}}{4 \times 10^3 \text{ mm}} = \dfrac{1}{667} < \left[\dfrac{f}{l}\right] = \dfrac{1}{500}$

该梁满足刚度要求。

▐▶ 2.5 提高平面弯曲梁承载能力的措施

平面弯曲梁的承载能力主要取决于梁的强度和刚度,因此,提高平面弯曲梁的承载能力,应该从提高梁的强度和刚度两个方面着手。

1. 提高梁抗弯强度的措施

梁的强度包括正应力强度和剪应力强度两种,一般情况下梁的强度是由正应力控制的,即提高梁的强度主要是通过提高梁的正应力强度来实现的。等直梁的正应力强度条件为

$\sigma_{\max} = \dfrac{M_{\max}}{W_z} \leqslant [\sigma]$，显然，要提高梁的抗弯强度，就要尽量减小梁的最大工作应力，这可以从降低梁的最大弯矩值和提高梁的抗弯截面系数两个方面着手。

（1）降低最大弯矩值的措施

梁的弯矩与荷载的作用情况和梁的支承情况有关，要降低梁的最大弯矩就必须合理安排梁的受力情况。

最大弯矩值不仅与荷载的大小有关，而且与荷载的作用位置和作用方式有关，在满足使用要求的前提下，合理地调整荷载的作用方式，可以有效地降低梁的最大弯矩；其具体做法是应尽量将荷载化整为零分散分布或使荷载靠近支座，如图 6-34 所示。

由于梁的最大弯矩还与梁的跨度有关，所以减小梁的跨度可以降低梁的最大弯矩；减小梁跨度的方式有两种，一种是将梁的支座适当内移，如图 6-35(b) 所示；另一种是增加支座，如图 6-35(c) 所示。

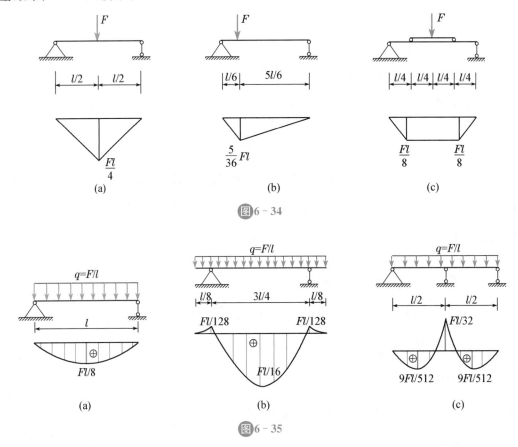

图 6-34

图 6-35

（2）提高梁抗弯截面系数的措施

梁的抗弯截面系数与梁的横截面形状及尺寸有关，要提高梁的抗弯截面系数就必须选择合理的截面形状。

① 选择抗弯截面模量 W_z 与截面面积 A 比值高的截面。梁横截面上正应力的大小与抗弯截面模量 W_z 成反比。梁的横截面面积越大，W_z 也越大，

提高梁抗弯
强度的措施

但消耗的材料多、自重也增大。梁的合理截面应该是：用最小的面积得到最大的抗弯截面模量，若用比值 $\dfrac{W_z}{A}$ 来衡量截面的经济程度，则该比值越大截面就越经济。截面形状的合理性，可以从正应力分布来说明，弯曲正应力沿截面高度呈线性规律分布，在中性轴附近正应力很小，这部分材料强度没有得到充分的利用。如果将这些材料移置到距中性轴较远处，便可使它们得到充分利用，形成合理截面。在材料用量不变的条件下，抗弯截面模量 W_z 愈大截面就愈合理，即比值 $\dfrac{W_z}{A}$ 越大截面就越合理。所以，从这个角度来看，工字形、箱形、槽形等形状就属于合理的截面形状。因此，工程中常采用工字形、槽型、箱型截面梁。

②根据材料的特性选择截面。对于抗拉和抗压强度相等的塑性材料，可采用对称于中性轴的截面，如矩形、圆形、工字形等截面。对脆性材料来说，由于其抗拉强度远低于抗压强度，应采用不对称于中性轴的截面，使梁横截面的形心靠近受拉的一侧，这样最大拉应力小于最大压应力，可以充分发挥脆性材料的作用，从而提高梁的承载能力。如图 6 - 36 所示的空心截面、T 形截面是脆性材料梁常采用的截面形式。

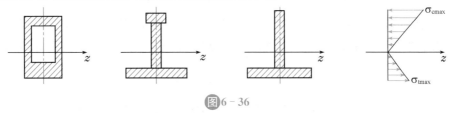

图 6 - 36

③采用变截面梁。对于发生横力弯曲的梁来说，弯矩是随梁横截面的位置在变化的，因此在根据危险截面上的最大弯矩值设计的等截面梁中，只有在最大弯矩值所在的截面最大应力才接近许用应力，其他截面的材料强度均没有得到充分利用。为了节省材料、减轻梁的自重，可根据弯矩沿梁轴线的变化情况将梁设计成变截面梁，若变截面梁上的各横截面的最大工作应力均相等，且接近材料的许用应力，我们把这种理想的变截面梁称为等强度梁。

在工程实践中，由于构造和加工的原因，很难做到理论上的等强度梁，但是在很多情况下，都利用了等强度梁的概念，让梁的截面尺寸随弯矩大小同步变化，即在弯矩值大的部位相应采用较大尺寸的截面；在弯矩值小的部位，相应采用较小尺寸的截面，如图 6 - 37 所示。例如，工业厂房建筑中广泛使用的鱼腹梁和机械工程上常采用的阶梯轴等。

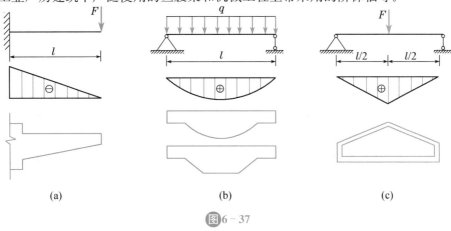

图 6 - 37

2. 提高梁抗弯刚度的措施

在对梁进行刚度校核后,如果梁的变形太大而不能满足刚度要求,就需要设法减小梁的变形提高梁的刚度。

由表 6-3 不难看出,梁的变形不仅与梁所受的荷载及支承情况有关,而且还与梁的跨度、材料、截面形状及尺寸有关,其关系可表达为:

$$梁的变形 \propto \frac{荷载 \times (跨度)^n}{梁的抗弯刚度 EI}$$

因此,减小梁的变形,提高梁的弯曲刚度要从截面、荷载、跨度、材料四个方面着手。

(1) 选择抗弯截面模量 I_z 与截面面积 A 比值高的截面

E 与 I 的乘积反映了梁抵抗弯曲变形的能力,通常将乘积 EI 称为梁的抗弯刚度。选用合理的截面形状可以有效地提高梁的抗弯刚度,在材料用量不变的条件下,惯性矩 I_z 愈大截面就愈合理,即比值 $\dfrac{I_z}{A}$ 越大截面就越合理,所以,从这个角度来看,工字形、箱型、环形等形状就属于合理的截面形状。因此,工程中常采用工字形、环形、箱型截面梁。当采用矩形横截面时,由于梁的惯性矩 I_z 与截面高度的三次方成正比,因此应该是尽可能地增加梁的高度,从而减小梁的挠度。

(2) 减小梁的跨度

由于梁的最大挠度与梁跨度的幂指数成正比,说明梁的跨度对梁的变形影响很大,所以减小梁的跨度可以快速减小梁的最大挠度。减小梁跨度的方式有两种,一种是将梁的支座适当内移,如图 6-35(b) 所示;另一种是增加支座,如图 6-35(c) 所示。

(3) 合理安排梁的受力情况

梁的最大挠度值不仅与荷载的大小有关,而且与荷载的作用位置和作用方式有关。在满足使用要求的前提下,合理地调整荷载的作用方式,可以有效地减小梁的变形。其具体做法是应尽量将荷载分散或使荷载靠近支座,如图 6-34 所示。

至于材料的弹性模量,虽然说梁的最大挠度也与梁的弹性模量成反比,但是由于同类材料的弹性模量值相差不大,故从材料方面来提高梁的刚度的作用不大。例如,普通钢材与高强度钢材的 E 值基本相同,从梁的刚度角度来看,采用高强度材料的意义不大。

◖◖◗► 课后思考与讨论

1. 扁担为什么易在中间折断? 跳水比赛用的跳水板为什么易在固定端处折断?

2. 提高梁的弯曲强度有哪些措施?

3. 你用一只手去抓单杠与用双手去抓单杠,单杠发生的变形一样吗? 哪种情况的单杠变形大? 为什么?

4. 你用一只手去抓单杠,一种情况是手作用在单杠的中间,另一种情况是手作用在单杠的端部,这两种情况下单杠发生的变形一样吗? 哪种情况的单杠变形大? 为什么?

▶ 项目小结 ◀

本项目主要介绍了平面弯曲梁的内力计算及内力图的绘制、平面弯曲梁的正应力及其强度计算、平面弯曲梁的变形及其刚度计算等内容。

1. 平面弯曲中的几个重要概念

(1) 平面弯曲：外力的作用面与梁的变形平面重合的弯曲变形称为平面弯曲。

(2) 梁：凡是以弯曲变形为主要变形的非竖直杆件都称为梁。

(3) 中性轴：中性层与横截面的交线称为中性轴。

(4) 挠度：梁横截面的形心在垂直于梁轴线方向上的线位移称为挠度。

2. 计算梁上指定截面内力的方法有两种：截面法和直接观察法。

3. 绘制梁内力图的方法主要有三种：内力方程法、控制截面法、叠加法。

4. 用控制截面法绘制梁内力图的步骤：

(1) 计算支座反力。(对于悬臂梁由于其一端为自由端，所以可以不求支座反力。)

(2) 根据梁的受力情况将梁划分成若干段。

梁端截面、集中力、集中力偶的作用截面、分布荷载起止截面都是梁分段时的界线截面。

(3) 定性判断：依据各梁段上的荷载情况，根据规律确定其对应的内力图的形状。

(4) 定量计算：确定控制截面，分别计算出各个控制截面的剪力值、弯矩值。

(5) 画图：依据(3)(4)两步的结果分别绘制出梁的剪力图和弯矩图。

5. 平面弯曲梁横截面上各点的正应力计算公式：$\sigma = \dfrac{|M|}{I_z} \cdot y$

6. 平面弯曲梁的正应力强度条件：$\sigma_{\max} = \dfrac{M_{\max}}{W_Z} \leqslant [\sigma]$

7. 梁的强度条件是我们对梁进行强度计算的依据，根据强度条件可以解决三种强度计算问题，分别是强度校核、截面设计和荷载设计。

8. 提高梁抗弯强度的措施

要提高梁的弯曲强度主要从降低梁上的最大弯矩和提高梁的抗弯截面系数这两个方面着手。具体措施主要有：合理安排梁的受力情况、合理布置梁的支座、选择抗弯截面模量 W_z 与截面面积 A 比值高的截面、根据材料的特性选择梁的截面、采用变截面梁等。

9. 提高梁抗弯刚度的措施

提高梁的弯曲刚度要从截面、荷载、支座情况、跨度、材料等方面着手，具体措施主要有：选择合理的截面形状、合理安排梁上的荷载、调整跨度、改变结构、选择优质的材料等。

▶ 项目考核 ◀

一、判断题

1. 集中力左右两侧面的剪力值相等。　　　　　　　　　　　　　　　　　(　)

2. 提高 W_z 和降低 M_{max} 都能减少梁的最大正应力。 （　　）

二、填空题

1. 工程上常见的单跨静定梁可分为三种，分别是：＿＿＿＿、＿＿＿＿和＿＿＿＿。

2. 中性轴将梁的横截面分为＿＿＿＿和＿＿＿＿两个区域。

三、选择题

1. 以下能够提高梁的抗弯能力的措施是 （　　）

　　A. 增加梁的跨度　　　　　　　　B. 增加支座

　　C. 将分布荷载变成集中荷载　　　D. 减小 W_z

2. 内径为 d、外径为 D 的空心圆截面梁，其抗弯截面模量为 （　　）

　　A. $\dfrac{\pi}{16}(D^3-d^3)$　　　　　　B. $\dfrac{\pi}{32}(D^3-d^3)$

　　C. $\dfrac{\pi D^3}{16}\left(1-\left(\dfrac{d}{D}\right)^4\right)$　　　D. $\dfrac{\pi D^3}{32}\left(1-\left(\dfrac{d}{D}\right)^4\right)$

3. 下面四种梁中不属于单跨静定梁的是（　　）。

　　A. 悬臂梁　　　B. 简支梁　　　C. 框架梁　　　D. 外伸梁

四、简答题

1. 提高梁弯曲正应力强度的措施有哪些？

2. 简述平面弯曲梁横截面上正应力的分布规律。

五、计算题

1. 用截面法计算如图 6-38(a)、(b)所示各梁指定截面上的剪力和弯矩。

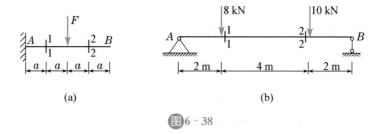

(a)　　　　　　　　　　(b)

图6-38

2. 用直接观察法计算如图 6-39 所示各梁指定截面上的剪力和弯矩。

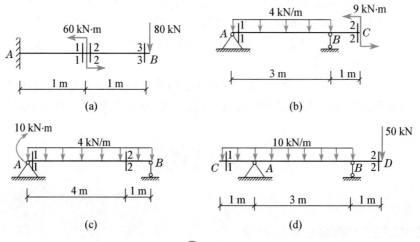

(a)　　　　　　　　　　(b)

(c)　　　　　　　　　　(d)

图6-39

3. 试用控制截面法绘制图 6-40 中各梁的剪力图和弯矩图。

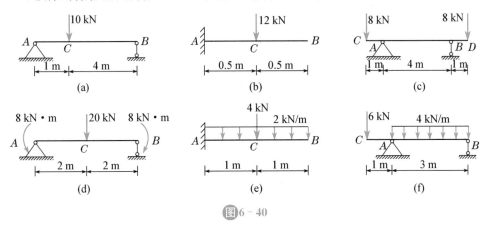

图 6-40

4. 已知梁的抗弯刚度 EI 为常数,请用叠加法计算图 6-41 所示梁端截面转角 θ_A、θ_B 及梁自由端点的挠度 y_B。

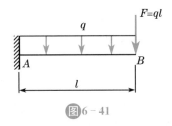

图 6-41

5. 如图 6-42 所示,简支梁由两根槽钢组成,钢材的许用应力 $[\sigma] = 170\,\text{MPa}$,试按正应力强度条件选择槽钢的型号。

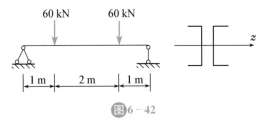

图 6-42

6. 圆形截面简支木梁如图 6-43 所示,已知截面直径 $d = 160\,\text{mm}$,材料许用应力 $[\sigma] = 10\,\text{MPa}$,试校核梁的正应力强度。

7. 某外伸梁采用 22a 工字钢制成,承受荷载如图 6-44 所示,已知材料的 $[\sigma] = 160\,\text{MPa}$,$[\tau] = 100\,\text{MPa}$,试校核该梁的强度。

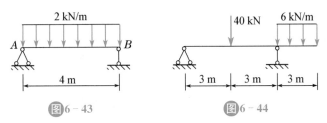

图 6-43　　　　　　图 6-44

8. 如图 6-45 所示矩形截面悬臂梁,已知 $b \times h = 100 \times 200 \ \mathrm{mm}^2$,许用挠跨比 $\left[\dfrac{f}{l}\right] = \dfrac{1}{250}$,$[\sigma] = 120 \ \mathrm{MPa}$,$E = 2 \times 10^5 \ \mathrm{MPa}$,试校核该梁的强度、刚度。

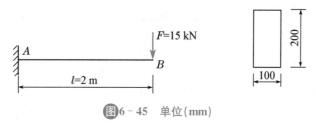

图 6-45 单位(mm)

9. T 形截面外伸梁如图 6-46 所示,材料的许用应力 $[\sigma_t] = 30 \ \mathrm{MPa}$、$[\sigma_c] = 80 \ \mathrm{MPa}$,试校核该梁的正应力强度。

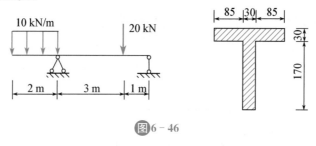

图 6-46

10. 矩形截面外伸梁如图 6-47 所示,材料的许用拉应力和许用压应力均为 $[\sigma] = 50 \ \mathrm{MPa}$。已知:$b/h = 1/3$,试根据弯曲正应力强度条件确定梁的截面尺寸 b、h。

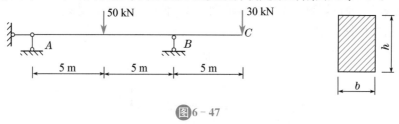

图 6-47

六、连线题

1. 把下列内力表示符号与其对应的内力名称连线。

A N   a. 弯矩
B V   b. 轴力
C M   c. 剪力

2. 把下列梁的结构计算简图与其对应的梁的类型名称连线。

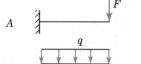

A

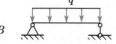

B   a. 简支梁

b. 伸臂梁

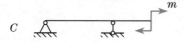

C   c. 悬臂梁

项目自测

扫码作答

项目七
平面杆件结构简介

◆ 本项目知识点

- 几何不变体系和几何可变体系的概念
- 几何不变体系的简单组成规则
- 平面杆件体系的类型及判别方法
- 平面杆件结构的组成特点和受力特点
- 超静定结构的概念与特性
- 超静定结构与静定结构的区别

◆ 本项目学习目标

- ★ 理解几何不变体系、几何可变体系、超静定结构等重要概念
- ★ 了解几何组成分析的目的
- ★ 熟悉并理解几何不变体系的三个简单组成规则
- ★ 掌握平面杆件体系几何组成分析的分析方法
- ★ 了解平面静定结构的分类情况
- ★ 掌握平面杆件结构的组成特点和受力特点
- ★ 熟悉并理解超静定结构与静定结构的区别

◆ 本项目能力目标

- ▲ 领会并能阐述几何不变体系的三个简单组成规则
- ▲ 能熟练地运用三个规则解决简单的平面杆件体系的几何组成分析问题
- ▲ 能熟练地根据结构的计算简图识别平面静定结构的类型
- ▲ 能正确地判定超静定结构的超静定次数
- ▲ 能正确地阐述各种结构的组成特点及其受力特征

◯◯◯ ▶▶ 项目导语

　　在建筑物中用于承受荷载、传递荷载并起骨架作用的部分或整体称为结构。有的结构是由单个杆件组成的,例如:房屋建筑中的梁、柱等结构;有的结构是由若干个杆件共同组成的,例如:房屋建筑中的屋架等结构。前面我们介绍了单个杆件的承载能力计算问题,在本项目中我们将介绍平面几何不变体系的简单几何组成规则、不同结构形式的组成特点和受力特点等内容。

▶ 任务1　平面杆件体系的几何组成分析 ◀

⬤⬤⬤ 案例引入

工程实际中的结构通常是由若干个杆件共同组成的,那么是不是若干个杆件随便一连就可以组成结构呢? 图7-1(a)、(b)、(c)、(d)所示的四个平面杆件体系都可以作为建筑结构使用吗? 为什么?

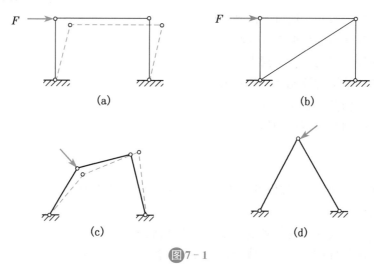

图7-1

在建筑物中,结构是用来承受荷载、传递荷载的,因此在荷载作用下,它首先应能保持自身的几何形状和位置不发生变化。也就是说,并不是若干个杆件随意一连就可以作为工程结构使用的。

在不计杆件变形(指四种基本变形——轴向拉压、扭转、剪切、平面弯曲,或其组合变形)的情况下,图7-1(a)、(c)所示体系在荷载作用下会发生如图中虚线所示的侧倾,显然,它不能承受荷载并保持自身平衡,所以,它不能作为建筑结构使用;图7-1(b)、(d)所示体系在荷载作用下则仍然能保持其原来的形状和位置,显然,它能够承受一定的荷载并保持自身平衡,所以,它能够作为建筑结构使用。

▎▎▶ 1.1　几何组成分析的基础知识

1. 平面杆件体系的概念及其分类

在同一平面内的若干个杆件通过一定的约束连接在一起组成的体系称为平面杆件体系。从几何组成的角度来看,由杆件组成的平面杆件体系可分为两类:

(1) 几何不变体系:在不计材料应变的前提下,若体系的几何形状和各杆件相对位置在荷载作用下能保持不变,则称为几何不变体系。

（2）几何可变体系：在不计材料应变的前提下，若体系的几何形状或各杆件相对位置在荷载作用下可以改变，则称为几何可变体系。

显然，几何可变体系是不能作为工程结构使用的，只有几何不变体系才能作为结构使用。

2. 几何组成分析的目的

站在几何角度对平面杆件体系的组成情况进行分析的过程称为几何组成分析，几何组成分析的目的有：

（1）判定平面杆件体系能否作为工程结构使用；

（2）判定结构是静定结构还是超静定结构，以选择结构的计算方法；

（3）研究结构的组成规律和合理形式，便于设计出合理的结构。

3. 刚片

杆件受力后的变形相对于原来尺寸是很微小的，故在进行几何组成分析时，不考虑杆件的变形，把每根杆件都看作刚体，平面内的刚体称为刚片。在体系中已被肯定为几何不变的某个部分，也可看成是一个刚片；支承体系的基础也可看成是一个刚片。

4. 自由度

一个体系的自由度，是指该体系在运动时，确定其位置所需的独立坐标的数目。如图 7 - 2(a)所示，确定平面内一个点 A 的位置需用两个坐标 x 和 y，所以，平面内一个点有 2 个自由度。如图 7 - 2(b)所示，平面内一个刚片的位置可由它上面的任一个点 A 的坐标 x、y 和过点 A 的任一直线 AB 的倾角 φ 来确定，所以，平面内一个刚片有 3 个自由度，也就是说刚片在平面内不但可以自由移动，而且还可以自由转动。

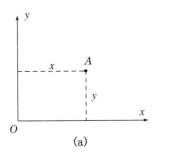

图7 - 2

5. 约束

使体系减少自由度的装置或连接称为约束（又称联系）。使体系减少一个自由度的装置或连接称为一个约束，使体系减少 n 个自由度的装置或连接称为 n 个约束。常见的约束有链杆、铰、刚性连接、固定端支座等形式。

（1）一根链杆或一个链杆支座能使体系减少一个自由度，因此一根链杆或一个链杆支座相当于一个约束，一个可动铰支座能使体系减少一个自由度，因此一个可动铰支座也相当于一个约束,如图7-3所示。

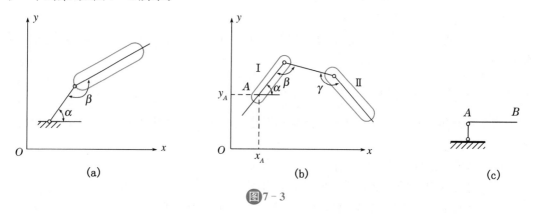

图7-3

(2) 铰按其连接刚片的个数分为单铰和复铰。**单铰**是指连接两个刚片的铰,一个单铰相当于两个约束,如图7-4(a)所示;**复铰**是指连接 n 个刚片的铰($n\geqslant 3$),如图7-4(b)所示。连接 n 个杆的复铰能使体系减少 $2(n-1)$ 个自由度,因此,连接 n 个杆的复铰相当于 $2(n-1)$ 个约束,或相当于 $n-1$ 个单铰。如图7-4(c)所示的固定铰支座也相当于两个约束。

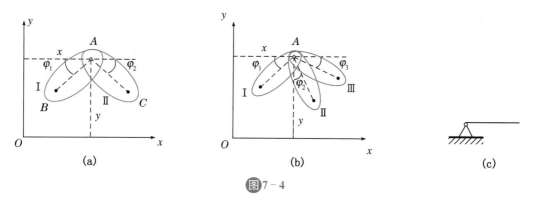

图7-4

(3) 使两个刚片既不能有相对移动也不能有相对转动的连接装置称为**刚性连接**。连接两根杆的刚性连接能使体系减少3个自由度,相当于3个约束,如图7-5(a)所示;一个固定端支座能使体系减少3个自由度,也相当于3个约束,如图7-5(b)所示。

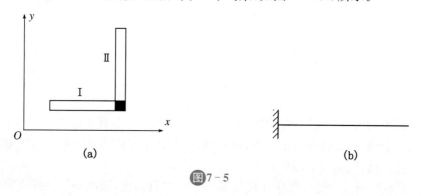

图7-5

6. 瞬变体系

在受外力作用时,几何形状发生微小改变后,运动不能持续进行下去的几何可变体系称为**瞬变体系**。瞬变体系是几何可变体系的一种特殊情况,它不能作为结构使用。

7. 二元体

由两根不共线的链杆铰接在一起组成的体系称为**二元体**。如图 7-6(a)所示的链杆 1 和 2 组成的体系称为二元体 B—A—C。

8. 铰接三角形

三根直杆用不在同一直线上的三个铰两两相连组成的体系称为**铰接三角形**。铰接三角形是最基本、最简单、最常见的几何不变体系,通常将这一重要结论称为**铰接三角形规律**。

▶1.2　几何不变体系的简单组成规则

1. 二元体规则

二元体规则:在一个刚片上增加一个二元体,则组成的体系是几何不变体系且无多余约束,或者表述为一个点和一个刚片用两根不共线的链杆相连组成无多余约束的几何不变体系,如图 7-6(a)所示。二元体规则还可表述为:在体系中增加一个或拆除一个二元体,不改变原体系的几何不变性或几何可变性。显然,若在此基础上再增加一根链杆 3,如图 7-6(b)所示,则体系仍是几何不变的,但有一个多余约束。

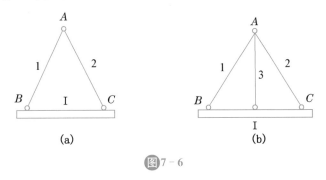

图 7-6

2. 两刚片规则

两刚片规则:两个刚片用一个铰和一根不通过此铰的链杆相连,则组成的体系是几何不变体系,且无多余约束,如图 7-7(a)所示。

单铰又可分为实铰和虚铰,两个链杆铰接在一起所构成的铰称为**实铰**;由两链杆在延长线相交或两链杆交叉连接形成的铰称为**虚铰**,如图 7-7(b)中铰 C 即为虚铰。两个链杆形成的实铰与虚铰,作用效果与单铰是一样的,都相当于 2 个约束,都能使体系减少 2 个自由度。

平面杆件体系
几何组成分析

由虚铰的概念可得到两刚片规则的另一种表述:两刚片用三个既不完全汇交又不完全平行的链杆相连,组成的体系是几何不变体系,且无多余约束,如图 7-7(b)所示。

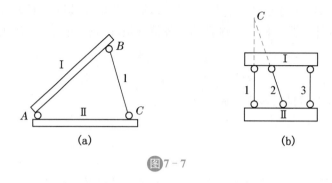

图 7-7

图 7-8(a)所示的两刚片I、II用全交于 C 点的三根链杆相连,此时 C 点为两刚片的瞬时转动中心,但在发生一微小的转动后,三个链杆就不再汇交于一点,相对的瞬时转动中心不再存在,失去了继续相对转动的可能,故此体系是瞬变体系;图 7-8(b)为三个链杆相互平行且不等长的情况,此体系也是瞬变体系;图 7-8(c)为三链杆相互平行且等长的情况,则当两刚片发生一相对位移后,这三根链杆仍然相互平行,位移可继续发生,属于几何常变体系。

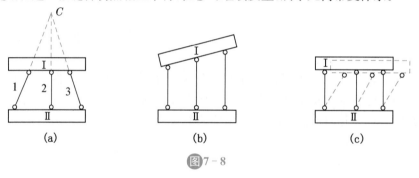

图 7-8

3. 三刚片规则

三刚片规则:三个刚片用铰心不在同一直线上的三个单铰两两相连,组成的体系为几何不变体系,且无多余约束。"两两相联"的铰既可以是由两根链杆构成的实铰也可以是由两根链杆构成的虚铰,如图 7-9 所示。

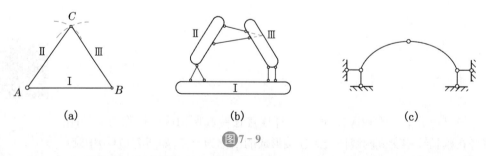

图 7-9

三个刚片用三个单铰两两相联,若三个单铰的铰心在一条直线上,则所形成的体系是瞬变体系。如图 7-10 所示,三个刚片通过在一条直线上的三个铰 B、A、C 相连,故该体系是瞬变体系。

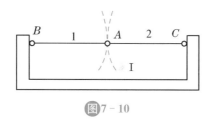

图7-10

Ⅲ▶ 1.3　平面杆件体系的几何组成分析

1. 几何组成分析的方法简介

几何组成分析的依据就是前面的几何不变体系的三个基本组成规则,三个规则并不复杂,关键是如何灵活地选择和应用它们。对于简单的平面杆件体系可以采用直接观察或类比的方法直接得出结论;对于比较复杂的体系可以采用体系简化法,首先应把已知为几何不变的部分作为刚片,比如把地基或连同在地基上的二元体等扩大的部分作为一个刚片,或者拆除二元体使体系简化等,然后再用三个基本组成规则去分析它们。对于一般的平面杆件体系,比较常用的分析方法是刚片扩大法(又叫组装法)。

2. 几何组成分析举例

根据几何不变体系的几个简单组成规则可以对体系进行几何组成分析。分析时,先将能直接观察出的几何不变部分看作为刚片,并尽可能扩大其范围,这样可简化体系的组成,便于运用几何不变体系的组成规则考察这些刚片间的连接情况,从而判断出体系的类型。

例7-1　试对图7-11所示体系进行几何组成分析。

解　AB 杆与基础之间用铰 A 和链杆 1 相连,组成几何不变体系,可看作一扩大了的刚片。将 BC 杆看作链杆,则 CD 杆用不交于一点的三根链杆 BC、2、3 和扩大刚片相连,组成无多余约束的几何不变体系。因此,图7-11所示体系是几何不变体系,且无多余约束。

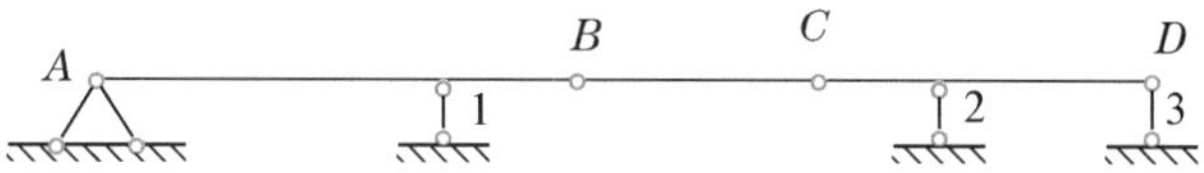

图7-11

例7-2　试分别对图7-12(a)、(b)、(c)所示体系进行几何组成分析。

解　(1) 如图7-12(a)所示,从结点 G 开始,依次去掉二元体 D—G—F、F—H—E、D—F—E、A—D—C、C—E—B、A—C—B 以及与地基相连的两个二元体,最后只剩下地基本身,故该体系为无多余约束的几何不变体系。反过来,也可以从地基开始用依次增加二元体的方法进行组装得到该体系。

(2) 如图7-12(b)所示,把地基作为一刚片,上部整个体系与地基之间用三根既不完全平行也不完全汇交于一点的链杆相连,符合两刚片规则。所以只需分析体系内部本身的几何构造即可。如图7-12(d)所示,可以从结点 A 开始,用依次去掉二元体的方法,最后只剩

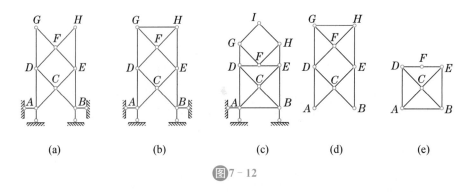

图7-12

下三角形 *FGH*,所以体系内部为无多余约束的几何不变体系,进而推知整个体系为无多余约束的几何不变体系。

（3）如图7-12(c)所示,上部体系与地基之间也用三根既不完全平行也不完全汇交的三根链杆相连,可以直接分析上部体系内部本身的几何构造即可。从结点 *I* 开始依次去掉二元体 *G—I—H*、*D—G—F*、*F—H—E*,接着我们发现连接结点 *F* 的两杆 *DF*、*FE* 共线,如图7-12(e)所示,出现三铰共线,为瞬变体系。故整个体系为瞬变体系。

拓展视域

结构静力学特征与几何组成的关系

平面杆件结构可分为静定结构和超静定结构两种。凡只需要利用静力平衡条件就能确定结构的全部反力和内力的结构称为静定结构;结构的全部反力和内力,不能只由静力平衡条件来确定的结构称为超静定结构。

图7-13(a)所示的简支梁,其三个支座反力及杆件任一截面的内力均可由静力平衡条件求得,故简支梁属于静定结构;图7-13(b)所示的连续梁,它的四个支座反力就不能由三个平衡方程全部确定,故连续梁属于超静定结构。

进行几何组成分析可判定结构的静定性,即判定结构是静定结构还是超静定结构。

从几何组成分析方面来看,图7-13(a)为无多余约束的几何不变体系,它是静定结构;图7-13(b)为有一个多余约束的几何不变体系,它是超静定结构。因此,静定结构的几何组成特征是几何不变且无多余约束,超静定结构的几何组成特征是几何不变,但有多余约束。

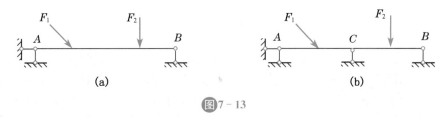

图7-13

●●●▶ 课后思考与讨论

1. 为什么瞬变体系不能作为工程结构使用?

2. 什么是铰接三角形？

3. 什么是约束？什么是必要约束？什么是多余约束？几何可变体系就一定没有多余约束吗？

▶ 任务2　平面静定结构简介 ◀

案例引入

前面我们解决了那些平面杆件体系能够作为结构使用的问题，那么平面静定结构的常见形式有哪些？该如何选用呢？

所谓平面静定结构是指由若干个共面杆件通过一定的约束连接在一起所形成的仅承受杆件所在平面内荷载的静定结构。根据平面静定结构的组成规律和受力特点通常把它分成多跨静定梁、平面静定刚架、平面静定桁架、三铰拱、平面静定组合结构等五种类型。要想了解工程实际中结构形式的选用问题必须首先了解各种结构形式的组成规律及其受力特点。

▌▶ 2.1　多跨静定梁

1. 多跨静定梁的概念

多跨静定梁是指由若干个杆件用铰链连接在一起，并用一定数量的支座支承于地基、基础或其他固定不动的物体之上所形成的静定结构。

2. 多跨静定梁的组成情况

多跨静定梁

多跨静定梁是桥梁和房屋等建筑工程中常用的一种结构形式，用来跨越几个相连的跨度。如图 7 - 14 所示的木檩条，在接头处采用斜搭接并用螺栓系紧，虽能限制左、右两跨梁的相对转动，但在实际中这种约束效果相对来说较弱，故可看成铰结点，其计算简图如图 7 - 15(a)所示。

图 7 - 14

从几何构造上来看，通常把多跨静定梁的各个组成部分区分为基本部分和附属部分两大类。凡在荷载作用下能独立维持平衡的部分称为基本部分；凡在荷载作用下需要依靠其他部分帮助才能维持平衡的部分称为附属部分。如图 7 - 15(b)所示，*AC*、*DG*、*HJ* 段，独立地与支撑物相连，在竖向荷载作用下可以独立地保持平衡，因此它们属于基本部分；*CD*、*GH* 段必须依靠 *AC*、*DG*、*HJ* 的支撑作用才能维持平衡，所以它们属于附属部分。

同理，如图 7 - 16(a)所示，杆 *ABC* 为基本部分，杆 *CDE* 附属于 *ABC*，杆 *EFG* 附属于 *CDE*，杆 *GH* 附属于 *EFG*。

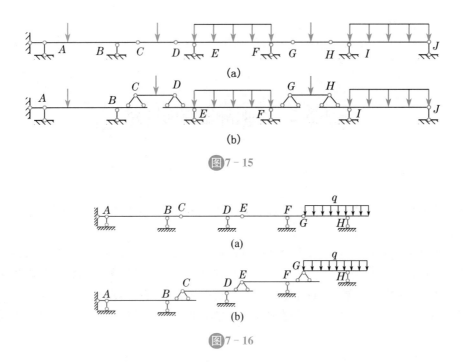

图7-15

图7-16

多跨静定梁的组成规律有一基多附式、基附交叉式、混合形式三种。由图7-16(b)可以看出图7-16(a)所示的多跨静定梁属于一基多附式;由图7-15(b)可以看出图7-15(a)所示的多跨静定梁属于基附交叉式。

3. 层次图

像图7-15(b)、图7-16(b)这种能清楚表示梁各部分之间的依存关系和力的传递层次的图形称为**层次图**。

绘制层次图的步骤为:

(1) 分层。将梁上各部分区分为基本部分和附属部分两类,分层时的原则是基本部分放在最低层,附属部分放在它所依赖的部分之上一层。

(2) 连接。先将结构中的中间铰"○"用双链杆组成的铰"⋀"代替,再把原支座在原位置照抄。

(3) 加载。把结构所承受的荷载在原位置照抄。

通过层次图不难看出:附属部分的存在与否对基本部分的几何不变性没有任何影响,而基本部分一旦破坏,附属部分的几何不变性将随之立即丧失。

4. 多跨静定梁的受力特点

由多跨静定梁的层次图上还可以清楚地观察到多跨静定梁的受力特点:作用于基本部分上的荷载对附属部分没有任何影响,即作用于基本部分上的荷载只能使基本部分产生支座反力和内力;而作用于附属部分上的荷载则必然传递到基本部分,即作用于附属部分上的荷载不仅使其自身产生反力和内力,而且也将使它下层的对其起支承作用的各附属部分和基本部分产生反力和内力。

在不受外力偶作用的铰结点处弯矩一定为零。

由层次图可知,在多跨静定梁的组成中一般都包含有外伸梁,由于在外伸梁的外伸部分会产生负弯矩,从而导致多跨静定梁的跨中弯矩比相同跨度的简支梁要小。因此,一般说来,多跨静定梁的弯矩比一系列简支梁的弯矩小,能够节省材料,但是,多跨静定梁的构造比较复杂,设计时需要通盘考虑。

5. 多跨静定梁的内力计算及其内力图绘制

由层次图可知,多跨静定梁是由若干个单跨静定梁组成的,其安装施工顺序是先固定基本部分,后固定附属部分。多跨静定梁的内力分析是按层次图把多跨静定梁拆分成若干个单跨静定梁,各个解决,将各单跨静定梁的内力图连在一起,就得到了多跨静定梁的内力图。多跨静定梁的计算顺序与其安装施工顺序相反,是先计算附属部分,再计算基本部分,即按层次图自上而下逐层往下计算。

计算多跨静定梁,绘制多跨静定梁内力图的步骤为:

(1) 绘制层次图;

(2) 绘制受力图;

(3) 计算梁上的约束反力;

(4) 绘制梁的内力图。

例 7 - 3　试确定图 7 - 17(a)所示多跨静定梁的内力,并绘制其内力图。

解　(1) 画出多跨静定梁的层次图如图 7 - 17(b)所示。

(2) 按层次图绘制出多跨静定梁的受力图如图 7 - 17(c)所示。

(3) 按层次图自上而下逐层计算梁的反力

CD 梁:CD 梁只在其中点受到集中荷载作用,根据对称性可知

$$F_C = F_D = \frac{4}{2} = 2 \text{ kN}(\uparrow)$$

AC 梁:由作用与反作用公理可知:$F'_C = F_C = 2 \text{ kN}$

根据 AC 梁的平衡条件则有

$$M_A(F) = 0, -2 \times 4 \times 2 + F_B \cdot 4 - F'_C \cdot 5 = 0, F_B = 6.5 \text{ kN}(\uparrow)$$
$$M_B(F) = 0, -F_A \cdot 4 + 2 \times 4 \times 2 - F'_C \cdot 1 = 0, F_A = 3.5 \text{ kN}(\uparrow)$$

(4) 绘制梁的内力图

AC 梁:

$$V_{AB} = F_A = 3.5 \text{ kN}$$
$$V_{BA} = F_A - 2 \times 4 = -4.5 \text{ kN}$$
$$V_{BC} = V_{CB} = F'_C = 2 \text{ kN}$$
$$M_{AB} = 0$$
$$M_{BA} = M_{BC} = -F'_C \cdot 1 = -2 \text{ kN} \cdot \text{m}$$
$$M_{CB} = 0$$

CD 梁:

$$V_{CD} = F_C = 2 \text{ kN}$$
$$V_{DC} = -F_D = -2 \text{ kN}$$

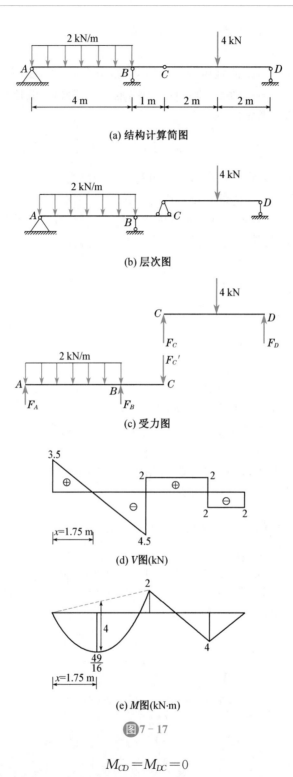

(a) 结构计算简图

(b) 层次图

(c) 受力图

(d) V图(kN)

(e) M图(kN·m)

图7-17

$$M_{CD} = M_{DC} = 0$$

根据上述计算结果绘制出多跨静定梁的剪力图如图 7-17(d)所示,其弯矩图如图 7-17(e)所示。

在绘制弯矩图时可采用区段叠加法,其中 AB 段受有均布荷载作用,其中点弯矩值是在其两端弯矩值连线的中点处顺着荷载方向浮动$\dfrac{ql^2}{8}$；CD段中点受有集中力作用，其中点弯矩值是在其两端弯矩值连线中点顺着集中力方向浮动$\dfrac{Fl}{4}$。

在AB段剪力为零处弯矩有极值，由图$7-17$(d)可知在距A点$x=1.75$ m处剪力为零，该截面弯矩值为

$$M_{极值}=F_A \cdot \frac{7}{4}-2\times\frac{7}{4}\times\frac{7}{8}=\frac{49}{16}\text{ kN}\cdot\text{m}$$

2.2　平面静定刚架

1. 刚架的概念及其组成特点

（1）刚架的概念

刚架是由若干个直杆（梁和柱）组成的具有刚结点（或刚性连接）的结构。

（2）刚架的组成特点

由于刚性连接具有约束杆端相对转动的作用，能承受和传递弯矩，可以消减结构中弯矩的峰值，使弯矩分布较为均匀，故比较节省材料。此外，刚架依靠刚性连接可以用较少的杆件便能组成几何不变体系，而且内部空间大，便于利用。图$7-18$(a)所示刚架中结点C和D是刚结点，如果将图$7-18$(a)中的刚结点改为铰结点，体系便成为几何可变体系，如图$7-18$(b)所示；为使其形成几何不变体系，必须增加约束，例如，在内部增加一斜杆，如图$7-18$(c)所示。显然，图$7-18$(a)所示刚架提供的内部空间要比图$7-18$(c)提供的内部空间大。

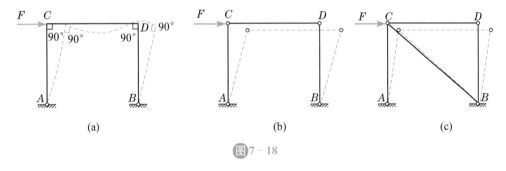

（a）　　　　　　　　　　（b）　　　　　　　　　　（c）

图 7 - 18

2. 刚架的受力及变形特点

刚架结构整体性好，刚度强，内力分布比较均匀。从变形角度看，在刚架结构受力发生变形的过程中，刚架的刚结点处既产生线位移又产生角位移，但是在结构变形前后，在刚结点处所连接的各杆杆端转动了相同的角度，即各杆杆端的夹角保持不变，也就是说刚结点处各杆端的轴线不能发生相对转动；从内力角度看，刚结点不仅能够承受并传递力，而且还可以承受并传递力矩（即弯矩）。也就是说，刚结点可以使刚架结构的内力分布更加均匀一些，降低了跨中弯矩图的峰值。

在刚架结构中，弯矩是杆件的主要内力。

因为刚架结构具有弯矩分布比较均匀、内部空间大、制作方便等优点，所以刚架结构在

城市轨道交通、路桥、建筑等工程中的应用非常广泛。

3. 刚架的分类

刚架的分类方式很多,主要有按计算方法把刚架分为静定刚架和超静定刚架;按组成刚架的各杆轴线及所受荷载是否共面把刚架分为平面刚架和空间刚架;按层数把刚架分为单层刚架和多层刚架;按跨数把刚架分为单跨刚架和多跨刚架。本书重点研究的是平面静定刚架。

4. 平面静定刚架的分类

所谓平面刚架是指荷载、反力和杆的轴线都在同一个平面内的刚架。所谓静定刚架是指反力和内力可以用静力平衡条件完全确定的刚架。

凡由静力平衡条件可确定全部反力和内力的平面刚架,称为平面静定刚架。平面静定刚架又可分为悬臂刚架、简支刚架、三铰刚架、组合刚架(又叫主从刚架)等形式。图 7 - 19(a)所示为悬臂刚架,常用于车站站台、雨棚等;图 7 - 19(b)所示为简支刚架,常用于起重机的钢支架等;图 7 - 19(c)所示为三铰刚架,常用于小型厂房、仓库、餐厅等;图 7 - 19(d)所示为组合刚架(主从刚架),常用于多跨或多层工业厂房等。

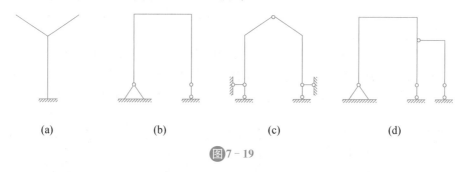

|(a)|(b)|(c)|(d)|

图 7 - 19

图 7 - 20、图 7 - 21 分别给出了悬臂刚架、三铰刚架在日常生活及工程实际中的实用案例及其结构计算简图。

图 7 - 20

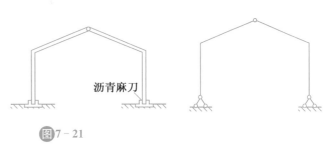

沥青麻刀

图 7-21

5. 平面静定刚架的内力计算及内力图绘制

（1）平面静定刚架的内力计算

平面静定刚架中各杆横截面上一般同时存在三种内力，分别是弯矩 M、剪力 V 和轴力 N，其中弯矩是刚架结构的主要内力。计算平面静定刚架中杆件内力的基本方法仍然是截面法。分析刚架内力时，为明确表示各杆端的内力，刚架中内力的表示符号通常都采用双字母下标，其中第一个下标表示内力所处的截面位置，第二个下标和第一个下标一起来表示内力所属的杆段，如 M_{AB} 表示刚架结构上 AB 杆段 A 端的弯矩，M_{BA} 表示刚架结构上 AB 杆段 B 端的弯矩。

如图 7-22 所示刚架，在结点 B 处，分别用 M_{BA}、M_{BC}、M_{BD} 来表示 BA 杆 B 端、BC 杆 B 端、BD 杆 B 端的弯矩，三杆的另一端 A 端、C 端、D 端弯矩分别用 M_{AB}、M_{CB}、M_{DB} 来表示；V_{BA} 表示 BA 杆 B 端的剪力，V_{AB} 表示 BA 杆 A 端的剪力；N_{BC} 表示 BC 杆 B 端的轴力，N_{CB} 表示 BC 杆 C 端的轴力。

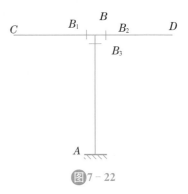

图 7-22

刚架中杆件的轴力和剪力的正负号规定与梁相同，轴力图和剪力图可以画在杆件的任一侧，但必须注明正负号；弯矩图画在杆件的受拉一侧，不需要标注正负号。

刚架是由若干单个杆件用刚结点或部分铰结点连结而成，因此，刚架的内力分析可以单个杆件的内力分析为基础。其内力的计算方法与静定梁基本相同。

① 由整体或某些部分的平衡条件求出支座反力或铰接处的约束反力；

② 根据荷载作用情况，将刚架分为若干杆段，求出各杆端内力；

③ 由杆端内力并运用叠加原理逐杆绘制内力图，从而得到整个刚架的内力图。

（2）平面静定刚架的内力图绘制

平面静定刚架一般在求出支座反力后，先绘制弯矩图，再根据弯矩图绘制剪力图，最后再根据剪力图绘制轴力图。

① 弯矩图的绘制

从力学角度看，刚架是若干杆件的组合，因此，在绘制平面静定刚架的弯矩图时，可将刚架拆分为单杆，将刚架弯矩图的绘制转化为单杆弯矩图的绘制，注意结点平衡条件，在平面静定刚架中，对于只连接了两个杆件的刚结点，如果该刚结点没有受到外力偶作用，则该刚结点的两个杆件的杆端弯矩数值相等且受拉侧相同（同为外或同为内）。

绘制方法及过程是：先求出各支座反力，再用截面法或结点平衡条件计算各杆端弯矩，然后按照简支梁思路逐杆绘制弯矩图。

② 剪力图的绘制

当杆段中无荷载时，弯矩图为斜直线，则剪力图为平直线，此时只需要计算出剪力的大小及正负即可绘出剪力图；当杆件中有集中荷载时，可从集中力处把杆件分为两个无荷载段；当杆段中有均布荷载时，弯矩图为二次抛物线时，则杆段剪力图为斜直线，此时可取该杆段为隔离体，求出杆段两端剪力值，中间直线相连，此时该杆段可视为简支梁，支座反力即为杆端剪力。

③ 轴力图的绘制

若沿杆轴无轴向分布荷载，各杆轴力为常数，轴力图平行于杆轴。在已知各杆剪力的情况下，轴力的大小及正负主要利用结点的平衡条件确定。依次取各结点，利用 $\sum X = 0$ 计算水平杆轴力，利用 $\sum Y = 0$ 计算竖直杆轴力。

例 7 - 4　试确定图 7 - 23(a)所示刚架的内力，并绘制其内力图。

解　(1) 计算支座反力

取整体为研究对象如图 7 - 23(b)所示，列平衡方程得：

$$\sum M_A = 0, -M_A + 20 \times 4 \times 2 + 20 \times 4 = 0, M_A = 80 \text{ kN} \cdot \text{m}(顺时针)$$

$$\sum X = 0, -F_{Ax} = 0, F_{Ax} = 0$$

$$\sum Y = 0, F_{Ay} - 20 \times 4 - 20 = 0, F_{Ay} = 100 \text{ kN}(\uparrow)$$

(2) 计算各杆端内力并绘制内力图

将刚架各杆在杆端处截开，分别选取各杆段及结点为隔离体，并绘制出其受力图如图 7 - 23(c)所示。

① 分别计算各杆端弯矩值并绘制弯矩图：

AB 杆：$M_{AB} = 80 \text{ kN} \cdot \text{m}$(右侧受拉)，$M_{BA} = 80 \text{ kN} \cdot \text{m}$(右侧受拉)

CB 杆：$M_{CB} = 0, M_{BC} = 160 \text{ kN} \cdot \text{m}$(上侧受拉)

DB 杆：$M_{DB} = 0, M_{BD} = 80 \text{ kN} \cdot \text{m}$(上侧受拉)

依据计算出的各杆端弯矩值，绘制出刚架的弯矩图如图 7 - 23(d)所示。

② 绘制剪力图

由各杆弯矩图可知，AB 杆弯矩平行于杆轴线，故剪力为 0；

CB 杆弯矩为二次抛物线，故剪力为斜直线，其中 $V_{CB} = 0, V_{BC} = -80 \text{ kN}$；

DB 杆弯矩为斜直线，故剪力平行于杆轴线即 $V_{BD} = V_{DB} = 20 \text{ kN}$；剪力图如图 7 - 23(e)所示。

③ 绘制轴力图

取 CB 为研究对象 $\sum X = 0, N_{BC} = 0$；

取 DB 为研究对象 $\sum X = 0, -N_{BD} = 0; N_{DB} = 0$；

取 AB 为研究对象 $\sum Y = 0, N_{BA} + 100 = 0, N_{BA} = -100 \text{ kN}$(压力)；

绘制出刚架的轴力图如图 7 - 23(f)所示。

（3）校核

　　内力图校核时,除了对内力图形状特征进行校核外,一般还需要校核任一结点或任一杆件是否处于平衡状态。其方法是取出隔离体,根据内力图画出隔离体上的实际受力情况,利用平衡方程校核其是否满足平衡条件。取结点 B 为隔离体如图 7－23(g)所示:

$$\sum X = 0$$

$$\sum Y = 100 - 80 - 20 = 0$$

$$\sum M_B = 160 - 80 - 80 = 0$$

结点 B 满足静力平衡条件,说明上述内力计算无误。

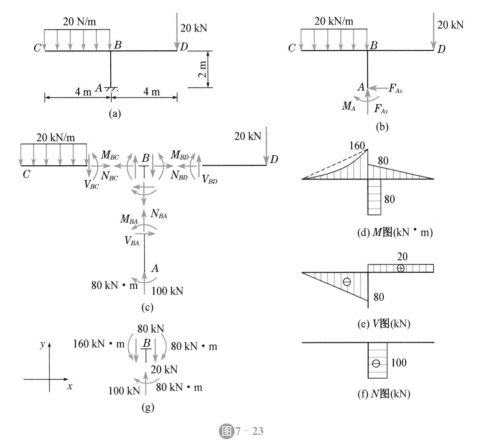

图 7－23

2.3　平面静定桁架

1. 桁架的概念及其术语

　　由若干个直杆在两端用铰链连接组成的结构称为桁架。如图 7－24 所示,桁架中的杆件按其所在位置的不同分为弦杆和腹杆两类,弦杆又分为上弦杆和下弦杆,腹杆又分为竖杆和斜杆。弦杆上相

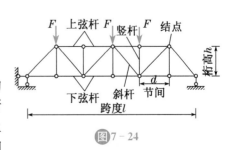

图 7－24

邻两结点之间的区间称为节间,桁架最高点到两支座连线的距离称为桁高,两支座之间的距离称为跨度。

2. 理想桁架

在实际结构中,桁架的受力情况较为复杂,在对桁架进行计算时必须抓住主要矛盾,对实际桁架作必要的简化。为简化计算,同时又不至于与实际结构产生较大的误差,桁架的计算简图常常采用下列假定:

(1) 连接杆件的各结点,是无任何摩擦的理想铰。

(2) 各杆件的轴线都是直线,都在同一平面内,并且都通过铰的中心。

(3) 荷载和支座反力都作用在结点上,并位于桁架平面内。

满足上述假定的桁架称为**理想桁架**,在绘制理想桁架的计算简图时,以轴线代替杆件,以小圆圈代替铰结点,如图 7 - 24 所示为一理想桁架的结构计算简图。

实际桁架的情况并不完全与上述假设一样。例如,钢筋混凝土桁架中各杆端是整浇在一起的。钢桁架是通过节点板焊接或铆接的,由一个结点连接的各杆件轴线并不能都交于一点,杆件自重、风荷载等也并非作用于结点上等,所有这些都会在杆件内产生弯矩和剪力,这些内力称为附加内力。理想桁架中的各杆件均为二力杆,其内力只有轴力,称为主内力。由于附加内力的值较小,对杆件的影响也较小,因此对桁架的内力分析主要考虑主内力的影响,而忽略附加内力。通过与实际量测结果的比较表明,这样的分析计算结果能够符合工程计算精度的要求。

梁和刚架,在荷载作用下,内力以弯矩为主,截面上的应力分布是不均匀的。在截面上,受压区与受拉区愈是远离中性轴,正应力愈大,而靠近中性轴上的正应力较小,这就造成中性轴附近的材料不能被充分利用。而桁架结构是由很多杆件通过铰结点连接而成的结构,其受力特点为:当荷载只作用在结点上时,各杆只受到轴力,截面上应力分布均匀,因此其受力较为合理。工业建筑及大跨度民用建筑中的屋架、托架、檩条以及起重机塔架、建筑施工用的支架等,常常采用桁架结构。

例如,图 7 - 25(a)、(b)为桁架形式的钢屋架示意图及计算简图。图 7 - 26(a)所示为一电线塔架,如图 7 - 26(b)所示为一电视塔架。

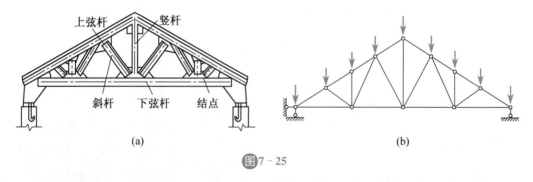

(a)　　　　　　　　　　　　(b)

图 7 - 25

3. 平面静定桁架的分类情况

组成桁架各杆的轴线和荷载的作用线都在同一平面内的静定桁架称为**平面静定桁架**。常用的平面静定桁架分类方式有:

(a)　　　　　　　　　　　　　　　　(b)

图 7 - 26

（1）按照几何组成分类

按照平面静定桁架的几何组成情况通常把桁架分成简单桁架、联合桁架和复杂桁架三种类型。

① 简单桁架。由一个基本铰接三角形开始，依次增加二元体组成的桁架，称为简单桁架，如图 7 - 27(a)、(d)、(e)所示的桁架就是简单桁架。

② 联合桁架。由几个简单桁架按照一定的几何组成规则组成的桁架，称为联合桁架，如图 7 - 27(c)、(f)所示。

③ 复杂桁架。凡不属于以上两类的桁架均称为复杂桁架，如图 7 - 27(b)所示。

（2）按照外形特征分类

按照平面静定桁架的外形和组成特点，通常把桁架分为平行弦桁架、折线形桁架、三角形桁架、梯形桁架、抛物线形桁架等，如图 7 - 27 所示。

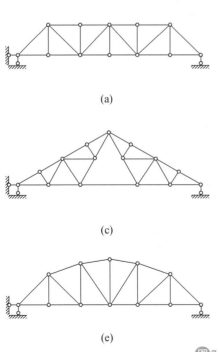
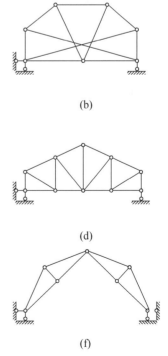

(a)　　　　　　　　　　　　　　　　(b)

(c)　　　　　　　　　　　　　　　　(d)

(e)　　　　　　　　　　　　　　　　(f)

图 7 - 27

4. 平面静定桁架的受力特点及其应用

（1）桁架的内力及其计算情况

理想桁架结构中各杆横截面上只有一种内力——轴力，计算平面静定桁架内力的方法主要有结点法和截面法两种。

在桁架结构中，我们把杆件轴力为零的杆统称为零杆。如果在计算之前我们先把零杆判断出来，可使问题得到简化。需要注意的是：零杆不能随意去掉，比如桁架桥上车辆荷载为移动荷载，当荷载作用在某个位置时，可能有一个或多个杆件受力为零，但当车辆荷载移动到下一位置时，前面曾经不受力的零杆又开始受力，所以，零杆虽然不受力，但对于维持结构的几何不变性来说不是多余的，是不能去掉的。

（2）三种常见桁架的受力特点

桁架外形不同，其受力性质及使用场合也不相同，下面就实际工程中常见的三种桁架（平行弦桁架、抛物线形桁架、三角形桁架），在相同的跨度、相同节间距离、承受相同荷载的情况下进行内力分析比较。其中承受的均布荷载也简化为集中荷载作用在结点上。

① 平行弦桁架如图 7-28（a）所示，桁架中弦杆的轴力由两端向中间逐渐增大，即端部弦杆轴力较小，中间弦杆轴力较大；腹杆中斜杆受压，中间竖杆受拉，如果斜杆设置方向与图示方向相反，则斜杆受拉，竖杆受压，端部腹杆轴力较大，中间腹杆轴力较小，即腹杆的内力是由两端向中间逐渐减小。

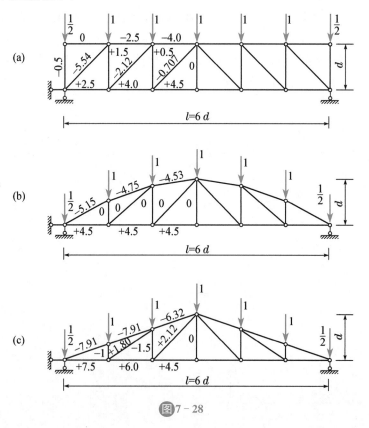

图 7-28

② 抛物线形桁架如图 7－28(b)所示,桁架中上弦杆轴力逐渐减小且变化缓慢,接近相等,下弦杆轴力不变;因上弦杆的水平分力与下弦杆轴力大小相等,性质相反,则腹杆轴力全为零。

③ 三角形桁架如图 7－28(c)所示,桁架中弦杆的轴力由两端向中间逐渐减小,即端部轴力较大,中间轴力较小;两端腹杆轴力较小,当斜杆方向为图示布置时,中间腹杆受力为零,如果斜杆布置方向与图示方向相反,则中间腹杆轴力最大。

（3）三种桁架的应用情况

以上三种桁架各有优缺点,在实际应用中可根据工程的具体情况选择合适外形的桁架:

① 工业厂房中跨度较大的吊车梁、支撑体系、铁路桥梁、电线塔架等常采用平行弦桁架,因为构件标准化,制作相对简单,易于大型生产。但平行弦桁架弦杆和腹杆轴力变化较大,部分材料得不到充分利用,易造成浪费。

② 大跨度屋架(18～30 m)和桥梁(100～150 m)常采用抛物线形桁架,因为各杆受力比较均匀,材料能得到较充分的利用,在上述的大跨度结构中节约材料比较可观。但抛物线形桁架结点构造比较复杂,施工也比较困难。

③ 在跨度较小、坡度较大的木屋架、轻型钢屋架、钢筋混凝土斜梁和钢拉杆组成的组合屋架、做展板用的支架等常采用三角形桁架。三角形桁架本身符合屋顶排水要求,所以多用于坡屋顶。但三角形桁架在端结点处弦杆轴力较大,且夹角较小,制作比较困难。

目前,桁架结构被广泛地应用于跨度较大的工程结构中。桁架结构是由若干个杆件组成的空格结构,其自重比梁轻得多。从整体效果角度来看,一个桁架相当于一根梁的作用,由于桁架的高度比梁高得多,故桁架与梁相比能够跨越更大的跨度、承受更大的荷载。在桁架施工中,一定要用力学知识去分析施工现场的实际问题,切不可随意修改图纸,也不能盲目套用图纸,以杜绝事故的发生。

▶▶ 2.4　三铰拱

1. 拱的概念及其受力特点

在竖向荷载作用下,会产生水平反力的曲杆结构称为拱。拱是一种重要的结构形式,在房屋建筑、桥涵建筑、水工建筑中应用比较广泛。拱根据支承和连接形式的不同,可以分为三种,如图 7－29 所示。其中,无铰拱和两铰拱属于超静定拱,三铰拱则属于静定拱。

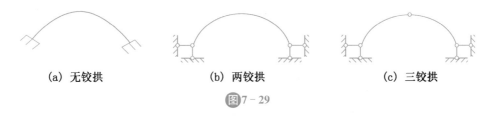

(a) 无铰拱　　　　　(b) 两铰拱　　　　　(c) 三铰拱

图7－29

拱和梁的主要区别是拱在竖向荷载作用下会产生水平反力,这种水平反力指向内侧,故又称为推力。由于推力的存在,拱的弯矩与跨度、荷载相同的梁相比较要小得多,并主要承受压力。因此更能发挥材料的作用,并能利用抗拉性能较差而抗压性能较强的材料如砖、石、混凝土等来建造,这是拱的主要优点。而拱的主要缺点也正在于支座要承受水平推力,因而要求比梁要具有更为坚固的基础或支承结构(如墙、柱、墩、台等)。可见,推力的存在与否是区别拱与梁的主要标志。

2. 三铰拱简介

三铰拱是由两个曲杆刚片与基础由三个不共线的铰两两相连组成的静定结构,如图7-30(a)所示。有时为减小支座承受的水平力,可以在三铰拱支座间连以水平拉杆,由该拉杆承受水平力,如图7-30(b)所示。这种结构改善了支座的受力状况,使支座在结构承受竖向荷载作用的情况下,只产生竖向的支座反力,这种结构叫作带拉杆的三铰拱。为了减小水平拉杆在自重作用下的垂度,往往在拱内设吊杆,如图7-30(c)所示。

图7-30(a)所示三铰拱,由于其内力不受温度变化和支座移动的影响,在工程实际中得到广泛的应用,例如某些大跨度房屋中的三铰拱屋架等。

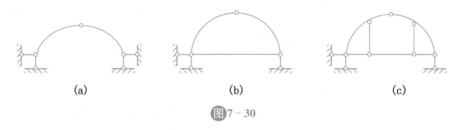

(a)   (b)   (c)

图7-30

常用的三铰拱多是对称形式,如图7-31所示,三铰拱各截面形心连线称为拱轴线;顶铰设于跨中称为拱顶;两端支座处称为拱趾(或拱脚);两拱趾连线称为起拱线;两拱趾间的距离称为拱的跨度l;起拱线至拱顶距离称为拱高(或拱矢)f;拱高f与跨度l之比称为拱的高跨比(或矢跨比)。高跨比是拱的一个重要参数,工程中常用的拱结构,其高跨比一般为$\frac{1}{10}$~1,拱结构的主要力学性能与其高跨比有关。

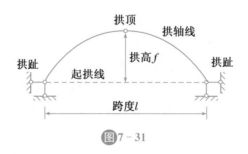

图7-31

3. 三铰拱的合理拱轴线

若在某种荷载作用下,拱所有截面的弯矩均为零,即$M=0$,这时该拱的轴线称为合理拱轴线。不同类型的荷载作用下,拱具有不同的合理拱轴线。

在实际工程中的拱一般都是由砖、石、混凝土等材料制成,为了充分发挥这些材料抗压强度高但抗拉强度较低的性能,我们可以通过调整拱的轴线为合理拱轴线,使拱在任何确定的荷载作用下各截面上的弯矩值为零,这时拱截面上只有通过截面形心的轴向压力作用,其压应力沿截面均匀分布,此时的材料使用最为经济。

对于不同的荷载具有不同的合理拱轴线。

（1）在满跨竖向均布荷载作用下,对称三铰拱的合理拱轴线为二次抛物线,如图 7 – 32 所示。因此,房屋建筑中拱的轴线常常采用抛物线。

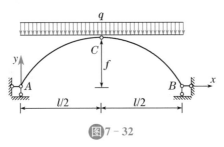

图 7 – 32

（2）三铰拱在径向均布荷载作用下的合理拱轴线为圆弧线,如图 7 – 33(a)所示。

（3）对称三铰拱在填土荷载作用下的合理拱轴线为悬链线,如图 7 – 33(b)所示。

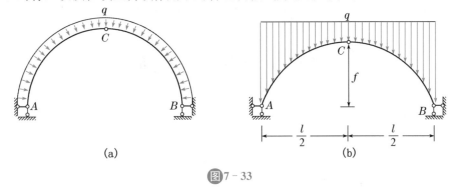

(a)　　　　　　　　　(b)

图 7 – 33

需要注意的是,三铰拱的合理拱轴线只有对已知的固定荷载才能确定,对于移动荷载并不能得到真正的合理拱轴线,而只能使拱轴线相对地合理些,以使拱内的弯矩尽可能小些。

在拱式结构中,如果拱轴线选择合理,截面弯矩可以为零,而截面内产生的轴力较大。由于这个特点,拱式结构在实际应用中,往往采用抗拉强度较低,但抗压强度较高的砖、石、混凝土等材料来制作。但需注意的是,在设计、施工及使用过程中,必须保证拱的基础坚固可靠,能为拱提供足够的水平推力,否则将由于支座不能承受水平作用力而导致拱的破坏。

▐▶ 2.5　组合结构

组合结构是由只承受轴力的二力杆(即链杆)和承受弯矩、剪力、轴力的梁式杆组合而成。它常用于房屋建筑中的屋架、吊车梁以及桥梁的承重结构。例如图 7 – 34 (a)所示的下撑式五角形屋架就是较为常见的平面静定组合结构。其上弦杆由钢筋混凝土制成,主要承受弯矩和剪力;下弦杆和腹杆则用型钢做成,主要承受轴力。其计算简图如图 7 – 34 (b)所示。

计算组合结构时,一般都是先求出支座反力和各链杆的轴力,然后再计算梁式杆的内力,并分别绘制出其 M 图、V 图、N 图。在分析计算中,必须特别注意区分链杆和梁式杆。

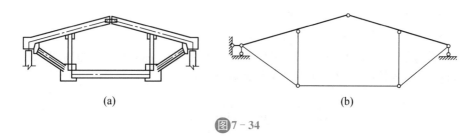

图7-34

链杆截面上只有轴力;梁式杆截面上一般作用有三个内力,即轴力、剪力和弯矩。组合结构中的链杆可以使梁式杆的支点间距减小或产生负向弯矩,改善了受弯杆的工作状态。

课后思考与讨论

1. 怎样使实际桁架更好地符合理想桁架的假定?
2. 分别说明多跨静定梁中基本部分与附属部分的几何组成特点和各自的受力特点。
3. 桁架中既然有零杆,是否可将其从实际结构中去除?为什么?

▶ 任务3 超静定结构简介 ◀

案例引入

日常生活中,我们经常需要晒被子,有时我们会看到这样的现象:一个人在相距很远的两个树上拉起一根绳子,刚开始把被子放上去时一切正常,过一段时间会出现放在绳子上的被子徐徐下落、甚至会出现被子与地面接触。这是为什么呢?该如何处理呢?

因为晒被子需要阳光充足,所以常常选择一片比较空旷的场地,也就是说,晒被子时绳子需要跨越较大的跨度。绳子的跨度愈大,其变形就愈大,晒被子时出现的被子徐徐下落就是因为绳子的变形所致。为了防止晒被子时被子与地面接触,人们通常都是在绳子的中间添加若干个支撑。

在相邻的两个树上拉起一根绳子,相当于是在相邻的两个树上架起了一根简支梁,属于静定结构;在绳子的中间添加若干个支撑,相当于是把静定结构变成了超静定结构。

绳子如此,其他杆件也是如此,事实告诉我们:超静定结构与静定结构相比有很多优点,例如受力更均匀、变形小等等。因此,在工程实际中常常要把结构做成超静定结构。

▶ 3.1 超静定结构的概念

所谓超静定结构,从几何组成分析方面来说,是指具有几何不变性而又有多余约束的结构;从结构的支座反力和内力计算方面来说,是指只用静力平衡条件是不能完全确定的结构。

如图7-35所示的梁具有一个多余约束,此梁为超静定结构。就几何不变性来说,我们可以将支座 B 看作是多余约束,因为没有它体系仍然能保持几何不变性,仍能承受荷载作用;也可以将支座 C 看作是多余约束,因为没有它体系同样能保持几何不变性,并承受荷载作用;还可以将支座 A 处的竖向链杆看作是多余约束。即支座 B 或支座 C 或支座 A 处的竖向链杆均可看作是多余约束。也就是说,对于一个超静定结构,多余约束的选择并不是唯一,但是多余约束的个数是唯一的。

图 7 - 35

3.2　超静定结构的计算简介

超静定结构计算的基本方法有力法和位移法两种,其他方法都是以这两种方法为基础演变而来的,如力矩分配法是以位移法为理论基础发展起来的渐进解法,矩阵力法和矩阵位移法也是分别以上述两种基本方法为基础发展起来的以计算机为计算工具的计算方法。

力法是分析计算超静定结构的最基本而且历史最悠久的方法,因此要讨论超静定结构的计算就必须从力法开始。下面简要介绍力法。

力法计算超静定结构是以多余约束力作为基本未知量,选取去掉多余约束后的静定结构作为基本结构,根据基本体系在多余约束处与原结构位移相同的条件建立力法基本方程,计算出多余约束力,从而把超静定结构的计算问题转化为静定结构的计算问题。这就是用力法分析超静定结构的基本原理和计算过程。力法可用来分析任何类型的超静定结构。

超静定结构中多余约束的数目称为超静定次数。判断超静定次数可以用去掉多余约束使原结构变成静定结构的方法进行,按所去掉的约束数目可以很简便地确定结构的超静定次数。去掉多余约束后的静定结构称为原结构的基本结构。基本结构在荷载与多余未知力的作用下产生位移,用静定结构的位移计算方法可计算出力法基本方程中的系数和自由项,解方程或方程组可计算出多余约束力,多余约束力求出后,结构其余所有的反力和内力都可用静力平衡条件确定。

3.3　超静定结构的特性

具有多余约束是超静定结构区别于静定结构的基本特性。与静定结构比较,超静定结构具有以下几个方面的重要特性:

(1) 静定结构是没有多余约束的几何不变体系,静定结构的任一约束遭到破坏后,立即丧失几何不变性,成为几何可变体系,丧失了承载能力;超静定结构区别于静定结构的重要特性之一是具有多余约束,在多余约束遭到破坏后仍能维持其几何不变性,具备一定的承载能力。因此,超静定结构比静定结构具有较强的防护突然破坏的能力,在设计防护结构时应选择超静定结构。

(2) 静定结构的内力只用静力平衡条件即可完全确定,而超静定结构的内力仅由静力平衡条件则无法全部确定,还需同时考虑位移条件。

(3) 与静定结构相比,超静定结构的内力分布比较均匀。对同一类型的结构而言,超静定结构的最大内力和最大变形一般均小于同跨度、同刚度、同荷载的静结构相应的内力和变形。

（4）局部荷载作用时对超静定结构比静定结构影响的范围大。

（5）在静定结构中，除了荷载作用以外，其他因素如支座位移、温度改变、材料收缩、制造误差等，都不会引起内力；在超静定结构中，任何上述因素作用，通常都可能引起内力。

"没有荷载，就没有内力。"这个结论只适用于静定结构，而不适用于超静定结构。

（6）静定结构的反力和内力与杆件的刚度无关。而超静定结构在荷载作用下因多余约束力与结构的相对刚度有关，所以，当结构刚度不成比例改变时，则引起其内力的重新分布；在非荷载因素的作用下，因多余约束力与结构刚度的绝对值有关，所以，结构刚度的改变也将引起内力的重新分布。

▌▶ 3.4　超静定结构在工程实际中的应用

超静定结构在常见的工程结构中非常普遍，如围墙、框架结构的房屋梁等等，工程中常见的超静定结构的类型有：超静定梁、超静定桁架、超静定刚架及超静定组合结构。解决好超静定结构问题在实际工作中的意义非常重大。

超静定结构在荷载作用下的反力和内力，仅与各杆相对刚度有关；超静定结构在温度改变和支座位移时引起的内力，与各杆刚度的绝对值有关。这在有关的计算中可明显地看出。在结构设计中也应注意这方面的特性。例如，为了提高结构对支座位移和温度改变的抵抗能力，增大结构截面的尺寸，并不是有效的措施。

拓展视域

平面静定结构的位移

1. 位移的概念及分类

结构在荷载作用、温度变化、支座移动、制造误差以及材料收缩等因素影响下，将发生尺寸和形状的改变，这种改变称为变形。结构变形时，结构上各点发生的移动或某些截面发生的移动或转动称为结构的位移。结构的位移通常有两种：线位移和角位移。

线位移就是截面移动，即各截面形心的移动；角位移就是截面转动，用杆轴上该点切线方向的变化来表示。图 7-36 所示刚架，在荷载作用下产生虚线所示变形，使截

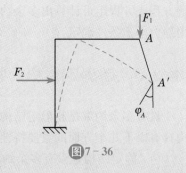

图 7-36

面 A 的形心 A 点移动到了 A' 点，$\overline{AA'}$ 即为 A 点的线位移，用 Δ_A 表示；同时，A 截面转动了一个角度，称为 A 截面的角位移，用 φ_A 表示。

2. 位移计算的目的

在工程设计和施工过程中，结构的位移计算是很重要的，概括地说，计算位移的目的有以下三个方面：

① 验算结构刚度。即验算结构的位移是否超过允许的位移限制值。

② 为超静定结构的计算打基础。在计算超静定结构内力时,除利用静力平衡条件外.还需要考虑变形协调条件,因此需计算结构的位移。

③ 在结构的制作、架设、养护过程中,有时需要预先知道结构的变形情况,以便采取一定的施工措施,因而也需要进行位移计算。

3. 平面杆件结构的位移计算简介

计算平面杆件结构位移的理论依据是变形体系的虚功原理。

定义力 F 对物体所做的功为 $W=F\cdot\Delta$,需要说明的是:式中的力 F 是个广义力,既可以是力,也可以是力偶;位移 Δ 是广义位移,既可以是线位移,也可以是角位移;但广义力和广义位移要对应,即力与线位移对应,力偶与角位移对应。

由上式可知,功包含了两个要素——力和位移。当位移是由做功的力本身引起时,此功称为实功;当做功的力与相应于力的位移彼此独立无关时,此功称为虚功。

变形体系处于平衡的充分和必要条件是:对于任意的虚位移,体系上所有外力所做的虚功总和恒等于体系各截面所有内力在微段变形上所做的虚功总和,即外力虚功等于内力虚功(又叫变形虚功)。这就是变形体系的虚功原理。

计算平面杆件结构位移的常用方法是单位荷载法。

利用虚功原理计算结构位移的基本过程是:

(1) 把结构在实际各种外因作用下的平衡状态作为位移状态,即实际变形状态。

(2) 在拟求的某点处沿着所求位移的方向上,施加与所求位移相应的单位荷载,以此作为结构的力状态,即虚拟力状态。

(3) 分别写出虚设力状态上的外力和内力在实际变形状态相应的位移和变形上所做的虚功,并由虚功原理得到结构位移计算的一般公式。

我们把这种在所求位移处根据所求的位移类别施加相应的单位荷载,然后利用虚功原理计算出所要计算的位移的方法称为单位荷载法。

为了研究方便,我们通常把拟求的位移分为四种类型,分别是绝对线位移、相对线位移、绝对角位移、相对角位移。需要强调的是拟求的位移不一样,则所虚设的单位荷载就不一样,虚设的单位荷载一定要与拟求位移相对应,下面以图 7 - 37(a)所示悬臂刚架为例来说明拟求位移与虚设单位荷载的对应关系:

(1) 欲求 A 点的水平线位移时,应在 A 点沿水平方向加一单位集中力如图 7 - 37 (b)所示;

(2) 欲求 A 点的角位移,应在 A 点加一单位力偶如图 7 - 37(c)所示;

(3) 欲求 A、B 两点的相对线位移(即 A、B 两点间相互靠拢或拉开的距离),应在 A、A 两点沿 AB 连线方向加一对反向的单位集中力如图 7 - 37(d)所示;

(4) 欲求 A、B 两截面的相对角位移,应在 A、B 两截面处加一对反向的单位力偶如图 7 - 37(e) 所示。应用单位荷载法一次只能计算一个位移,如果需要计算一个结构上的多个位移,只需要重复应用单位荷载法即可。

在计算梁和刚架的位移时,单位荷载法又分为积分法和图乘法两种方法。其中积分法适用于所有的平面杆件结构由于荷载、温度变化和支座沉陷等因素的作用所产生的位移,并且不仅适用于弹性材料的结构而且也适用于非弹性材料的结构。而要使用图乘法取代积分

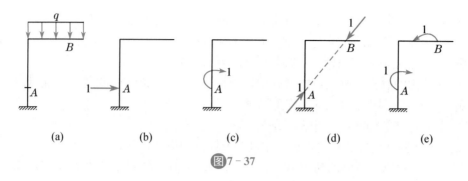

图7-37

法计算结构的位移,则必须满足三个条件:① 杆件为等截面直杆;② EI 为常数(工程中梁、刚架、组合结构的杆件大多是等截面直杆且由同一材料做成);③ $\overline{M}$图、M_P 图中至少有一个图形是直线图形。

课后思考与讨论

1. 什么是超静定结构?计算超静定结构的方法有哪些?
2. 超静定结构的特性有哪些?与静定结构有何异同点?

▶ 项目小结 ◀

1. 平面杆件体系的几何组成分析

(1)重要概念:这一部分内容中的重要概念有几何不变体系、几何可变体系、刚片、约束、二元体、铰接三角形、瞬变体系等。

(2)平面杆件体系的分类情况,平面杆件体系可分为两类:几何不变体系和几何可变体系。其中几何不变体系可以作为结构使用,分为静定结构和超静定结构两种;几何可变体系是不能够作为结构使用的,分为瞬变体系和常变体系两种。

(3)组成几何不变体系的最基本规律是铰接三角形规律,这一规律可以解读为几何不变体系的三个简单组成规则:二元体规则、两刚片规则、三刚片规则。

(4)静定结构的几何组成特征是几何不变且无多余约束,超静定结构的几何组成特征是几何不变,但有多余约束。

(5)几何分析组成的目的是:① 保证结构的几何不变性,确保其具有一定的承载能力;② 判定结构是静定的还是超静定的,从而选择确定结构反力和内力的计算方法;③ 通过几何组成分析,明确结构的构成特点,从而选择受力分析的顺序。

2. 平面静定结构

(1)多跨静定梁的计算思路是按照层次图把多跨静定梁转化为若干个单跨静定梁进行计算,计算顺序是先计算附属部分、后计算基本部分。

(2)刚架是由若干个直杆(梁和柱)组成的具有刚结点的结构。

刚架中各杆横截面上一般同时存在三种内力,分别是弯矩、剪力和轴力,其中弯矩是刚架结构的主要内力;计算平面静定刚架中杆件内力的基本方法是截面法。

（3）桁架结构是由若干个杆件通过铰结点连接而成的结构,其突出的受力特点为:理想桁架中各杆横截面上只承受轴力,截面上应力分布均匀,能够很好地发挥材料的作用,因此其受力较为合理。

桁架比梁能够跨越更大的跨度、承受更大的荷载。

（4）拱是一种外形为曲线且在竖向荷载作用下会产生水平反力的曲杆结构。拱的突出的受力特点是有水平推力。由于水平推力的存在使拱中杆件的弯矩比相应简支梁的弯矩要小,并且通过采用合理拱轴线还可以使拱在给定荷载作用下处于无弯矩状态。

拱是主要承受压力的结构,可以采用受压性能好、价格低廉的脆性材料建造。

（5）组合结构是由只承受轴力的二力杆（即链杆）和承受弯矩、剪力、轴力的梁式杆组合而成。

3.超静定结构

（1）超静定结构是指只用静力平衡条件是不能完全确定约束反力和内力的结构。超静定结构计算的基本方法有力法和位移法两种。

（2）与静定结构比较,超静定结构具有的重要特性:①超静定结构具有多余约束;②超静定结构的内力和变形分布比较均匀,峰值较小;③在超静定结构中,由于温度改变、支座移动、制作误差、材料收缩等因素都可以引起内力。

4.平面静定结构的位移计算

计算平面静定结构位移的一个重要方法是单位荷载法。

▶ 项目考核 ◀

一、判断题

1. 计算多跨静定梁的顺序是先基本后附属。　　　　　　　　　　　　　　（　　）

2. 刚架结构中不论弯矩计算结果是正还是负,弯矩图都必须画在杆件受拉的一侧。

（　　）

3. 桁架结构中不会出现零杆。　　　　　　　　　　　　　　　　　　　　（　　）

二、填空题

1. 通常认为多跨静定梁是由＿＿＿＿＿＿和＿＿＿＿＿＿两部分组成的。

2. 多跨静定梁的计算顺序是先计算＿＿＿＿＿＿,再计算＿＿＿＿＿＿。

3. 刚架是由若干个＿＿＿＿＿＿组成的具有＿＿＿＿＿＿的结构。

三、选择题

1. 刚架的弯矩图一律画在杆件的　　　　　　　　　　　　　　　　　　　（　　）
A. 上边一侧　　　　B. 左边一侧　　　　C. 受拉一侧　　　　D. 受压一侧
E. 下侧　　　　　　F. 右侧。

2. 在径向均布荷载作用下,三铰拱的合理拱轴线为　　　　　　　　　　　（　　）
A. 圆弧线　　　　B. 抛物线　　　　C. 悬链线　　　　D. 正弦曲线。

四、简答题

1. 零杆既然不受力,我们可以从结构中把它直接去掉吗？为什么？

2. 简述刚架的受力及变形特点。

五、计算题

1. 试确定图 7-38 所示多跨静定梁的内力,并绘制其内力图。各杆自重忽略不计。

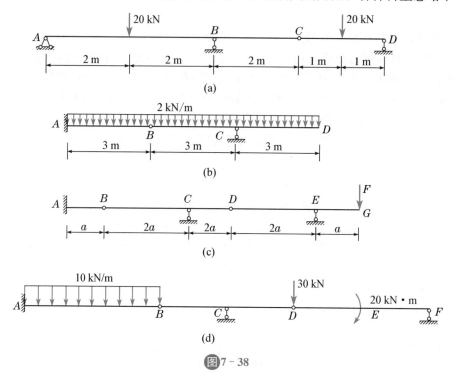

图 7-38

2. 试确定图 7-39 所示刚架的弯矩,并绘制其弯矩图。各杆自重忽略不计。

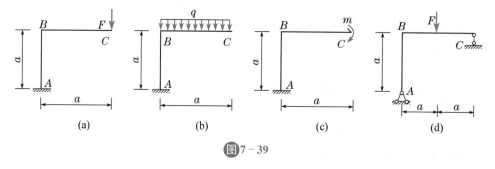

图 7-39

3. 试确定图 7-40 所示刚架的内力,并绘制其内力图。各杆自重忽略不计。

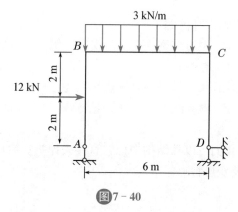

图 7-40

六、分析题

1. 试分析图 7-41 所示体系的几何组成情况。

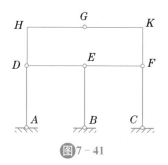

图7-41

2. 试对图 7-42 所示的平面杆件体系进行几何组成分析。

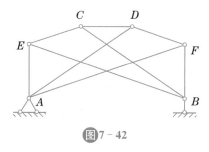

图7-42

七、绘图题

1. 试绘出如图 7-43 所示多跨静定梁的层次图。

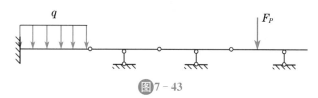

图7-43

八、连线题:把下列结构的计算简图与其对应的平面杆件结构类型名称连线。

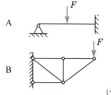

a. 梁

b. 拱

c. 平面刚架

d. 平面桁架

e. 平面组合结构

┃附录 Ⅰ┃
材料力学实验

▎▶ Ⅰ.1 材料力学实验基本知识

Ⅰ.1.1 力学实验概述

实验是进行科学研究的重要手段,对材料力学有其更重要的一面。因为材料力学理论的建立和验证、强度计算中极限应力的测定等无不以严格的实验为基础,实际工程中某些构件的几何形状和荷载都很复杂,难以靠单纯的计算取得构件中应力的正确值,而必须借助于实验应力分析的手段。因此,材料力学实验是材料力学课程中不可缺少的实践性教学环节。通过实验可以使学生巩固和加深理解所学的基本理论知识,掌握测定材料力学性质的实验的基本知识、基本技能和基本方法,了解实验应力分析的基本概念和初步掌握验证材料力学理论的方法,培养学生的动手能力,既掌握一定的实验技术、机器仪器的操作、现代技术在材料力学实验中的应用以及实验方法等,又养成严肃认真、一丝不苟、实事求是的科学习惯,对提高学生在今后工作中的实际操作能力有着重要而深远的意义。

Ⅰ.1.2 力学实验内容简介

材料力学实验按其性质一般分为三个方面:材料力学性质的测定实验、材料力学理论的验证性实验、应力分析实验。

1. 测定材料的力学性质

材料力学是关于构件及结构的强度、刚度和稳定性的科学,主要任务是为按照安全与经济的原则去设计各种构件(主要是等直杆)提供计算理论和计算方法。要合理使用材料,就必须了解各种材料的力学性质,就要进行相应的实验,这便是材料力学实验的一个重要任务。所谓材料的力学性质,主要是指材料在外力作用下表现出来的变形和破坏方面的性能指标。材料的力学性质包括材料的弹性性能指标(如比例极限、弹性极限、弹性模量、泊松比等)、材料的强度指标(如屈服极限、强度极限等)、材料的塑性指标(如材料的延伸率、截面收缩率等),还有材料的持久性指标等等,这些都是构件设计计算的基本参数和依据。这些参数一般要通过材料的拉伸、压缩、扭转、剪切、疲劳等实验来测定。随着材料科学的发展,各种新型合金材料、合成材料不断出现,测定材料的力学性质是研究每一种新型材料的首要任务。让学生按照国家标准规范地进行这些实验,可以巩固学生所学的材料力学性质的知识,初步掌握测定材料力学性质的基本操作方法。测定材料力学性质的实验是多种多样的,其中常温、静载条件的材料轴向拉伸和压缩实验是最简单、最基本的一种。

2. 验证材料力学的重要理论及公式

材料力学的理论及公式都是建立在简化和假设的基础上,如变形固体的基本假设、杆件基本变形中的平面假设等。将实际构件抽象成理想的力学模型、提出假设、推导并建立相关理论及公式,这就是材料力学研究问题的基本方法和过程,其中的简化假设多来自实验观察,所建立的理论及公式是否正确必须经过实验进行验证,这就是材料力学实验的第二个任务。梁的弯曲正应力实验便属于这一类实验。此外,一些近似解答的精确度也必须经过实验验证后才能在工程实际中使用。通过这类实验可以加深对材料力学理论及公式的认识和理解,明确理论及公式的正确性和使用范围,从而让学生学会验证理论及公式的实验方法。

3. 实验应力分析

工程实际中,有些构件、零部件的几何形状不规则或受力较复杂,其应力分布情况及相应的强度计算没有合适的理论或单靠理论计算难以得到满意的结论,在这种情况下,采用电测法、光弹性法、云纹法、全息干涉法等方法,通过模型或直接在现场测定实际结构中的应力和变形再进行分析计算,便成为最有效的方法,这种方法就是实验应力分析。应力分析实验采用了较先进的科学技术和仪器来解决理论计算难以解决的问题。通过这类实验有利于开发学生的智力、扩充学生的知识面,培养学生学会运用基本理论确定科学实验方案、分析实验现象和解决具体问题的能力。其中的电测法在工程实际中得到了广泛的应用。

I.1.3　材料力学实验须知

1. 实验标准

材料的力学性质,如屈服极限、强度极限、材料的延伸率等,虽是材料的固有属性,却与试件的形状及尺寸、加工精度、实验环境、加载速度等有关。为使实验结果具有可比性,国家对试件的取材、形状及尺寸、加工精度、实验手段及方法、数据处理等做出了统一规定,即国家标准。

2. 实验程序及相关要求

为了保证实验能够正常进行、获得较好的教学效果,应严格执行正常的实验程序。完整的实验程序包括:实验前的准备,实验中的观察、测量和记录,整理实验结果并填写实验报告。

（1）实验前的准备

实验前的准备工作是实验顺利进行的保证。实验前的准备工作有:

① 复习有关理论部分并认真阅读实验指导书,基本上了解实验的目的、内容、程序、有关机器仪器的工作原理和使用方法等。

② 做好班级分组及组内分工工作,并按规定时间准时进入实验室。

③ 领取实验有关器材、检查材料质量、检查实验机及仪器工作情况等,认真测量试件原始尺寸并做好记录工作。

④ 估算应加荷载并拟定加载方案。

（2）开始实验

在得到指导教师的同意后就可以开动机器进行实验了。实验过程中,组长、操作员、观察员、记录员、测量员等应各司其职、各负其责,一丝不苟、严肃认真地按规程操作,并保持实验室的安静与整洁。

实验中遇到异常情况或机器仪器等设备出现故障,小组长应立即报告指导教师进行处理,非指定使用的机器仪器不得乱动。

实验结束时,记录员应检查所记录的数据是否齐全,误差是否在规定范围内,自查无误后交指导教师审阅。指导教师审核签字后,要检查整理实验仪器设备,并将其归还原位,经指导教师检查同意后,学生才可离开实验室。

（3）整理实验结果并填写实验报告

实验报告是所整理的实验资料的书面总结,也是评定实验质量的依据。每人都应在规定日期内交实验报告一份,实验报告应填写以下内容:

① 实验名称、日期、小组成员。

② 实验目的。

③ 实验材料及实验仪器设备。

④ 实验原理。

⑤ 实验数据记录与数据处理。

⑥ 实验结果分析与思考。

实验报告应认真填写,一份高质量的实验报告应文字简练、字体工整、排列整齐、文图并茂、数据准确、图表清晰、内容完整、计算无误、满足精度、结论正确。

▶ Ⅰ.2　实验一　金属拉伸实验

金属拉伸实验

一、实验目的

1. 观察低碳钢和铸铁在拉伸过程中的各种现象（包括屈服、强化和颈缩等现象）,特别是外力和变形间的关系,并绘制拉伸图。

2. 测定低碳钢的屈服极限 σ_s、强度极限 σ_b、延伸率 δ 和截面收缩率 ψ。

3. 测定铸铁的强度极限 σ_b。

4. 观察试件断口,比较低碳钢和铸铁两种材料的拉伸时的力学性能和破坏特点。

二、实验设备和仪器

1. 万能材料实验机（如图Ⅰ-1所示）

2. 游标卡尺

图Ⅰ‐1

三、实验原理

为了便于比较实验结果,实验材料要按照国家标准 GB/T 228.1—2010《金属材料　拉伸试验》中的有关规定加工成标准试件,即

圆形截面试件
$$L_0 = 10d_0（长试件）$$
$$L_0 = 5d_0（短试件）$$

矩形截面试件
$$L_0 = 11.3\sqrt{S_0}（长试件）$$
$$L_0 = 5.65\sqrt{S_0}（短试件）$$

式中:L_0——试件的初始计算长度(即试件的标距);

S_0——试件的初始截面面积;

d_0——试件标距段的初始直径。

实验室里使用的金属拉伸试件通常制成标准圆形截面试件,如图Ⅰ‐2所示。

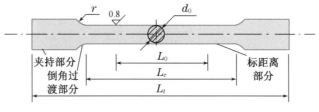

图Ⅰ‐2　拉伸试件

图中:r——过渡圆半径,$r \geqslant 12$ mm;

d_0——试样标距部分的原始直径;

L_0——原始标距,长试样 $L_0 = 10d_0$,短试样 $L_0 = 5d_0$;

L_c——平衡长度，$l_c \geqslant L_0 + d_0/2$；

L_t——试样总长度，原则上 $L_t \geqslant L_c + 4d_0$。

金属拉伸实验是测定金属材料力学性能的一个最基本的实验，是了解材料力学性能最全面、最基本的实验。本实验主要是测定低碳钢和铸铁在轴向静载拉伸过程中的力学性能。在实验过程中，利用实验机的自动绘图装置可绘出低碳钢的拉伸图[如图Ⅰ-3(a)所示]和铸铁的拉伸图[如图Ⅰ-3(b)所示]。由于试件在开始受力时，其两端的夹紧部分在实验机的夹头内有一定的滑动，故绘出的拉伸图最初一段是曲线。

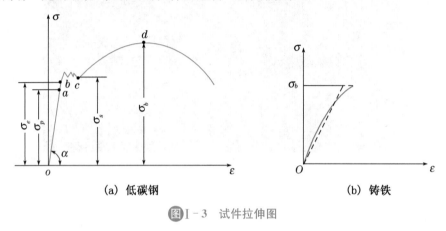

(a) 低碳钢　　　　　　　　　　　　(b) 铸铁

图Ⅰ-3　试件拉伸图

对于低碳钢，在确定屈服载荷 F_s 时，必须注意观察试件屈服时测力度盘上主动针的转动情况，国标规定主动针停止转动时的恒定载荷或第一次回转的最小载荷值为屈服载荷 F_s，故材料的屈服极限为

$$\sigma_s = \frac{F_s}{S_0}$$

试件拉伸达到最大载荷之前，在标距范围内的变形是均匀的。从最大载荷开始，试件产生颈缩，截面迅速变细，载荷也随之减小。因此，测力度盘上的主动针开始回转，而从动针则停留在最大载荷的刻度上，给我们指示出最大载荷 F_b，则材料的强度极限为

$$\sigma_b = \frac{F_b}{S_0}$$

试件断裂后，将试件的断口对齐，测量出断裂后的标距 L_u 和断口处的最小直径 d_1，则材料的断后伸长率 A 和断面收缩率 Z 分别为

$$A = \frac{L_u - L_0}{L_0} \times 100\%$$

$$Z = \frac{S_0 - S_u}{S_0} \times 100\%$$

式中，L_0、S_0 分别为实验前的标距和横截面面积；

L_u、S_u 分别为实验后的断后标距和断后最小横截面面积。

如果断口不在试件距中部的三分之一区段内，则应按国家标准规定采用断口移中法来计算试件拉断后的标距 l_1。其具体方法是：实验前先在试件的标距内，用刻线器刻划等间距的标点或圆周线 11 个，即将标距长度分为 10 等份。实验后将拉断的试件断口对齐，如图Ⅰ-4所示，以断口 O 为起点，在长段上取基本等于短段的格数得 B 点。当长段所余格数为

偶数时,如图 I -4(a)所示,则取所余格数的一半得出 C 点,于是

$$L_u = AB + 2BC$$

若长段所余格数为奇数时,如图 I -4(b)所示,可在长段上取所余格数减 1 之半得 C 点,再取所余格数加 1 之半得 C_1 点,于是

$$L_u = AB + BC + BC_1$$

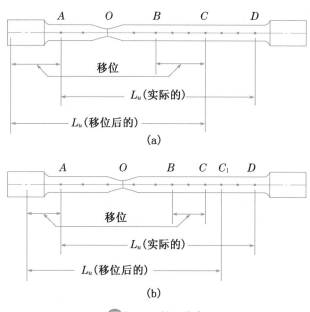

图 I -4 断口移中

当断口非常接近试件两端部,而与其端部的距离等于或小于直径的两倍时,需重做实验。

四、实验方法和步骤

1. 试件准备

先用游标卡尺测量试件中间等直杆段两端及中间这三个横截面处的直径;在每一横截面内沿互相垂直的两个直径方向各测量一次直径并取其平均值。用所测得的三个平均值中最小的值作为试件的初始直径 d_0,并按 d_0 计算试件的初始横截面面积 S_0。

低碳钢拉伸过程

再根据试件的初始直径 d_0 计算试件的标距 L_0,并用游标卡尺在试件中部等直杆段内量取试件标距 L_0,用刻线器将标距长度分为十等份。

2. 实验机准备

熟悉万能实验机的操作规程。估算拉伸实验所需的最大载荷 F_b,并根据 F_b 值选定实验机的测力度盘(F_b 值在测力度盘 40%~80% 范围内较宜)。调整测力指针对准零点,并使从动指针与之靠拢,同时调整好自动绘图装置。

3. 试件安装

先将试件安装在实验机的上夹头内,再移动下夹头到适当位置,并把试件下端夹紧。

4. 检查及试机

请教师检查以上准备情况。经教师许可后开动实验机,加少量载荷(勿使应力超过比例极限),检查实验机和绘图装置工作是否正常,然后卸载。

5. 进行实验

开动实验机以慢速均匀加载,注意观察测力指针的转动、自动绘图情况及试件在拉伸过程中的各种现象。

当测力指针不动或倒退时,说明材料开始屈服,测力指针停止转动时的恒定值或第一次回转的最小值就是屈服载荷 F_s。当测力指针和从动指针再次分离时,试件开始颈缩,直至最后被拉断。测力指针回到零点,而从动指针则指示出最大载荷 F_b。

关闭实验机,取下试件。将断裂的试件对齐并尽量靠紧,用游标卡尺测量拉断后标距段的长度 L_u 及断口处最小直径 d_1。

6. 结束实验

从实验机上取下已绘好的拉伸曲线图纸,并请教师检查实验记录。
清理实验现场,将实验机复原、归还有关工具,按照表 I-1、表 I-2 的格式填写实验记录。

7. 注意事项

(1) 参看液压式万能材料实验机的工作原理及操作注意事项。
(2) 试件安装必须正确,防止试件偏斜、夹入部分过短等现象。
(3) 实验时听见异常声音或发生任何故障,应立即停止,并马上报告实验指导教师。

五、实验结果处理

按照表 I-1、表 I-2 的格式整理实验数据,按要求填写实验报告并写出结论。铸铁拉伸实验步骤与低碳钢拉伸实验步骤相同,只记录最大载荷并绘出拉伸曲线。

表 I-1　测定低碳钢拉伸时的强度和塑性性能指标试验的数据记录与计算

试样尺寸	实验数据
原始标距 $L_0 =$ 　　　　mm 原始直径 $d_0 =$ 　　　　mm	屈服载荷 $F_s =$ 　　　　kN 最大载荷 $F_b =$ 　　　　kN 屈服应力 $\sigma_s = F_s/S_0 =$ 　　　　MPa 抗拉强度 $\sigma_b = F_b/S_0 =$ 　　　　MPa
断后标距 $L_u =$ 　　　　mm 断口处最小直径 $d_1 =$ 　　　　mm	材料伸长率 $A = [(L_u - L_0)/L_0] \times 100\% =$ 断面收缩率 $Z = [(S_0 - S_u)/S_0] \times 100\% =$
拉断后的试样草图	试样的拉伸图

表Ⅰ-2　测定灰铸铁拉伸时的强度性能指标试验的数据记录与计算

试样尺寸	实验数据
原始直径 $d_0=$ ⁣⁣ mm	最大载荷 $F_b=$ ⁣⁣ kN 抗拉强度 $\sigma_b=F_b/S_0=$ ⁣⁣ MPa
拉断后的试样草图	试样的拉伸图

金属压缩实验

Ⅲ▶ Ⅰ.3　实验二　金属压缩实验

一、实验目的

1. 测定低碳钢压缩时的屈服极限 σ_s。
2. 测定铸铁压缩时的强度极限 σ_b。
3. 观察低碳钢和铸铁压缩时的变形过程和破坏现象,并分析破坏原因。

二、实验设备和仪器

1. 液压式万能材料实验机
2. 游标卡尺

三、实验原理

金属材料的压缩试件一般制成圆柱形,如图Ⅰ-5 所示。一般规定:

$$1\leqslant\frac{h_0}{d_0}\leqslant3$$

试件细长容易压弯,太短则其端面与实验机垫板之间的摩擦力会对其承载能力产生较大影响。为了尽量使试件承受轴向压力,试件两端面必须完全平行,并且与试件轴线保持垂直。试件端面的加工光洁度要高,试件接触面要适当润滑,以减小摩擦的影响。实验台上最好附加球面承垫,如图Ⅰ-6 所示,以使压力自动调中,保证试件承受均匀的轴向压力。

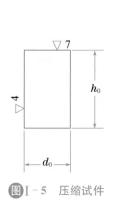

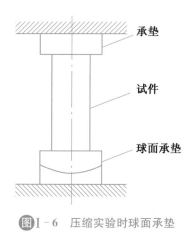

图 I - 5　压缩试件　　　　图 I - 6　压缩实验时球面承垫

实验时,实验机的自动绘图装置自动绘出试件的压缩图。

由如图 I - 7 所示的低碳钢压缩图可知:低碳钢在均匀缓慢加载下,试件开始变形时服从虎克定律,说明低碳钢压缩变形的第一阶段仍为弹性阶段;当出现变形增长较快的非线性曲线小段时,表示进入了压缩屈服阶段,但是,这时并不像拉伸实验那样有明显的测力指针回转和摆动,而只是测力指针转动减慢、稍微的停顿或倒退,此时的载荷即为屈服载荷 F_s,其屈服极限为

$$\sigma_s = \frac{F_s}{S_0}$$

此后,压缩图形沿曲线继续上升,塑性变形迅速增长,试件越压越扁而不会断裂,故无法测出最大载荷及其强度极限。所以当加载超过屈服点后,试件被压成鼓形时应停止实验。

从如图 I - 8 所示的铸铁压缩图可以看出:对于铸铁来说,其压缩图无明显的直线部分,也没有屈服阶段。试件承载达到最大载荷 F_b 之前没有明显的塑性变形。达到 F_b 时就突然破坏并沿与试件轴线大约成 45°角的斜截面断裂,此时测力指针迅速倒退到零点,从动指针指出最大载荷 F_b 值,其强度极限为

$$\sigma_b = \frac{F_b}{S_0}$$

铸铁试件的断裂面与试件轴线大约成 45°角,说明破坏主要是由剪应力引起的。

四、实验方法和步骤

1. 试件准备

用游标卡尺测量试件两端及中间三处横截面的直径,取三处中平均直径最小者来计算横截面面积 A_0(具体做法与拉伸实验相同)。

2. 实验机准备

根据低碳钢的屈服极限 σ_s 估算其屈服载荷。选择测力度盘,指针调零,并调整好自动绘图装置。

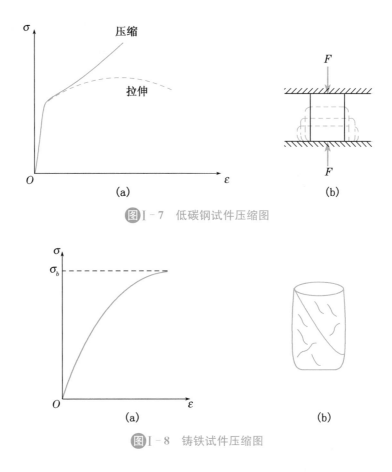

图 I - 7 低碳钢试件压缩图

图 I - 8 铸铁试件压缩图

3. 试件安装

将试件两端面涂以润滑剂,然后准确地放在实验机工作平台的下垫板或球面承垫的中心处。

4. 检查及试机

请教师检查以上各步骤准备情况。空升实验机的工作平台,使试件随之上升,当试件上端面与实验机的上垫板接近时(注意不要使二者接触受力),减慢活动台上升的速度,使试件与实验机上垫板刚刚接触且没有受力。然后用慢速预先加少量载荷,卸载接近零点,以检查实验机工作是否正常。

5. 进行实验

缓慢均匀地加载。注意观察测力指针的转动情况和自动绘图情况,及时记录屈服载荷 F_s,继续加载使试件压成鼓形后即可停机。所加载荷不得超过测力度盘的量程。

6. 结束实验

与拉伸实验相同,按照表 I - 3 的格式整理实验数据,按要求填写实验报告并写出结论。

铸铁试件的压缩实验步骤与低碳钢压缩实验步骤相同,其不同点是:安装试件后要在试件周围加防护罩,以免试件破裂时碎片飞出伤人,加载至铸铁试件出现裂纹破坏后停机,记录铸铁试件破坏时的最大载荷 F_b。

表 I-3　测定低碳钢和灰铸铁压缩时的强度性能指标试验的数据记录与计算

材料	试样原始直径 (d/mm)	实 验 数 据	实验后的 试样草图	试样的压缩图
低碳钢		屈服载荷 $F_s=$　　kN 屈服应力 $\sigma_s=\dfrac{F_s}{S_0}=$　　MPa		
铸铁		最大载荷 $F_b=$　　kN 抗压强度 $\sigma_b=\dfrac{F_b}{S_0}=$ 　　MPa		

▌▶ I.4　实验三　梁的弯曲正应力实验

一、实验目的

1. 测定梁发生纯弯曲变形时横截面上正应力的大小及分布规律,并与理论计算结果进行比较,以验证梁的弯曲正应力公式。

2. 了解电测法,掌握电阻应变仪的使用方法。

二、实验设备和仪器

1. 万能材料实验机或梁纯弯曲实验台

2. 电阻应变仪,预调平衡箱

3. 游标卡尺,直尺

4. 矩形截面钢梁(已贴好电阻应变片)

三、实验原理

试件选用矩形截面梁,加载方法及测量点的布置如图 I-9(a)、(b)所示。

图 I-9(a)为纯弯曲实验台装置示意图,图 I-9(b)为将梁放在万能实验机上加载实验情况。

梁受集中荷载 F 作用后使梁的中段为纯弯曲段,两端为横力弯曲段。载荷作用于梁的纵向对称平面内,而且在弹性极限内进行实验。故为弹性范围内的平面弯曲问题。

梁纯弯曲时横截面上的正应力计算公式为 $\sigma=\dfrac{M \cdot y}{I_z}$,该式说明在梁的横截面上正应力是按直线规律分布的。以此为依据,在梁的纯弯曲区段内某一横截面处按等分高度布置 5~7 个测点。各测点均沿着梁的轴向贴上电阻应变片(一般事先贴好)。当梁发生纯弯曲

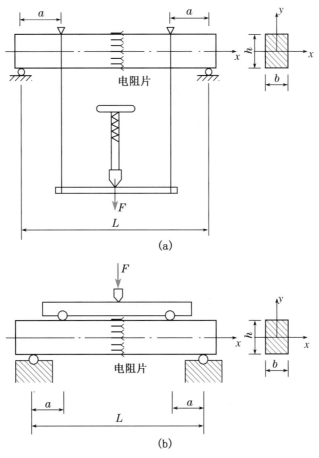

图Ⅰ‑9 万能实验机加载及测量点布置图

变形时,各测点将发生伸长或缩短的线应变。通过应变仪可依次测出各测点的线应变值 $\varepsilon_{\text{实}}$。从而确定横截面上应变的分布规律。由于横截面上各点处于单向应力状态下,可由虎克定律计算出实验应力 $\sigma_{\text{实}}$ 为

$$\sigma_{\text{实}} = E \cdot \varepsilon_{\text{实}}$$

式中,E 为梁所用材料的拉压弹性模量。

本实验采用"等间隔分级增量法"加载,每增加等量的载荷 ΔF,测定各测点相应的应变增量一次,取各次应变增量的平均值 $\Delta\varepsilon_{\text{平}}$,求出各测点的应力增量 $\Delta\sigma_{\text{实}}$ 为

$$\Delta\sigma_{\text{实}} = E \cdot \Delta\varepsilon_{\text{平}}$$

把 $\Delta\sigma_{\text{实}}$ 与理论公式计算出的应力增量 $\Delta\sigma = \dfrac{\Delta M \cdot y}{I_z}$ 进行比较,从而验证弯曲正应力公式的正确性。

四、实验方法和步骤

1. 测量梁的横截面尺寸及各测点距中性轴的距离。

2. 正确安装已贴好应变片的钢梁,保证平面弯曲;检查两边力作用点到支点的距离(如图Ⅰ‑9中的 a 值)是否相等,以确保梁发生纯弯曲变形。

3. 将各测点工作应变片及温度补偿片按顺序正确接入预调平衡箱,并旋紧。

4. 按电阻应变仪的操作方法进行测量的准备工作。(详见电阻应变仪使用说明书)

5. 根据梁材料的比例极限 σ_P,拟定加载方案,保证实验在弹性范围内进行。

6. 检查线路连接等各项准备工作无误后,方可开动实验仪器均匀缓慢分级加载。每增加一级载荷都要依次测量并记录各测点的相应应变值,并随即算出读数差,以便及时检查实验是否正常进行。

7. 测量完毕,卸除载荷将仪器复原。

8. 进行数据处理,并填写实验报告。

五、注意事项

1. 测量梁的尺寸时要细心,不用碰应变片的引出线。

2. 要严格遵守电阻应变仪的操作规程。

六、预习要求

阅读本次实验指导和了解电阻应变仪等实验设备的工作原理及操作规程。

七、实验结果处理

1. 请各小组自行设计实验数据表及实验报告。

2. 在实验数据表中应包含以下内容:

(1)各测量点在等量荷载作用下,应变增量的平均值。

(2)以各测量点位置为纵坐标、以应变增量为横坐标,绘制出应变随试件高度变化的曲线。

(3)根据各测量点应变增量的平均值计算出各测量点的应力值。

(4)根据实验装置的结构计算简图和截面尺寸,应用弯曲正应力的理论公式计算出在等量荷载作用下各测量点的理论应力值。

(5)比较(3)(4)中的实验测定值和理论计算值,并计算相对误差。

附录 II
连接件的强度计算

▶ II.1 连接件概述

II.1.1 连接件的概念

在实际工程中,经常需要将构件相互连接起来,例如:桥梁桁架结构中结点处的铆钉连接或螺栓连接、机械中的轴与齿轮之间的键连接、木结构中的榫头连接等,这些在工程中的几个构件彼此连接时,起连接作用的零部件统称为连接件。

连接件对整个结构的牢固和安全起着至关重要的作用,必需对其给予足够的重视。

II.1.2 连接的种类

连接是一个工业术语,指用螺钉、螺栓和铆钉等紧固件将两种分离型材或零件连接成一个复杂机构或结构的过程。

日常生活和工程实际中常用的连接方式主要有螺栓连接、铆钉连接、销轴连接、键块连接、榫卯连接、焊接连接和胶连接等。

根据连接后是否可拆把连接分为可拆连接和不可拆连接两大类,其中,螺栓连接、销轴连接、键块连接和榫卯连接属于可拆连接,铆钉连接、焊接连接和胶连接属于不可拆连接。

1. 螺栓连接

在工程结构物中,用螺栓将两个或多个部件或构件连成整体的连接方式称为螺栓连接,如图II-1所示。

在工程实际应用中,螺栓连接又细分为普通螺栓连接、双头螺栓连接、螺钉连接、螺纹连接等。螺栓连接是一种广泛使用的可拆卸的固定连接,具有加工要求低、结构简单、装拆方便、连接可靠等优点,在日常生活和工程实际中得到了普遍应用,特别是在钢结构中应用非常广泛。

2. 铆钉连接

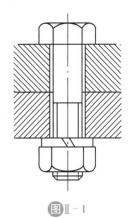

图II-1

铆钉连接是利用铆钉将两个或两个以上的元件(一般为板材或型材)连接在一起的一种不可拆卸的静连接,简称铆接,如图II-2所示。

铆钉有空心和实心两大类,最常用的铆接是实心铆钉连接。实心铆钉连接多用于受力大的金属零件的连接,空心铆钉连接用于受力较小的薄板或非金属零件的连接。

铆接在建筑、锅炉制造、铁路桥梁和金属结构等方面均有应用。

铆接的主要特点是：工艺简单、连接可靠、抗振、耐冲击。与焊接相比,其缺点是：结构笨重,铆孔削弱被连接件截面强度15%～20%,操作劳动强度大、噪声大,生产效率低。因此,铆接经济性和紧密性不如焊接。相对螺栓连接而言,铆接更为经济、重量更轻,适于自动化安装。但铆接不适于太厚的材料,材料越厚铆接越困难,一般的铆接不适于承受拉力,因为其抗拉强度比抗剪强度低得多。

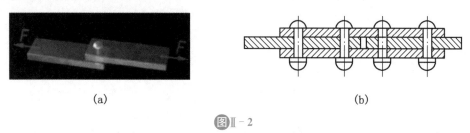

(a)   (b)

图Ⅱ-2

3. 销轴连接

销轴是一类标准化的紧固件,如图Ⅱ-3(a)所示。用销轴将两个部件或构件连成整体的连接方式称为销轴连接,如图Ⅱ-3(b)、(c)所示。

销轴连接既可以静态固定连接,也可以与被连接件做相对运动,主要用于两个零件的连接处,属于铰链连接。销轴通常用开口销锁定,具有工作可靠,拆卸方便等优点。销轴连接是起重机金属结构常用的连接方式。

(a)   (b)   (c)

图Ⅱ-3

4. 键块连接

键是一种标准件,安放在轴与轮毂的键槽中,分为平键、半圆键和斜键三类,通常用于连接轴与轴上旋转零件与摆动零件,起周向固定零件的作用、以传递旋转运动和扭矩,楔键还可以起单向轴向固定零件,而导键、滑键、花键还可用作轴上移动的导向装置。

用键将轴与带毂零件联成一体的可拆连接称为键块连接,键块连接件构造如图Ⅱ-4(a)所示,键块连接的术语如图Ⅱ-4(b)所示,键块连接件实例如图Ⅱ-4(c)所示。键块连接是轴与齿轮或轴与带轮之间常用的连接方式。

键块连接的作用是实现轴与轴上零件(如齿轮、带轮等)之间的周向固定,并传递运动和扭矩。

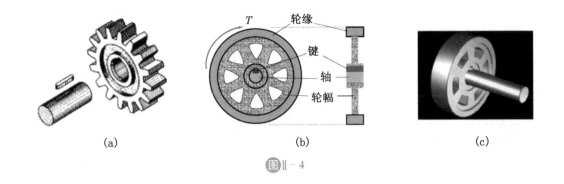

图Ⅱ-4

5. 榫卯连接

采用的凹凸部位相结合的一种连接方式将两个木构件连接成为一个整体的连接称为榫卯连接。如图Ⅱ-5(a)所示,两料木的榫连接,是一料木在连接处制作凸出的木榫,另一料木凿入相应尺寸的木卯,将木榫插入木卯完成连接的,叫"榫连接"。当木榫尺寸较长大甚至是未经修削的原料木,让它穿过带凿透料木的木卯完成连接的,叫"穿插连接"。其中凸出的部分叫榫(或榫头),凹进的部分叫卯(或榫眼、榫槽),榫和卯咬合,起到连接作用。

中国古建筑以木材、砖瓦为主要建筑材料,以木构架结构为主要的结构方式,由立柱、横梁、顺檩等主要构件建造而成,各个构件之间的结点以榫卯相吻合,构成富有弹性的框架——榫卯结构。这种构件连接方式,使得中国传统的木结构成为超越了当代建筑排架、框架或者刚架的特殊柔性结构体,不但可以承受较大的荷载,而且允许产生一定的变形,在地震荷载下通过变形抵消一定的地震能量,减小结构的地震响应。

榫卯结构是榫和卯的结合,是木件之间多与少、高与低、长与短之间的巧妙组合,可有效地限制木件向各个方向的扭动。最基本的榫卯结构由两个构件组成,其中一个的榫头插入另一个的卯眼中,使两个构件连接并固定。榫头伸入卯眼的部分被称为榫舌,其余部分则称作榫肩,如图Ⅱ-5(b)所示。

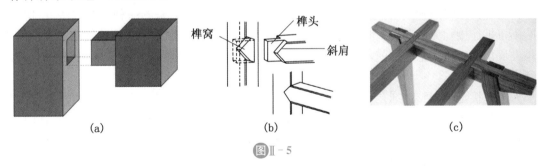

图Ⅱ-5

榫卯是极为精巧的发明,若榫卯使用得当,两块木构件之间就能严密扣合,达到"天衣无缝"的程度。榫卯工艺是古代木匠必须具备的基本技能,工匠手艺的高低,通过榫卯的结构就能清楚地反映出来。榫卯结构是我国能工巧匠的智慧结晶,它不仅广泛地用于建筑,同时也广泛地用于家具,体现出家具与建筑的密切关系。榫卯结构应用于房屋建筑后,虽然每个构件都比较单薄,但是它整体上却能承受巨大的压力。这种结构不在于个体的强大,而是互相结合,互相支撑,这种结构成了后代建筑和中式家具的基本模式,如图Ⅱ-5(c)所示。榫卯结构是中国古代建筑、家具及其它木制器械的主要结构方式,其特点是在物件上不使用钉子,利用卯榫加固物件,体现出中国古老的文化和智慧。

6. 焊接连接

焊接连接是两种或两种以上同种或异种材料通过原子或分子之间的结合和扩散连接成一体的工艺过程,如图Ⅱ-6所示。促使原子和分子之间产生结合和扩散的方法是加热或加压,或同时加热又加压。焊接时形成的,连接两个被连接体的接缝称为焊缝;焊缝的两侧在焊接时会受到焊接热作用而发生了组织和性能变化,这一区域被称作为热影响区。

焊接连接简称焊接,也称作熔接,是一种以加热、高温或者高压的方式接合金属或其他热塑性材料如塑料的制造工艺及技术。

金属的焊接,按其工艺过程的特点分有熔焊、压焊和钎焊三大类。

焊接的密封性好,适于制造各类容器。采用焊接工艺能有效利用材料,焊接结构可以在不同部位采用不同性能的材料,充分发挥各种材料的特长,达到经济、优质。焊接已成为现代工业中一种不可缺少,而且日益重要的加工工艺方法。焊接产品比铆接件、铸件和锻件重量轻,对于交通运输工具来说可以减轻自重,节约能量。

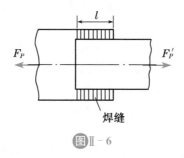

图Ⅱ-6

7. 胶连接

胶连接是将两种或两种以上的零件(构件)用胶粘剂连接起来的一种工艺方法,所构成的不可拆连接称为胶连接。胶接用于木材由来已久,而在机械制造中采用胶接的金属构件,是发展出的新兴工艺。目前,胶接在机床、汽车、造船、化工、仪表、航空航天等工业部门中得到广泛的应用。

胶连接是利用胶粘剂在连接面上产生的机械结合力、物理吸附力和化学键合力而使两个胶接件连接起来的工艺方法。胶接不仅适用于同种材料,也适用于异种材料。胶接的工艺过程比较简单,不需要复杂的工艺设备,胶接操作不必在高温高压下进行,因而胶接件不易产生变形,接头应力分布均匀。在通常情况下,胶接接头具有良好的密封性、电绝缘性和耐腐蚀性。

胶连接的主要优点有:被胶件的适用材料宽广;连接重量轻;制造成本低;胶接接头的剪切强度和疲劳强度要比同面积的焊接接头高;接头光整、密封性好,有绝缘、防蚀等性能。其主要缺点是:剥离强度低;在湿热、温度变化或冲击工况下寿命不长;有机胶粘剂易燃,并有毒等。

Ⅱ▶Ⅱ.2 连接件的受力和变形分析

1. 剪切与挤压的概念

在实际工程中,结构总是通过连接件将一些构件连接起来而形成的。这些连接件如螺栓、铆钉、焊缝、销钉、榫头等,主要承受剪切作用。如图Ⅱ-7(a)所示为一螺栓连接两块钢板的结构计算简图。钢板在拉力 F 的作用下,使螺栓的左上侧和右下侧受压,如图Ⅱ-7(b)所示。这时,螺栓的上下两部分将沿着外力的方向发生水平方向的相互错动,产生剪切变形,如图Ⅱ-7(c)所示。发生相对错动的截面称为剪切面。当拉力 F 足够大时,作用于螺栓上的两个力(横向力)将螺栓栓杆沿剪切面剪断,这种破坏形式称为剪切破坏。由此可见,剪切变形的受力特征是:作用在构件上的两个力,一定是大小相等、方向相反,作用线相距很近且垂直于杆轴。剪切变形的特点是:介于两横向力之间的各截面沿外力作用方向发生相对错动。

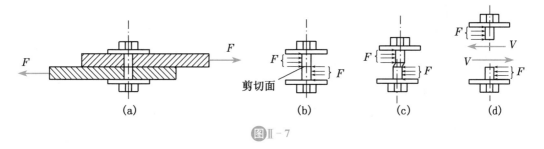

图Ⅱ-7

构件在受到剪切作用的同时,往往还伴随着挤压作用的发生。如图Ⅱ-8(a)所示的是铆钉连接的结构计算简图。作用在钢板上的拉力,通过钢板与铆钉的接触面传递给铆钉。这种由两物体接触面相互压紧而产生的局部受压现象称为挤压。而两物体的接触面相互挤压而产生的局部变形,称为挤压变形。接触面上的压力称为挤压力,用符号 F_{bs} 表示。承受挤压力的表面称为挤压面。当钢板与铆钉间的挤压力超过一定限度时,在挤压面的局部区域将发生明显的塑性变形,如使钢板上的圆孔变成椭圆形孔、孔径增大,或使铆钉局部压扁,如图Ⅱ-8(b)、(c)所示,这些变形都会导致连接松动,影响构件的正常使用,这就是挤压破坏。

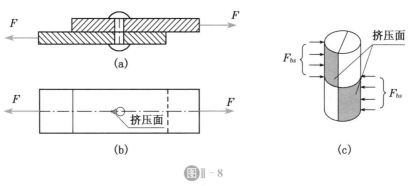

图Ⅱ-8

剪切破坏和挤压破坏都会影响结构正常使用,所以在工程中应尽量避免此类破坏发生。

2. 剪切与挤压的内力

如图Ⅱ-7(a)所示钢板在拉力 F 的作用下,螺栓将沿 m—m 截面发生剪切变形。为了计算受剪面 m—m 的强度,首先应该确定截面上的内力。现仍采用截面法来研究这一问题,假想用 m—m 截面将螺栓沿剪切面截开,受力图如图Ⅱ-7(d)所示。显然,要使螺栓栓杆段平衡,在剪切面 m—m 上必存在着一个与外力 F 大小相等、方向相反的内力 V。

由平衡方程 $\sum X = 0$ 得:$V = F$

这种作用在剪切面上,且平行于剪切面的内力称为剪力,用符号 V 表示。

剪力的单位是牛顿(N)或千牛顿(kN)。

作用在挤压面上的挤压力 F_{bs} 也可用截面法计算,在如图Ⅱ-8所示的连接中,铆钉承受的挤压力 $F_{bs} = F$。

【例Ⅱ-1】 两块钢板的连接采用铆钉连接,如图Ⅱ-9(a)所示,铆钉的材料和直径都相同,试求铆钉所受的剪力。

解:(1) 求每个铆钉所受的作用力

以铆钉为研究对象,受力图如图Ⅱ-9(b)所示。钢板上有4个铆钉,它们的材料和直径相同,对称布置,且外力 F 的作用线通过对称轴,故每个铆钉所受到的作用力为 $F_1 = \dfrac{F}{4}$。

(2) 求剪切面上的剪力 V

可假设每个铆钉产生相同的剪切变形,承受相同的剪力。用 m—m 截面沿铆钉的剪切面截开,取其下部分为研究对象,受力图如图Ⅱ-9(c)所示。

由 $\sum X = 0$ 得 $V = \dfrac{F}{4}$

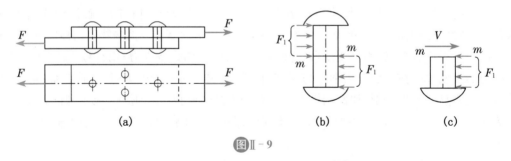

(a)   (b)   (c)

图Ⅱ-9

目前,在钢结构中,除了螺栓连接和铆钉连接外,焊接连接也广泛使用。如图Ⅱ-6所示,两钢板的连接采用直角角焊缝的搭接连接,钢板在拉力 F 的作用下,焊缝将沿其最小厚度截面(即沿 m—m 截面)产生剪切破坏。剪切面上的剪力 V 仍可用截面法求出。由于两条焊缝的材料和横截面尺寸都相同,因此每条焊缝在剪切面上承受的剪力 $V = \dfrac{F}{2}$。

Ⅱ▶Ⅱ.3 连接件的强度计算

1. 连接件的破坏形式

从铆钉连接的受力和变形情况可知,铆钉连接破坏的可能性有三种:铆钉沿剪切面发生剪切破坏;铆钉或钢板在挤压面上发生挤压破坏;钢板在连接处因受铆钉孔影响导致强度不足发生轴向拉伸破坏。

2. 连接件的强度计算

为了保证连接的安全可靠,必须对连接件进行强度计算,连接件的强度计算一般包括剪切强度计算、挤压强度计算和轴向拉压强度计算三项内容。由于连接件的尺寸与被连接件的尺寸相比都很小,连接件的受力和变形情况比较复杂,理论分析比较困难,在工程设计中,通常采用实用计算法对连接件进行强度计算。下面仍以铆钉连接为例来说明连接件的强度计算。

(1)剪切强度计算

剪切面上与剪切面相切的内力称为剪力,用 V 表示,剪力的大小用截面法计算。

剪切面上各点与剪力 V 对应的应力称为剪应力,用 τ 表示,剪应力 τ 在剪切面上的分布情况十分复杂,在实用计算法中则假设剪应力在剪切面上是均匀分布的,即

$$\tau = \frac{V}{A} \tag{Ⅱ-1}$$

式中:τ——剪切面上的剪应力,通常称为计算剪应力(或名义剪应力)

V——剪切面上的剪力

A——剪切面面积

为了保证连接件不发生剪切破坏,连接件的工作剪应力不能超过材料的许用剪应力,于是连接件的剪切强度条件可表示为

$$\tau = \frac{V}{A} \leqslant [\tau] \tag{Ⅱ-2}$$

式中:$[\tau]$——材料的许用剪应力,其值可从有关规范中查得

(2)挤压强度计算

挤压面上的压力称为挤压力,用 F_{bs} 表示,挤压面上的正应力称为挤压应力,用 σ_{bs} 表示。挤压应力在挤压面上的分布情况也是比较复杂的,在实用计算法中则假设挤压应力在计算挤压面上是均匀分布的,即

$$\sigma_{bs} = \frac{F_{bs}}{A_{bs}} \tag{Ⅱ-3}$$

式中:σ_{bs}——挤压面上的挤压应力,通常称为计算挤压应力(或名义挤压应力)

F_{bs}——挤压面上的挤压力

A_{bs}——计算挤压面面积,计算挤压面与外力作用线垂直,其面积等于实际挤压面在挤

压力方向上的投影面面积。若挤压面为平面时,计算挤压面面积就等于实际挤压面面积;若挤压面为圆柱面时,则用受挤压圆柱的直径平面面积作为挤压面面积。

为了保证连接件不发生挤压破坏,要求挤压应力不能超过许可挤压应力$[\sigma_{bs}]$,于是连接件的挤压强度条件可表示为

$$\sigma_{bs}=\frac{F_{bs}}{A_{bs}}\leqslant[\sigma_{bs}]\qquad(\text{II}-4)$$

式中:$[\sigma_{bs}]$——材料的许用挤压应力,其值可从有关规范中查得

(3)轴向拉压强度计算

由于钢板上打了铆钉孔,原有的横截面面积减小了,所以必须对其轴向拉压强度进行校核,其计算过程与前面介绍过的轴向拉压杆强度计算完全一样。

【例 II-2】 两块钢板用三个直径相同的铆钉连接,如图 II-10(a)所示,已知 $F=90$ kN,钢板宽度 $b=100$ mm,钢板厚度 $t=10$ mm,铆钉直径 $d=20$ mm,铆钉和钢板的材料相同,$[\tau]=100$ MPa,$[\sigma]=160$ MPa,$[\sigma_{bs}]=320$ MPa。试校核该铆钉连接的强度。

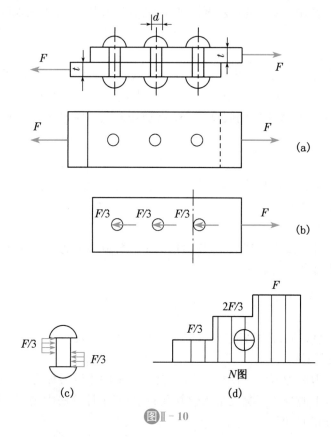

图 II-10

解:(1)校核铆钉的剪切强度

以铆钉为研究对象,不计板间的摩擦及其他次要因素,假定每个铆钉受力相同,铆钉受力如图 II-10(c)所示,则每个铆钉剪切面上的剪力 $V=\dfrac{F}{3}=30$ kN,剪切面面积为

$$A = \frac{\pi d^2}{4} = \frac{3.14 \times 20^2}{4} = 314 \text{ mm}^2$$

$$\tau = \frac{V}{A} = \frac{30 \times 10^3}{314} = 95.54 \text{ MPa} < [\tau] = 100 \text{ MPa}$$

此连接件满足剪切强度要求。

（2）校核挤压强度

因为钢板和铆钉材料相同，取钢板或铆钉进行计算均可以。取铆钉为研究对象，每个铆钉受到的挤压力 $F_{bs} = \frac{F}{3} = \frac{90}{3} = 30$ kN。实际挤压面是铆钉的半圆柱体表面，其计算挤压面面积为 $A_{bs} = td = 10 \times 20 = 200 \text{ mm}^2$，由式（5-12）得挤压应力为

$$\sigma_{bs} = \frac{F_{bs}}{A_{bs}} = \frac{30 \times 10^3}{200} = 150 \text{ MPa} < [\sigma_{bs}] = 320 \text{ MPa}$$

此连接件满足挤压强度要求。

（3）校核钢板的抗拉强度

以钢板为研究对象，钢板的受力图如图 5.17(b)所示，钢板的轴力图如图 5.17(d)所示。经判断可知，钢板上 1-1 截面为危险截面，该截面的轴力为 $N_1 = F = 90$ kN，截面面积 $A_1 = (b-d)t = (100-20) \times 10 = 800 \text{ mm}^2$，其正应力为

$$\sigma_1 = \frac{N_1}{A_1} = \frac{90 \times 10^3}{800} = 112.5 \text{ MPa} < [\sigma] = 160 \text{ MPa}$$

钢板满足强度要求，整个铆钉连接均满足强度要求。

附录 Ⅲ GB/T 706—2016

热轧型钢

参考文献

[1] 姬慧,何莉霞,金舜卿. 土木工程力学[M]. 北京:化学工业出版社,2010.

[2] 龙驭球,包世华. 结构力学教程[M]. 北京:高等教育出版社,2007.

[3] 王咏今,张力. 建筑力学与结构[M]. 重庆:重庆大学出版社,2013.

[4] 刘召军,金舜卿. 建筑力学[M]. 南京:东南大学出版社,2014.

[5] 刘寿梅. 建筑力学[M]. 北京:高等教育出版社,2009.

[6] 金舜卿,邓荣榜,唐晓晗. 建筑力学[M]. 西安:西北工业大学出版社,2012.

[7] 石立安. 建筑力学[M]. 北京:北京大学出版社,2011.

[8] 张庆霞,金舜卿. 建筑力学[M]. 武汉:华中科技大学出版社,2010.

[9] 王胜明,李之祥. 应用建筑力学[M]. 云南:云南大学出版社,2007.

[10] 李舒瑶. 工程力学[M]. 北京:中国水利水电出版社,2001.

[11] 夏锦红,和燕. 建筑力学[M]. 3版. 郑州:郑州大学出版社,2017.

[12] 丁晓玲,赵霖. 建筑力学[M]. 郑州:黄河水利出版社,2013.

[13] 张流芳. 材料力学[M]. 武汉:武汉理工大学出版社,2002.

[14] 石立安. 建筑力学[M]. 北京:北京大学出版社,2013.

[15] 乔淑玲. 建筑力学[M]. 北京:中国电力出版社,2010.

[16] 吴承霞,宋贵彩. 建筑力学与结构[M]. 北京:北京大学出版社,2013.

[17] 刘志宏,蒋晓燕. 建筑力学[M]. 北京:人民交通出版社,2010.

[18] 金舜卿,赵浩. 建筑力学[M]. 武汉:武汉理工大学出版社,2011.

[19] 王仁田,李怡. 土木工程力学基础[M]. 北京:高等教育出版社,2010.

[20] 王秋生. 建筑力学[M]. 大连:大连理工大学出版社,2014.

[21] 韩立夫,金舜卿. 建筑力学[M]. 长春:吉林大学出版社,2016.